KB236278

▶ 최신개정판

식품과 영양

고무석 김강화 김경애 신말식
오승호 임현숙 전덕영 홍윤호　공 저

도서출판 효 일
www.hyoilbooks.com

머리말

　우리 인간은 성장발육, 건강유지, 신체적 및 정신적 활동 등의 기능을 수행하기 위하여 영양소를 섭취한다. 급속한 산업화 과정과 식생활의 변화에 부응하여 식품과 영양에 대한 인식도 빠르게 변화하고 있으며, 이에 대한 소비자들의 욕구도 증가하고 있다. 식품과 영양에 관한 일부 제조 및 유통업자들의 과장된 광고, 대중매체에서의 단편적이고 편협적인 보도, 비과학적인 속설 및 내용이 검증되지 않은 왜곡된 출판물 등으로 국민들은 무엇을, 어떻게, 얼마나 먹어야 될 것인가에 대하여 불안하고 궁금해하고 있는 현실이다. 본 저자들은 그동안 비전공 학생들에게 교양과목으로서 "식품과 영양"을 다년간 강의해 오면서 터득한 일반 소비자들의 궁금증과 교양인으로서 알고 있어야 할 식품, 영양, 건강 등에 관한 지식들을 보다 새롭게 종합적으로 전달하고자 이 책을 쓰게 되었다.

　이 책에서는 영양소의 기능과 식품 중 영양소들을 기본적이고도 구체적으로 다루었으며, 좋은 물을 마시기 위한 방법을 제시하였다. 많은 식품들은 조리에 의하여 맛과 영양가가 향상되는데 이의 합리적 방안, 식품산업의 발달로 가공식품들이 다양하게 생산되고 첨가물들도 용도에 따라 매우 많으므로 소비자들에게 안내하는 입장으로 기술하였다. 이로운 미생물들을 이용하여 많은 발효식품들이 만들어지는데 그 원리와 방법, 또한 우리의 기호와 필요에 따라 선택하는 기호식품, 건강보조식품, 기능성 식품들에 관한 최신 정보, 해마다 빈번하게 발생하는 식중독과 알레르기증상들을 어떻게 예방할 수 있을까에 대한 대책도 설명하였다.

　환경오염이 날로 심각해짐에 따라 식품에 미치는 영향을 최소화하기 위한 방안의 모색, 식생활의 잘못으로 일어나는 성인병들을 해결하기 위한 식사요법, 체중조절, 운동 등의 원리와 방법들을 제시하였다. 건강한 후세들을 위한 임신과 수유기의 영양과 우리 한국인들의 식생활의 변천을 되돌아보고 건전한 시민생활을 위하여 권장되는 식생활의 지침을 소개하였다.

　부디 이 졸저가 합리적인 식생활로 건강을 추구하는 모든 분들께 많은 도움이 되기를 기대하는 마음 간절하다. 내용의 수정이나 보완이 필요하다고 생각되시면 수시로 지적하시고 편달하여 주시기를 기대한다.

　끝으로 이 책을 펴내느라고 수고하신 도서출판 효일의 김홍용 사장님을 비롯한 사원 여러분께 깊이 감사한다.

용봉골 교정에서 저자 일동

차 례

제9장 식중독과 식품 알레르기

제10장 환경오염과 식품

제11장 성인병과 식생활

제12장 비만, 체중조절, 그리고 운동

제13장 임신기와 수유기 영양

제14장 한국인의 식생활 양상의 변화

제15장 바람직한 식생활

Food and Nutrition

식품과 영양

제 1 장

식생활의 이해

인간생활에서 우리가 가장 기본적으로 관심있게 고려하는 것은 인간의 안녕과 복지, 그리고 양호한 건강 유지이며, 이것은 우리의 평상시 식생활과 밀접한 관계가 있다. 인류는 지구상에 나타나면서부터 섭취 가능한 모든 식품으로 지금까지 생존해 왔으며, 일상의 식생활은 오랜 세월을 거치는 과정에서 경험을 통해 식품의 가치를 터득했고, 식품의 종류에 따라 각기 독특한 기능이 있음을 이해하게 되었다. 이러한 역사가 반복되므로써 인류는 어떤 식품을 어떻게 섭취하면 건강을 유지할 수 있는가를 이해하게 되었다.

그러나 인구의 폭발적 증가와 사회경제적 다양성은 식생활과 건강문제를 한 개체의 생물학적인 면뿐만 아니라 사색하는 동물로서의 정신·심리학적인 면과 경제사회를 형성하여 생존하는 인간의 사회경제적 측면까지도 이해하지 않으면 안되게 되었다. 즉 사회변화에 따라 생활양상이 변하게 되었고, 과학기술의 발전으로 식품산업이 발달하게 되었으며, 단체

급식과 외식산업의 증가로 판매되는 음식의 내용도 복잡하고 다양하게 되었다. 이로 인해 자칫 한 가지 식품의 편중된 식습관으로 건강을 해치게 될 위험성이 높아지게 되었다. 또한 전 세계적으로 아직도 기아와 영양실조로 고통을 받고 있는 사람이 있는가 하면 과잉섭취로 인한 고통도 공존하고 있는 실정이다.

이러한 상황들을 고려해 볼 때 각 영양소의 중요성을 인식하고 어떤 음식을 얼마만큼 섭취해야 하는가를 이해하는 것도 중요하지만 식품의 조리·가공 및 저장 뿐 아니라 유통과정까지도 인식함으로서 효과적인 영양관리로 양호한 건강상태를 유지하는 것은 개인뿐만 아니라 세계 인류의 행복에 기여할 수 있으리라 생각된다.

1. 식품과 영양의 개념

사람은 물론 모든 생물은 몸 안에 생활에 필요한 모든 자원을 복잡한 화합물로 저장하고 있고, 이것을 소비하여 생명현상의 기본으로 삼고 있다. 만일 저장물질을 소비만 한다면 점차 생활현상은 쇠약해져 결국은 생명을 유지할 수 없게 된다. 그러므로 우리는 정상적인 생활현상을 유지하기 위해 소요되는 물질을 식품을 통하여 외부로부터 유입하여야 한다. 이렇게 외부에서 식품을 통하여 섭취하는 필요한 물질을 영양소(nutrient)라 하며, 이들 영양소들은 우리 몸 안에서 복잡한 변화를 일으켜 정상적인 생명현상을 유지하기 위한 원동력이 된다. 이들 생명현상 중에서 성장·발육과 같이 우리의 몸을 만드는 합성적인 변화를 동화작용(anabolism)이라 하고, 움직이는데 필요한 에너지를 발생하는 분해적인 변화를 이화작용(catabolism)이라 한다. 몸 안에서의 이 두 가지 변화를 통틀어 신진대사(metabolism)라 한다.

이상과 같이 사람이 식품을 통하여 우리 몸에 필요한 영양소들을 섭취

하고, 이들을 이용하면서 정상적인 삶을 유지하는 전반적인 현상을 영양 (nutrition)이라 한다. 그러므로 영양소의 배합이 질적으로나 양적으로 적당하면 우리의 생명현상도 그 운영이 원활해지고 건강을 증진시키며, 능률은 향상되고 체력도 강화된다. 이를 이루기 위하여 우리들은 다음과 같은 기본적인 내용을 이해하여야 한다.

① 무엇을 섭취하여야 할까 : 식품의 종류와 품질, 영양가, 영양소의 생리적 의의
② 얼마나 섭취하여야 할까 : 영양소요량, 결핍증, 과잉증
③ 어떻게 섭취하여야 할까 : 조리 · 가공 및 저장, 섭취방법, 식품위생

2. 식품이 갖춰야 할 조건

사람이 섭취하는 식품은, 결국 사람이 살아있는 상태를 계속 유지하기 위하여 필요한 물질을 공급받는 수단이기 때문에, 그 속에는 반드시 생명현상을 유지하는데 필요한 영양소가 골고루 적당량 함유되어 있지 않으면 식품으로서의 올바른 구실을 할 수 없다.

그러나 오랜 세월 동안 여러 가지 방법으로 음식물을 섭취해 오는 가운데 식품을 섭취하는 기호와 습관이 붙게 되어 식품을 선택하게 되며 또한 값이 비싼 식품이라고 다 좋은 것이 아니기 때문에 좋은 식품으로의 조건으로는 다음의 여러 가지를 고려하여야 한다.

1 영양적 가치

사람이 살아가는데 필요한 모든 영양소를 골고루 함유하여야 한다. 또 영양소를 많이 함유하고 있다 하더라도 소화 · 흡수가 잘 되어야 한다.

2 실용적 가치

오늘날에는 과학문명이 발달하여 식품으로서 좋지 않은 것을 좋도록 개선하는 경우가 많지만 썩기 쉬운 것, 운반하기 어려운 것, 요리하기 어려운 것, 가격이 지나치게 비싼 것, 구하기 곤란한 것 등은 식품으로서의 가치가 떨어진다.

3 기호적 가치

동물 중에도 식품을 가려먹는 경우가 많지만 사람은 특히 그 기호에 차이가 많고 변화도 심하다. 영양적 가치가 높다고 하더라도 식욕, 즉 먹고 싶은 욕망이 일어나지 않으면 먹지 않게 된다.

식품을 조리하는 목적은 여러 가지가 있지만 그 음식물이 기호에 맞고 식욕을 자극하게 함에도 그 뜻이 있다.

④ 위생적 가치

식품은 그것을 먹어서 위생상의 해를 입게 되어서는 안된다. 해로운 병원성 미생물이 있어서, 이를 섭취한 사람이 병에 걸린다면 식품으로서의 가치는 없다.

3. 건강식의 개념

우리가 매일 먹고 있는 음식물이 우리의 건강상태와 밀접한 관계가 있다는 사실이 널리 인식됨에 따라 어떻게 먹는 것이 가장 건강한 식생활을 하는 것인가에 대한 여러 가지 학설, 속설 등이 항간에 유포되고 있음은 당연한 일이다. 주로 유명인사의 건강·장수를 위한 식사법 등의 기사가 소개되곤 한다. 건강 전문가라는 사람이 구체적인 과학적 술어를 들먹이며 특정 식품을 이용하는 건강 식생활의 방법을 소개하기도 한다. 이러한 기사를 접할 때마다 과연 나의 식사법은 올바른가를 생각하고 반성해 보며, 올바른 식사법을 실현해 보고 싶은 충동을 느껴보기도 한다.

그러나 우리 주위에 있는 어떤 한 가지 식품 속에 사

람이 필요로 하는 모든 영양소를 골고루 갖춘 소위 "완전 식품"이란 없다. 즉 흔히들 어떤 식품이 몸에 좋다고 하면서 단일식품에 대한 과신과 초능력을 믿으려 하는 생각이야말로 어리석은 일이며, 이는 곧 건강을 해치는 일이다.

진정한 건강식은 올바른 영양에 대한 지식을 기초로 하여 짜여진 식단에서 이룰 수 있다. 다시 말해서 건강식이란 곧 여러 가지 식품이 골고루 함유된 균형식을 말한다.

4. 식습관과 영양

사람의 건강과 영양상태는 그들이 섭취하는 음식에 따라 달라진다. 따라서 그들이 섭취하는 음식의 종류, 질 및 양은 중요한 요인이 된다.

인간은 음식의 양이 많든지 적든지 간에 그들이 자주 먹는 음식에 길들여져 있으며, 이것이 그 사람의 식습관으로 고정된다. 이렇게 평상시의 식생활에서 터득한 개개인의 식습관은 그 가정이나 사회, 혹은 국가의 독특한 식문화를 형성하게 되며, 오랜 세월 동안 이루어진 식습관이 양호한 것인가, 혹은 불량한 것인가에 따라 개인의 건강은 물론 가정의 행복, 더 나아가 그 민족의 건강도를 결정하게 된다.

"식습관은 어떻게 길들여질까?"라는 질문에 대해서는 다양한 의견이 있다. 집안의 가풍에서, 혹은 학교생활, 또는 주위의 생활환경에서 오는 요인도 있다. 식습관의 기본구성에 중요한 요인으로는 다음과 같은 것을 들 수 있다.

❶ 식품과 음식의 공급가능성

유통이 가능한 식품의 종류와 양은 어떤 개인이나 인구집단의 전반적인 성격과 식사의 내용을 결정하고, 또 이것이 결국은 개인과 그 집단의 영양상태를 결정하게 된다. 식품을 어느 정도까지 생산하고, 유용하게 가공·저장 및 유통시킬 수 있느냐 하는 능력과 분배 내용의 효율성 등이 개인과 집단이 식품에 접촉할 수 있는 범위를 지배하게 되므로, 이들이 식습관 형성의 한 요인으로 작용하게 된다.

❷ 경제상태

개인, 가족, 혹은 국가의 경제상태는 식품 구매력과 직결되어 식생활의 내용을 결정짓게 된다.

❸ 문화, 풍습, 인습의 배경

개인이 처한 그 사회의 문화적 배경 및 관혼상제, 또는 가족구성 등의 풍습과 인습은 역시 식습관 구성의 기본 요인이 된다. 식습관을 이해하려면 그 민족의 역사를 연구하여 여러 가지 풍습이나 금기식품 등의 문화적 배경을 파악하여야 한다.

❹ 음식에 대한 감각적인 반응도

우리가 어떤 음식을 자주 먹고, 선택하는 데에는 그 음식이 갖는 색깔, 냄새, 그리고 맛에서 오는 느낌과 어떤 음식에 대한 과거의 경험 등 감정이 많이 작용한다. 즉 음식의 선택은 단순히 맛이 있다는 생리적인 기호성 뿐만 아니라 어떤 음식에 대한 과거의 추억도 요인으로 작용한다.

❺ 기아감과 식욕

기아감과 식욕에 대한 한계 구별은 명확치 않다. 다만 기아감이란 우리 몸 안에 에너지가 부족하다는 생리적 신호이지만, 식욕이란 후천적으로 터득한 식습관일 뿐이라고 구별하는 사람도 있다. 기아감은 뇌중추에 의하여 조절되는데, 뇌중추 기능의 이상으로 음식물 기피, 또는 과식 습관이 올 수 있다는 설도 있으나 그 경우는 드물다. 식욕은 과거 어떤 음식물에 대한 맛 감각의 기쁨을 토대로 일어나므로 비록 그 음식물이 자기 몸에서 영양상 불리하더라도 먹고 싶은 충동을 느끼는 것을 말한다. 비만증의 원인이 되기도 하므로 건강을 유지하는 데는 좋은 충동이라 할 수 없다.

⑥ 교육의 영향

식습관은 출생 직후부터 시작되므로 식품에 대한 자기 나름대로의 판단이 형성되기 전에 여러 가지 영양이나 식습관을 지도하는 것이 매우 중요하다. 성인은 맛에 대한 경험과 감각적인 독자성을 가지고 있으므로 식습관을 변경하기란 매우 어렵지만 여러 가지 영양교육을 통하여 고질화된 식습관일지라도 점진적으로 변화시킬 수 있다.

토의주제

1. 본인의 식습관을 토대로 무엇을 어떻게 고쳐야 할지를 건강식의 개념에 맞춰 토의하시오.
2. 우리 주위의 건강·강장식품의 유형을 조사하고 그 허와 실을 토의하시오.

제 2 장
영양소의 기능

식품을 구성하고 있는 물질 중에는 우리 몸의 정상적인 생명을 유지시켜 주는 여러 가지 성분들이 있는데, 이것들을 영양소라 한다. 사람이 필요로 하는 영양소에는 대략 50여종이 있는데, 이들은 당질(탄수화물), 단백질, 지방질, 무기질 및 비타민류 등 5가지로 분류되며, 이들을 5대 영양소라고 한다. 이들 5대 영양소는 주로 에너지의 공급, 체조직의 구성 및 물질대사를 원활하게 하거나 생리적인 조절작용 등을 한다. 수분도 우리 몸에 꼭 필요한 성분이므로 수분을 제 6의 영양소로 분류하는 사람도 있다. 이들 중 보다 많은 양을 매일 필요로 하는 당질, 단백질 및 지방질을 3대 영양소 혹은 에너지 영양소라고 한다. 인체에서 합성되지 않기 때문에 반드시 식이로 섭취하여야 하는 영양소에는 필수아미노산, 필수지방산, 비타민, 무기질, 에너지 및 물 등이 있다(표 2-1).

본 장에서는 이들 영양소들의 종류, 기능 및 섭취시 주의사항 등에 관하여 살펴보고자 한다.

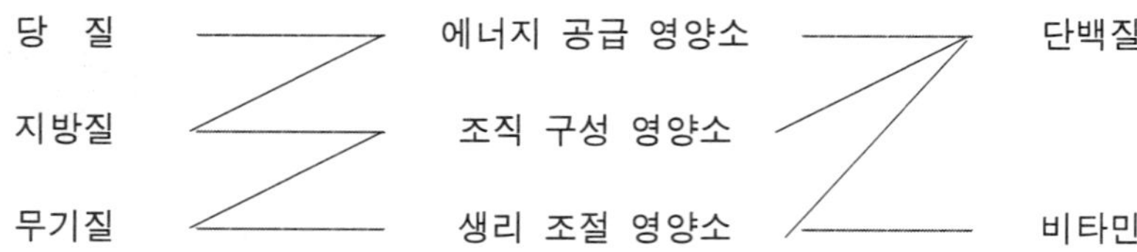

1. 당질

1 당질의 종류

당질이란 여러 개의 알콜기를 가진 알데히드 또는 케톤으로서 더 이상 가수분해되지 않는 단당류, 몇 개의 단당류로 가수분해되는 올리고당류, 그리고 단당류가 매우 길게 결합된 다당류로 나눌 수 있다.

표 2-1 인체 필수 영양소

구 분			성 분
필수아미노산			이소루신, 루신, 리신, 메티오닌, 페닐알라닌, 트레오닌, 발린, 트립토판(히스티딘, 알기닌)
필수 지방산			리놀레산, 리놀렌산
비 타 민	수 용 성		티아민, 리보플라빈, 피리독신, 코발라민, 비오틴, 니아신, 엽산, 판토텐산, 비타민 C
	지 용 성		비타민 A, D, E, K
무 기 질	다량무기질	금 속	칼슘, 마그네슘, 나트륨, 칼륨
		비금속	인, 염소
	미량무기질	금 속	크롬, 구리, 철, 망간, 몰리브덴, 아연, 셀레늄
		비금속	요오드
에 너 지			(당질, 지방질, 단백질)
물			

　단당류로는 포도, 꿀 및 과일 등에 들어있는 포도당과 과당이 있으며, 올리고당류에 속하는 이당류에는 식품의 가공 조리시 첨가되는 설탕, 엿이나 식혜 중의 맥아당, 그리고 우유 및 낙농제품에 함유된 젖당 등이 있다. 다당류로는 쌀, 보리 등의 곡류나 고구마, 감자 등의 감자류에 많은 전분(녹말)과 신선한 간이나 전복 등에 함유된 글리코겐 등이 있다. 곡류, 채소 및 과일에 많이 들어있는 섬유질도 다당류에 속하나 사람의 소화관에서는 소화되지 않는다.

❷ 당질의 체내 기능

(1) 주된 에너지원이다.

　당질 1g은 4kcal의 에너지를 발생하는 에너지 영양소 중의 하나로 식품 중에 가장 풍부하며 대체로 가격이 저렴하다. 대체로 한국사람은 1일 필요한 에너지의 60~70%를 당질로 섭취하고 있다. 섭취된 당질은 소화 흡수되어 혈액을 통해 온 몸에 이동되어 에너지원으로 이용된다.

(2) 혈당 농도를 유지한다.

　정상적인 영양상태하에서는 신경조직, 적혈구 등은 지방질이나 단백질과 같은 다른 에너지원은 사용하지 못하고 혈액 중의 포도당(혈당)만을 이용한다. 따라서 혈당 농도가 일정 수준으로 유지되는 것은 매우 중요하다. 혈당은 혈액 100ml 중 공복시는 80mg, 식사 후는 120mg이 정상이다.

　혈당이 100ml 당 20mg 이하로 내려가면 발작이 일어나는데, 이때 적절히 치료하지 않으면 사망한다. 반대로 혈당이 100ml 당 180mg 이상이면 당질이 소변으로 빠져나가는 당뇨증세가 나타난다.

　혈당을 조절하기 위한 포도당의 저장은 간 조직에 글리코겐 형태로 이루어진다. 그러나 글리코겐으로의 저장량은 약 1/2일 정도에 해당한다. 따라서 식이를 통한 규칙적이고 적절한 당질의 섭취가 혈당 농도의 유지를 가능하게 한다.

(3) 단백질의 소모를 줄인다.

당질을 적게 섭취하는 경우 혈당의 농도를 유지하기 위하여 체내 단백질로부터 당질의 생합성이 일어나므로 단백질이 소모된다. 또한 단백질을 구성하는 아미노산 중 비필수아미노산은 당질로부터 합성될 수 있다(그림 2-1). 이러한 점에서 당질의 적절한 섭취는 단백질을 절약해 주는 효과가 있다.

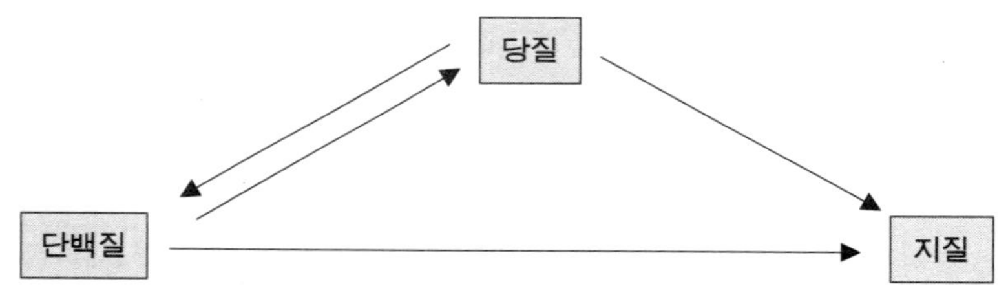

그림 2-1 에너지 영양소의 기능 및 체내 전환

(4) 지방의 불완전산화를 방지한다.

체내 당질이 부족하거나 당질의 이용 효율이 낮은 상태가 지속되면 간조직에서는 지방질의 산화 중간산물인 케톤체가 생성되는데, 이는 뇌조직에 있어서 부족한 혈당 대신 에너지원이 된다. 그러나 혈액 중에 케톤

체의 농도가 높아지면 혈액이 산성화되는 케톤증(ketoacidosis)이 초래된다. 적절한 양의 당질 섭취는 지방질의 불완전산화를 방지한다.

(5) 식이 섬유소는 소화기관의 작용을 돕는다.

전곡류, 채소 및 과일 등에 함유되어 있는 셀룰로오스, 헤미셀룰로오스, 펙틴 및 검 등의 비소화성 다당류를 식이 섬유소라 한다. 이들 식이 섬유소는 인체에 소화 흡수되지 않으나 소화기관과 장질환 및 대사성 질환에 대한 영향을 나타낸다. 식이 섬유소는 변의 양을 증가시키며 소화관을 자극하므로, 통변을 용이하게 하여 변비의 예방 및 치료와 더불어 장 게실증, 탈장 및 치질 등의 발생률도 낮춘다. 또 일부 통계 의학적 조사 결과는 이들 섬유소는 대장암과 직장암의 예방 효과가 있음을 보여준다.

섬유질은 소화되지 않기 때문에 장 내용물의 부피를 증가시키므로 영양소의 흡수를 방해하게 된다. 그러므로 저영양상태인 사람의 경우 섬유소 섭취가 과다하면 영양상태가 더욱 나빠질 수 있다. 그러나 과잉 영양상태에 있는 사람들의 경우 식이 섬유소의 영양소 흡수 억제는 비만을 예방, 치료하며 혈액 중 지방질이나 콜레스테롤의 함량을 낮춰 관상동맥 심장질환을 예방해 주는 효과가 있음이 알려져 있다. 또 비슷한 이유로 담석증의 발생률도 낮추며, 식후 혈당의 상승을 늦춰 당뇨병의 조절에도 효과가 있다.

❸ 당질식품 섭취시 유의 사항

(1) 1일 에너지 요구량의 65% 수준을 당질로 섭취한다.

당질의 부족시 체내에서 당질은 생성될 수 있으므로 필수 영양소는 아니다. 그러나 체내 당질의 최대 합성량은 뇌조직과 적혈구 등에 의하여 사용되는 최소 요구량에 미치지 못한다. 따라서 당질 섭취가 지속적으로 낮을 경우 혈당 농도가 낮아지고 케톤증이 유발된다. 이를 방지하기 위해서는 100g 이상의 당질 섭취가 요구된다. 그러나 한국사람의 정상적인 식생활의 경우 당질 섭취량은 이보다 훨씬 많다. 에너지 영양소인 단백질과 지방의 과잉 섭취는 건강에 바람직하지 못한 결과를 초래하므로 적절한 양의 단백질과 지방질을 제외한 나머지의 에너지는 당질로 섭취한다. 우리 나라에서는 1일 총에너지 요구량의 15% 정도를 단백질로, 20% 정도를 지방질로 섭취하고 나머지 65%를 당질로 섭취하는 것을 권장하고 있다.

(2) 단순 당질 및 정제된 당질의 섭취는 총열량의 5% 이내로 제한한다.

포도당, 과당 등의 단당류와 설탕, 맥아당 등의 이당류는 쉽게 흡수되므로 급격한 혈당의 증가를 초래하여 건강의 장애 요인이 될 수 있다. 또한 설탕과 같이 정제된 당질의 과잉 섭취는 상대적으로 다른 영양소의 부족을 초래하므로 제한하여야 한다

2. 지방질

1 지방질의 종류

지방질이란 물에는 녹지 않고 유기용매에 녹는 생체 구성물질로서 중성지방, 인지질 및 콜레스테롤 등이 있다. 식품 중의 주된 지방질 영양소는 글리세롤 한 분자와 지방산 세분자가 결합된 중성지방이다. 콩기름, 땅콩유, 유채유, 참기름 등은 주된 식물성 기름으로서 불포화지방산을 많이 함유하고 있으며, 버터와 쇠고기, 돼지고기 등의 육류에 붙어있는 기름 등은 동물성 지방으로 포화지방산을 많이 함유한다. 마가린은 식물성 기름으로부터 만든 지방질 식품이다. 육류, 파이, 도너츠, 치즈, 아이스크림, 두류 등은 외관상 나타나지는 않으나 지방 함량이 비교적 높은 식품이다.

② 지방질의 체내 기능

(1) 농축된 에너지원이다.

지방질 1g은 9kcal의 에너지를 낸다. 단백질과 당질이 체내에서 1g 당 4kcal의 에너지를 발생하는 것에 비하여 지방질은 에너지밀도가 크다.

(2) 필수지방산을 공급한다.

정상적인 성장과 건강의 유지에 필수적이며 체내에서는 합성되지 않는 지방산을 필수지방산이라 하는데, 리놀레산과 리놀렌산이 이에 속한다. 이들은 모두 불포화지방산으로 참기름, 옥수수기름 및 면실유 등 식물성 기름에 많다. 이중결합의 위치에 따라 리놀레산은 n-6 지방산에 속하며 리놀렌산은 n-3 지방산에 속한다. 이들 지방산이 부족하면 성장장애와 피부의 각질화가 일어나므로 이들을 성장인자 및 항피부병인자라고도 한다. 또한 이들 지방산의 결핍은 불임증, 신장과 간 조직의 이상, 모세혈관의 약화, 적혈구의 약화 등을 초래한다.

(3) 생체막의 구성성분이 된다.

지방질 중의 지방산은 인지질의 구성성분이 된다. 인지질과 콜레스테롤은 세포막을 비롯한 모든 생체막의 구성성분이다. 중추신경조직, 간 등의 기관에는 이들 지방질이 특히 높다. 또한 콜레스테롤은 담즙산, 성호르몬 및 비타민 D의 전구체이다.

(4) 에너지 저장원이다.

섭취된 과잉의 영양소는 일부 당질이 식사와 식사 사이의 혈당 조절을 위하여 글리코겐으로 저장되는 것을 제외하고는 중성 지방으로 전환되어 주로 피하, 복강 및 근육 등에 저장된다. 이러한 저장된 지방은 추후 에너지원으로 이용될 뿐 아니라, 체온 유지 및 충격에 대한 주요 장기의 보호 역할도 한다.

(5) 지용성 비타민을 함유한다.

비타민 중 A, D, E 및 K 등은 지용성 비타민으로 지방질에 용해되어 있다. 그러므로 간유나 버터 등의 유지류는 지용성 비타민의 공급원이 되며, 채소류의 조리에 기름을 사용하면 지용성 비타민의 흡수율이 증가 된다.

❸ 지방질 식품 섭취시 유의사항

(1) 1일 에너지 요구량의 20%를 지방질로 섭취한다.

필수지방산의 공급을 위하여 총에너지의 2~4%에 해당하는 지방질의 섭취가 요구되며, 지용성 비타민의 공급을 위하여 총에너지의 10%에 해당하는 지방질 섭취가 요구된다. 그러나 지방질의 과잉 섭취는 건강에 좋지 않는 여러 가지 문제를 야기시키므로, 우리 나라에서는 총에너지의 20%를 지방질로 섭취할 것을 권장하고 있다.

(2) 지방질의 과다 섭취는 제한하여야 한다.

지방질의 과다섭취는 관상동맥심장질환을 유발할 수 있다. 관상동맥심질환의 주요 원인인 동맥경화는 콜레스테롤, 또는 다른 지방질 성분이 혈관 벽에 침착되어 동맥이 탄력성을 잃고 또한 동맥 내부가 좁아지는 현상이다. 식이 중 콜레스테롤의 함량이 혈액 중의 콜레스테롤의 농도를 높이느냐에 대한 논란이 있으나, 혈중 콜레스테롤의 농도가 높을 때 콜레스테롤의 섭취량을 줄이면 혈중 농도가 감소하는 것으로 알려져 있다. 동맥경화를 예방하기 위해서는 대체로 하루 300mg이하의 콜레스테롤 섭취를 권한다. 한편 지방질의 과다한 섭취는 대장암과 유방암의 발생률을 증가시키는 위험인자로 알려져 있다. 1992년 세계보건기구의 보건의 달 메시지는 "오래 살기를 원하십니까? 그러면 짜고 기름진 음식을 피하고 매일 걸으십시오"이었다.

(3) 지방질의 종류에 따라 기능이 다르다.

동물성 지방은 대부분 포화지방산으로 구성되어 있는데, 이들은 혈중 콜레스테롤의 농도를 높이는 것으로 알려져 있다. 더욱이 콜레스테롤은 동물성 지방에만 존재하므로, 특히 동물성 지방의 과다한 섭취는 피하여야 한다. 식물성 유는 필수지방산을 포함하는 불포화지방산으로 구성되어 있는데(팜유나 코코넛유는 포화지방산을 주로 함유한다), 이들은 혈중 콜레스테롤의 농도를 높이는 효과가 없으므로 동물성 지방 대신 식물성 기름의 사용이 권장된다. 등푸른 생선류와 같은 어류에는 EPA(eicosapentaenoic acid)나 DHA(docosahexaenoic acid)와 같은 고도불포화지방산이 많이 함유되어 있는데, 이들은 혈중 콜레스테롤의 농도를 낮추거나 혈전을 녹이는 효과가 있는 것으로 알려져 있어 흥미를 끌고 있다. 또한 뇌조직 중에 특히 많아 뇌조직 기능과의 연관성이 조사되고 있다. 그러나 불포화지방산이라 하더라도 과다한 섭취는 또 다른 건강장애를 유발할 수 있다.

(4) 식품 중에는 눈에 띄지 않는 지방질이 있다.

지방질 식품으로 쉽게 인식되는 쇠기름, 돼지기름, 버터 및 마가린과는 달리 육류 및 동물성 가공식품(돼지고기의 지방함량 : 4.6%, 쇠고기 : 3.8%, 베이컨 : 48.7%, 소시지 : 23%, 치즈 : 27.8%)과 튀김류(도우넛 : 22.6%, 감자튀김 : 43.8%, 라면 : 18.1%, 튀각 : 52.2%)와 같은 식품들은 지방질 식품으로 생각하고 있지 않으나 지방질 함량이 높으므로 주의하여야 한다.

3. 단백질

🔳 단백질의 종류

아미노산이 길게 결합된 물질을 단백질이라 하며, 쇠고기, 돼지고기, 닭고기, 생선 등의 육어류, 계란, 오리알 등의 난류, 우유, 치즈 등의 낙농제품 및 두류와 그 가공품에 많이 함유되어 있다.

🔳 단백질의 체내 기능

(1) 체내 단백질 합성에 필요한 아미노산을 제공한다.

인체를 구성하는 성분 중 물을 제외하면 단백질의 함량이 가장 높다. 체내에는 수많은 단백질들이 합성되는데 이들 각각의 단백질은 생명현상에 필수적인 고유한 기능을 하고 있다. 신체구성과 성장, 물질대사, 물질운반, 면역, 영양소 저장, 유전자 발현조절, 운동, 삽투압 유지, 완충작용 등 모든 생명현상에 관여하는 단백질들이 체내에서 합성되기 위해서는 20가지의 아미노산이 필요하다. 식이 중의 단백질은 위장관에서 아미노산으로 소화된 다음 흡수되고 각 조직에 운반되어 단백질의 합성에 사용된다.

체내 모든 조직의 단백질은 정도의 차이는 있으나 끊임없이 분해되고 새로 합성된다. 단백질의 분해시 생성되는 아미노산의 일부만이 다시 단백질의 합성에 이용되므로 음식물을 통하여 지속적인 아미노산의 공급이 요구된다. 성인의 경우 조직의 유지에 필요한 단백질의 양은 많지 않으나 성장기에 있는 경우 조직의 유지 외에 새로운 조직의 형성이 일어나므로 단백질의 필요량이 크다.

단백질의 합성에 요구되는 아미노산 20가지 중에서 체내에서 합성이 가능한 10가지의 아미노산을 비필수아미노산이라 하며 합성되지 않는 나머지 10가지 아미노산(성인의 경우 히스티딘과 알지닌을 제외한 8가지)

을 필수아미노산이라 한다. 비필수아미노산의 경우 체내에서 상호전환 또는 생성이 가능하지만 필수아미노산은 그렇지 못하므로 반드시 음식으로 섭취하여야 한다.

(2) 에너지원이다.

단백질 또한 에너지 영양소의 하나로 체내에서 1g 당 4kcal의 에너지를 낸다. 탄소, 수소 및 산소로만 구성되어 있는 당질이나 지방질은 체내에서 완전연소되어 이산화탄소와 물로 되는 것과는 달리 단백질은 탄소, 수소 및 산소 외에 질소를 가지고 있는데 이는 체내에서 완전 산화되지 않고 요소로 전환되어 요로 배설된다.

(3) 당질 부족시 당질로 전환될 수 있다.

체내에 당질이 결핍된 상태에서도 지방질은 당질로 전환될 수 없으나, 단백질은 당질 생합성의 원료가 된다. 당질이 적은 식사를 하거나 굶게 되면 체내 근육 단백질이 분해되어 당질로 전환된다.

(4) 과량의 단백질은 지질로 전환되어 저장된다.

단백질 합성과 1일 필요한 에너지 생성에 사용되고 남는 여분의 아미노산은 지질로 전환되어 체내에 저장된다.

❸ 단백질 섭취시 유의사항

(1) 단백질은 당질 또는 지방질과는 달리 종류에 따라 체내 영양효과에 큰 차이가 있다.

단백질의 합성에는 20가지의 아미노산이 요구된다. 이들 아미노산의 요구되는 비율은 동일하지 않다. 따라서 식품 중 단백질은 이들 아미노산을 적절한 비율로 가지고 있어야 한다. 비필수아미노산의 경우 체내에서 서로 전환 합성되므로 이의 구성 비율은 중요하지 않으나 9가지의 필수아미노산은 체내에서 합성 전환되지 않아 반드시 공급되어야 하므로 그 구성 비율이 매우 중요하다. 어느 필수 아미노산이라도 하나가 결핍되면 단백질의 합성은 이루어질 수 없게 된다. 따라서 단백질의 영양효과는 필수 아미노산의 함량이 높으며 체내 단백질의 필수아미노산의 조성 비율과 유사할수록 높게 된다.

단백질의 영양효과를 평가하는 하나의 척도로 단백가가 이용된다. 단백가는 표준단백질의 필수아미노산 함량에 대한 그 단백질의 가장 부족된 필수아미노산의 함량비로서 다음과 같이 계산된다.

$$단백가 = \frac{단백질의\ 제1\ 제한\ 필수아미노산의\ 함량}{표준\ 단백질의\ 해당\ 아미노산의\ 함량} \times 100$$

달걀의 단백질을 기준으로 삼았기 때문에 달걀 단백질의 단백가는 100이다. 우유의 단백가는 78, 쇠고기 83, 쌀 72, 대두 70, 옥수수 42 등이다. 일반적으로 동물성 단백질은 단백가가 높으나 식물성 단백질은 필수 아미노산 중 한 두 가지가 낮아 단백가가 낮다.

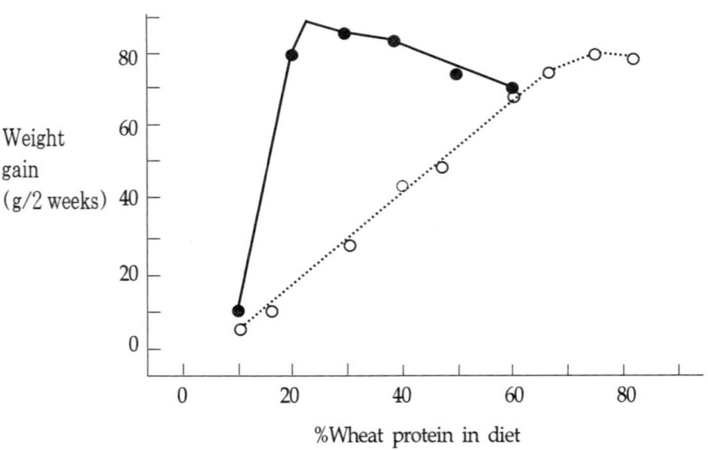

그림 2-2 제한 아미노산의 첨가효과

필수아미노산을 골고루 가지고 있는 단백질을 완전단백질이라 하는데, 이러한 단백질을 섭취하면 정상적인 성장과 건강을 유지할 수 있다. 반면에 필수아미노산 중 어느 하나라도 결핍된 단백질은 불완전단백질이라 하는데, 이 단백질만으로는 정상적인 성장을 할 수 없다. 그러나 불완전단백질이라도 그 단백질에 결핍된 아미노산을 보충하면 완전단백질과 같은 영양 효과를 갖게 된다(그림 2-2). 제한 아미노산과 그 함유비율이 서로 다른 두 단백질을 가지고 있는 식품을 혼합하여 섭취하면 단백질의 영양효과가 높아지게 되는데 이를 단백질의 보족효과라 한다. 식물성 단백질과 함께 5% 정도의 동물성 단백질을 섭취하면 식물성 단백질의 영양효과를 크게 증진시킬 수 있다.

(2) 단백질의 필요량

단백질의 필요량 또는 체내 단백질의 양적인 변화상태를 다루는데는 질소평형의 개념이 이용된다. 식이로부터 흡수한 질소의 양과 체외로 배출되는 질소의 양이 같은 상태를 질소평형이라고 한다. 식이로부터 흡수한 질소의 양에 비하여 배출되는 질소의 양의 적은 경우를 양질소평형이라 하며, 흡수한 질소의 양보다 배출된 질소의 양이 많은 경우를 음질소평형이라 한다. 성인의 경우는 더 이상 새로운 조직의 증가가 일어나지 않기 때문에 단백질이 결핍되지 않는 한 체내 단백질의 양이 변화되지 않는 질소평형상태가 된다. 성장기나 질병으로부터의 회복 및 임신의 경우에는 조직의 형성으로 인하여 양질소평형상태가 되며, 반면에 노쇠기, 화상 직후, 수술 직후, 열성 질환 및 에너지 또는 단백질 부족의 경우에는 음질소평형상태가 된다. 성인의 경우 단백질평형에 도달하기 위한 최소한의 단백질이 단백질 필요량이 된다. 제 7개정 한국인 영양권장량 중 단백질 권장량은 남자 성인의 경우 1일 70g, 여자 성인의 경우 55g이다.

(3) 단백질 섭취에 대한 제안

적절한 양의 필수아미노산을 공급하기 위하여 총에너지 섭취량의 15%

에 해당하는 에너지를 단백질로 섭취한다. 과잉의 단백질은 체내에 단백질 또는 아미노산 형태로 저장되지 않으므로 매일 필요량을 섭취한다. 단백질은 상호 보족효과가 있으므로 혼식하여 영양효과를 높인다. 성인의 경우 단백질의 2/3 정도는 식물성 식품으로 섭취하고 나머지는 생선, 살코기 및 유제품 등의 동물성 식품으로 섭취한다. 성장기 아동이나 청소년에게는 비교적 많은 양질의 단백질이 공급되어야 한다. 성인의 경우 단백질의 필요량은 임신 수유기를 제외하고는 크지 않으므로 불필요하게 많이 섭취하지 않는다. 체내에서 단백질이 산화될 때에는 단백질 중의 질소는 요소로 전환되어 요로 배설되므로 불필요하게 많은 단백질을 섭취하면 신장에서의 요 배설이 증가되므로 신장의 기능이 약화된 경우에는 부담을 주게 된다. 또한 육류의 과다 섭취는 동물성 지방의 섭취 또한 증가되므로 바람직하지 못하다.

4. 비타민

1 비타민

신체의 성장과 유지 및 정상적인 생리적 기능 수행에 요구되는 소량의 유기화합물로서 체내에서 합성되지 않기 때문에 반드시 식이로 섭취해야 하는 영양소를 비타민이라 한다.

이제 비타민이라는 말은 일상어가 되었고, 건강유지를 위해 꼭 필요한 것으로 인식되고 있으나 비타민의 본래 기능이 이해되지 못한 채로 오히려 잘못 인식되고 있는 점 또한 흔히 보게 된다. 예로서 단백질이나 칼로리 섭취 부족, 또는 다른 영양소의 부족은 생각하지 않고 비타민만 충분히 섭취한다면 건강을 유지할 수 있다는 생각이다. 기운이 없거나 피로감을 느낀다고 비타민제를 복용하거나 비타민 주사를 맞으면 피로가 회복된다고 생각하는 사람들이 있다. 비타민의 종류가 많고 필요량이 매우 적어 식품에서 분리하거나 합성하여 과장된 선전과 함께 판매되기도 하며, 식품에 따라 각 비타민의 분포가 다르기 때문에 비타민 영양소가 타 영양소에 비하여 훨씬 중요한 것으로 인식되는 것으로 보인다.

 비타민은 물에 잘 녹는 수용성 비타민과 지방에 녹는 지용성 비타민으로 구분된다. 수용성 비타민에는 티아민(B_1), 리보플라빈(B_2), 피리독신(B_6), 코발라민(B_{12}), 니아신, 엽산, 비오틴, 또는 판토텐산 등이 속하는 비타민 B군과 아스코르빈산(비타민 C)이 있으며, 지용성 비타민에는 비타민 A, D, E, 및 K가 있다(그림 2-3).

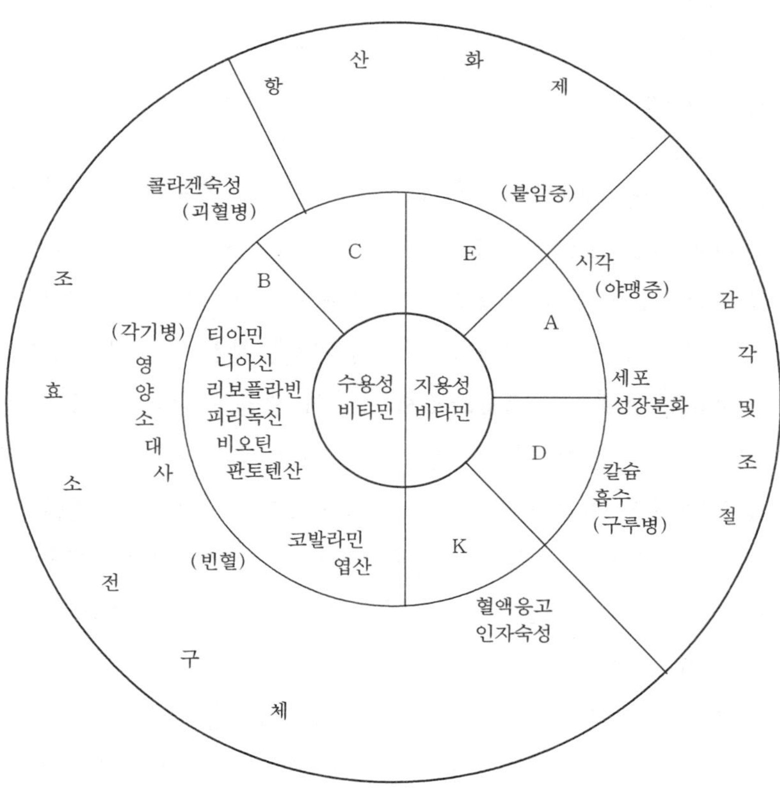

그림 2-3 비타민의 기능 및 결핍증

❷ 비타민의 체내 기능

(1) 조효소의 전구체가 된다.

체내에서는 정상적인 생명현상을 이루기 위하여 에너지 대사 및 생체 구성물질의 합성 및 분해 등 수 많은 화학반응이 일어난다. 생체 내에서 일어나는 모든 화학반응은 생체 촉매인 효소라는 단백질에 의하여 촉진된다. 일부 효소들은 활성을 위하여 아미노산으로 구성된 폴리펩타이드 이외에 유기화합물을 필요로 한다. 효소가 촉매작용을 하는데 필요한 이들 유기화합물을 조효소라 한다. 비타민 B군과 비타민 C 및 비타민 K는 조효소의 전구체이다.

이들 조효소를 필요로 하는 효소들은 에너지 대사, 합성 등 많은 반응들에 관여하므로 적당량의 비타민이 각각 공급되지 않으면 체내의 모든 조직들이 정상적인 기능을 할 수 없게 된다. 비타민 B군의 티아민, 리보플라빈, 피리독신, 니아신 및 판토텐산 등은 당질, 지방질 및 단백질 대사에 관여하는 많은 효소들의 조효소가 되므로 이들이 부족하면 에너지 생성이 효과적으로 일어날 수 없기 때문에 무기력하며 많은 조직들의 기능이 저하된다. 비타민 B군의 엽산과 코발라민은 직접, 간접적으로 핵산합성에 관여하는 효소들의 조효소로서 이들의 결핍은 장점막세포 또는 혈구세포와 같이 지속적으로 분열해야 하는 세포들의 경우 요구되는 핵산의 합성이 제대로 이루어지지 않아 기능이 저하된다. 따라서 이들 두 비타민의 결핍은 빈혈을 초래하게 된다. 비타민 C는 연골, 인대, 피부 등 결체조직의 주된 성분인 콜라겐 단백질의 숙성에 관여하는 효소의 조효소이다. 따라서 이 비타민이 결핍되면 괴혈병, 상처 치유의 저하, 치은염 등이 생기게 된다. 비타민 K는 지용성 비타민으로서는 유일하게 조효소의 기능을 하는 것으로 혈액응고에 관여하는 단백질인 프로트롬빈 등의 숙성에 관여하는 효소의 조효소가 되므로 이의 결핍은 혈액응고의 저하를 초래하게 된다.

(2) 시각 및 세포의 분화와 성장에 관여한다.

망막세포의 특정 단백질에 결합된 비타민 A는 빛에 의하여 반응하는데, 이는 우리가 빛을 느끼는 첫단계이다. 따라서 비타민 A의 결핍은 야맹증을 유발시킨다. 또한 비타민 A는 상피세포의 성장과 분화에 관여된다. 그러므로 이의 결핍은 상피세포의 각질화와 안구건조증을 유발시킨다. 세포의 분화가 적절하게 이루어지지 않으면 세포는 지속적으로 분열하게 되는데, 이는 암세포의 특성과 비슷하게 된다. 또한 상피세포가 각질화되는 경우 발암성 물질에 더욱 쉽게 노출되어 암화가 촉진될 수 있다. 이러한 기능 때문에 비타민 A는 폐암 등 몇 종류의 암에 대하여 예방효과가 있는 것으로 알려졌다.

(3) 항산화제로 작용한다.

비타민 C와 비타민 E는 항산화제로 작용하여 체내에서 끊임없이 생성되는 과산화물, 수퍼옥시드 음이온, 수산 자유라디칼 등 산소가 불완전하게 환원된 활성산소종을 제거한다. 활성산소종들은 체내 구성 물질인 핵산, 지방질 및 단백질 등과 반응하여 세포의 기능을 떨어뜨리거나 조절기능을 변화시키게 되고, 이는 여러 종류의 질병, 암 및 세포의 노화를 일으키는 원인으로 생각되고 있다. 이러한 점에서 이들 항산화능을 갖는 비타민 C와 비타민 E는 항암효과가 있는 것으로 생각되고 있다. 또한 비타민 E는 항불임인자로도 알려져 있다.

(4) 호르몬과 유사한 기능을 하는 비타민도 있다.

비타민 D는 체내에서 두 단계의 화학반응이 일어나 호르몬과 같은 기능을 하게 된다. 전환된 비타민 D는 소장세포에 작용하여 칼슘을 흡수하는데 관여하는 특정 단백질의 합성을 촉진하여 칼슘의 흡수를 돕는다. 따라서 성장시 이 비타민의 결핍은 구루병을 유발하며 성인의 경우에는 골다공증 또는 골연화증이 초래된다. 햇빛에 노출된 피부에서는 비타민 D와 같은 기능을 하는 물질이 생성된다.

❸ 비타민 섭취시 유의할 점

비타민은 체내에서 합성되지 않으며 서로 전환되지 않기 때문에 반드시 각각 필요량을 섭취하여야 한다. 비타민은 종류가 많으며 식품 중의 분포가 매우 다르기 때문에 모든 비타민들을 흡수하기 위하여서는 다양한 식품을 섭취하여야 한다. 일반적으로 신선한 채소 및 과일에는 리보플라빈, 비타민 C가 많고 녹황색 채소에는 비타민 A, 동물의 간에는 비타민 A, 리보플라빈, 피리독신, 비타민 C 및 비타민 D, 우유에는 비타민 A와 리보플라빈, 그리고 생선과 달걀에는 비타민 D가 많다. 수용성 비타민은 과잉섭취시 비교적 배설이 용이하나 지용성 비타민은 체내에 축적되므로 과잉섭취시 독성이 크게 된다.

5. 무기질

❶ 무기질 영양소의 종류

무기질은 생체를 구성하는 성분이며, 체내에서 유기물질을 완전히 연소시킨 후에도 남아 있는 생물체의 회분의 주된 구성 성분이다. 즉 무기물은 탄소를 함유하지 않는 금속이온 또는 비금속이온들이다.

무기질은 체내 필요량에 따라 다량 무기질과 미량 무기질로 구분한다. 다량 무기질 중 금속이온에는 나트륨(Na), 칼륨(K), 칼슘(Ca), 마그네슘(Mg) 등이 있고 비금속이온으로는 염소(Cl), 인(P) 등이 있다. 미량 무기질에는 금속이온으로 철(Fe), 아연(Zn), 크롬(Cr), 구리(Cu), 셀레늄(Se), 망간(Mn), 몰리브덴(Mo) 등이 있고 비금속이온으로는 요오드(I)가 있다(그림 2-4).

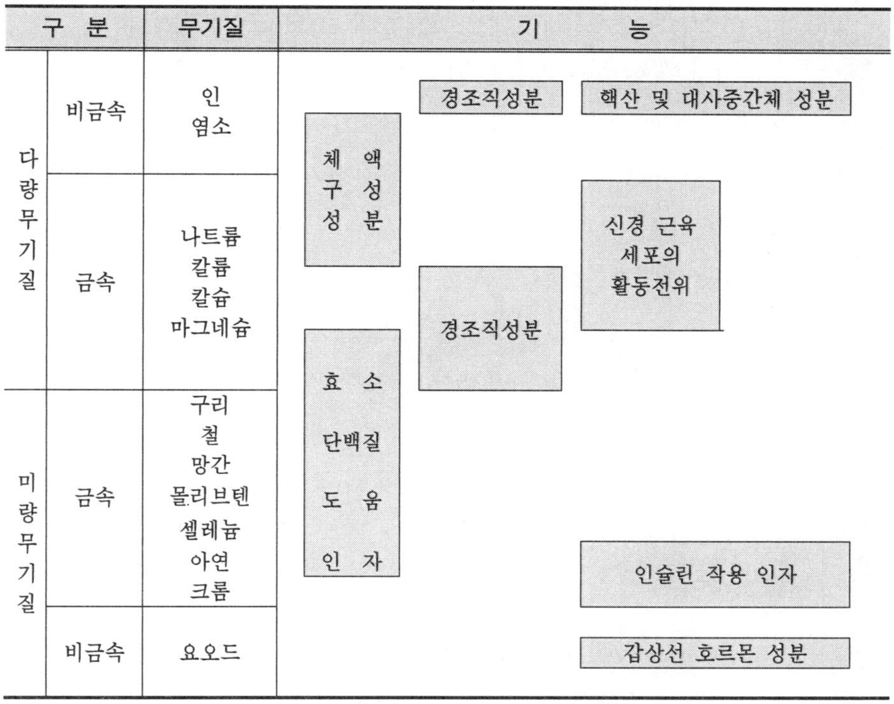

구 분	무기질	기 능
다량무기질 — 비금속	인 염소	체액구성성분 · 경조직성분 · 핵산 및 대사중간체 성분
다량무기질 — 금속	나트륨 칼륨 칼슘 마그네슘	신경 근육 세포의 활동전위
미량무기질 — 금속	구리 철 망간 몰리브텐 셀레늄 아연 크롬	효소 단백질 도움 인자 · 경조직성분 · 인슐린 작용 인자
미량무기질 — 비금속	요오드	갑상선 호르몬 성분

그림 2-4 무기질의 종류 및 기능

2 무기질의 체내 기능

(1) 경조직의 구성성분이 된다.

칼슘, 인, 마그네슘 등은 뼈와 치아를 구성하는 성분으로 이들의 결핍은 경조직의 약화를 초래한다. 아울러 칼슘의 결핍으로 뼈의 발육이 제대로 이루어지지 않거나 약하게 된다.

(2) 체내 수분의 평형 유지에 관여한다.

체내 수분은 체중의 약 60%를 차지하는데, 세포외액과 세포내액으로 구분된다. 이들 교환은 세포막을 통하여 이루어지는데, 삼투압에 의하여 결정된다. 나트륨 칼륨 및 염소 이온들은 체내 삼투압을 결정하는 주된 무기질이다.

(3) 체내 산·알칼리 평형 유지에 관여된다.

체내에 금속 무기질인 양이온의 증가는 알칼리성을 나타내게 하고 반면에 주로 비금속 무기질로 이루어지는 음이온의 증가는 산성을 나타내게 한다. 인체는 이들 이온들의 적절한 농도의 유지를 통하여 산 알칼리 평형을 이룬다.

채소 및 과일에는 금속 무기질이 상대적으로 많아 체내에서 대사되어 양이온의 농도를 증가시키므로 알칼리성 식품이라 하며, 육류, 생선, 가금류, 난류, 및 곡류 등은 체내에서 보다 많은 음이온을 생성하므로 산성식품이라 하는데, 이는 식품 자체의 산도와는 다르다. 비록 평소의 식생활에서 양이온과 음이온의 균형이 맞지 않더라도 우리 몸은 단백질과 인산완충계, 호흡에 의한 탄산완충계의 조절 및 신장에서의 무기질 배설 등을 조절하여 일정한 산도를 유지하고 있다.

(4) 단백질의 성분 및 효소의 도움인자가 된다.

많은 효소들은 촉매활성을 나타내기 위하여 양이온 혹은 음이온을 필요로 하는데 이들 무기이온들을 효소의 도움인자라 한다. 구리, 철, 아연, 마그네슘, 망간, 몰리브덴 및 셀레늄 등이 여러 효소들의 도움인자가 된다. 예로 아연이온은 알콜탈수소효소의 도움인자이다. 셀레늄은 과산화수소 또는 다른 과산화물을 분해하는 효소 또는 이와 관련된 효소의 도움인자이다. 이러한 점에서 셀레늄은 항암효과가 있는 무기질로 알려져 있다. 효소이외의 단백질의 구성성분이 되는 무기질에는 철, 구리, 아연, 인 등이 있다. 산소를 운반하는 적혈구 내의 헤모글로빈이라는 단백질은 철을 가지고 있다. 따라서 철분이 결핍되면 빈혈이 초래된다.

(5) 신경 및 근육 조직의 기능에 관여한다.

신경세포의 흥분 및 신경전달은 나트륨, 칼륨 이온 등이 세포막 내외로 이동하는 것에 의하여 전위차가 변화되어 일어난다. 또한 근육의 수축 및 이완에는 칼슘 이온 등이 관여된다.

(6) 갑상선 호르몬의 구성성분이 되거나 인슐린의 작용을 돕는다.

요오드는 에너지대사를 조절하는 호르몬인 갑상선 호르몬의 구성성분이다. 혈당량을 조절하는 호르몬인 인슐린의 생산과 저장에는 아연이 관여되며 크롬은 인슐린의 기능을 강화한다.

❸ 무기질 섭취시 유의사항

식품 중의 철분 흡수율은 다른 영양소에 비하여 매우 낮은 편이며 음식에 따라 차이가 있다. 일반적으로 동물성 식품 중의 철분이 보다 잘 흡수된다. 비타민 C는 철분을 환원시켜 흡수를 도와준다. 반면에 홍차 등은 철분의 흡수를 방해한다. 뼈째 먹는 생선이나 우유는 좋은 칼슘의 급원식품이다. 다양한 미량 무기질의 섭취를 위하여 음식을 골고루 섭취하는 것이 바람직하다.

소금은 과잉섭취하지 않도록 한다. 소금의 1일 필요량은 1g 이하이다. 우리 나라에서는 1일 10g 이하의 소금섭취를 권장하고 있는데 일부 지역에서는 1일 20g을 섭취하기도 한다. 소금의 과잉 섭취는 체내 나트륨 양의 증가를 초래하고 이로 인하여 수분이 증가되어 혈압이 오르는 것으로 생각되고 있다. 또한 과다한 소금 섭취는 위벽에 자극을 주어 위염을 유발시킬 수 있는 것으로 알려져 있다.

6. 영양 섭취 실태

❶ 영양소별 섭취실태

1998년 국민건강·영양조사결과 1인 1일 영양소 섭취량으로는 에너지 평균섭취량은 2214.1 kcal, 여자의 평균 섭취량은 1768.0 kcal로 권장량 대비 전체평균은 94.5%였다. 단백질의 경우 83.4 g(남자), 65.5 g(여자)로 권장량 대비 전체평균은 117.8% 수준이며, 동물성 단백질이 48%였다. 지방의 경우 47.2 g(남자), 36.1g(여자)이었으며 동물성 지방의 비율은 51.8% 였다. 조사된 비타민의 경우 티아민, 니아신 및 비타민 C는 영양권장량을 상회하였으나 비타민 A 및 리보플라빈은 각각 95.6%, 86.2% 수준이었다. 조사된 무기질의 경우 인은 권장량 이상이었으나 칼슘과 철은 각각 72.8%와 91.9% 수준이었다.

② 영양소 섭취 변화 및 방향

1998년도 섭취한 에너지 구성비율은 당질 66.0%, 지방 19.0% 및 단백질 15.0%로 바람직한 에너지구성 비율과 거의 같았다. 1970년대 전반기의 평균적인 당질, 지방 및 단백질의 에너지 구성비인 79%, 8%, 13%로부터 1990년대 초반에 이르기까지 단백질과 지방 구성비가 점차 증가하고 당질구성비가 감소하였으나 1990년대 후반 이들 영양소 구성비의 증가는 둔화되었으며, 1998년의 경우 전년에 비하여 오히려 조금씩 감소되었다.

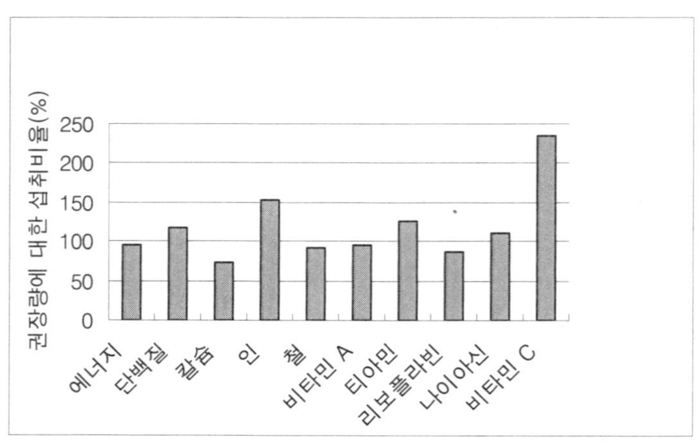

그림 2-5 우리나라의 영양권장량에 대한 영양소별 섭취 비율(1998)

그러나 동물성 식품의 증가로 동물성 지방의 섭취는 꾸준히 증가되고 있는 실정이다. 성인의 경우 동물성 지방의 과도한 섭취가 바람직하지 않는 점을 생각할 때 더 이상 증가되지 않도록 주의하는 것이 필요하다.

1995년도 조사 결과에 비하여 비타민 A, 티아민, 비타민 C의 섭취량은 증가되었으나 철의 섭취량은 감소한 것으로 나타났다. 지속적으로 칼슘의 추가적인 섭취가 요구된다.

토의주제

1. 왜 편식이 좋지 않은 식습관인지 토의하시오.
2. 단백질의 영양효과를 증진시키기 위하여 혼식을 권장하는 이유는 무엇인지 논의하시오.
3. 비타민에 대한 올바르지 못한 인식들을 논의하시오.

제3장 식품과 영양소

　식품에는 자연식품, 자연식품들을 여러 방법으로 처리하여 저장성을 높인 저장식품과 이용하기 편리하도록 변형, 변화시켜 만든 식품인 가공식품이 있다. 자연식품은 급원에 따라 동물성 식품과 식물성 식품으로 나눈다. 식물성 식품에는 곡류, 두류, 감자류, 채소와 과일류 등이 속하며, 동물성 식품에는 육류, 가금류, 어패류, 난류, 우유 등이 있다.

　식품을 구성하는 성분에는 영양성분과 비영양성분이 있으며 그 종류와 함량은 각각 다르다. 영양소에는 탄수화물, 단백질, 지방질, 무기질 및 비타민의 5대 영양소 또는 물을 포함한 6대 영양소가 포함된다. 영양소는 기능에 따라 열량을 내는 열량영양소에 탄수화물, 지방과 단백질, 체조직을 구성하는 구성영양소에는 단백질과 무기질, 대사를 조절하는 조절영양소에는 단백질, 무기질 및 비타민으로 나눈다.

　기초식품군은 2000년 7차 영양권장량을 개정하면서 기존의 방식에서 바꾸어 식품을 기본으로 하여 분류했으며, 기초식품군의 명칭도 영양소명에서 식품명으로 바꾸었다. 즉 탄수화물군을 곡류 및 전분류로, 비타민 및 무기질군을 채소류 및 과일류로, 단백질군을 고기, 생선, 계란, 콩류로, 칼슘군을 우유 및 유제품으로, 지방군을 유지견과 및 당류로 개정하였고 기초식품군의 순서는 따로 명시하지 않았다(그림 3-1).

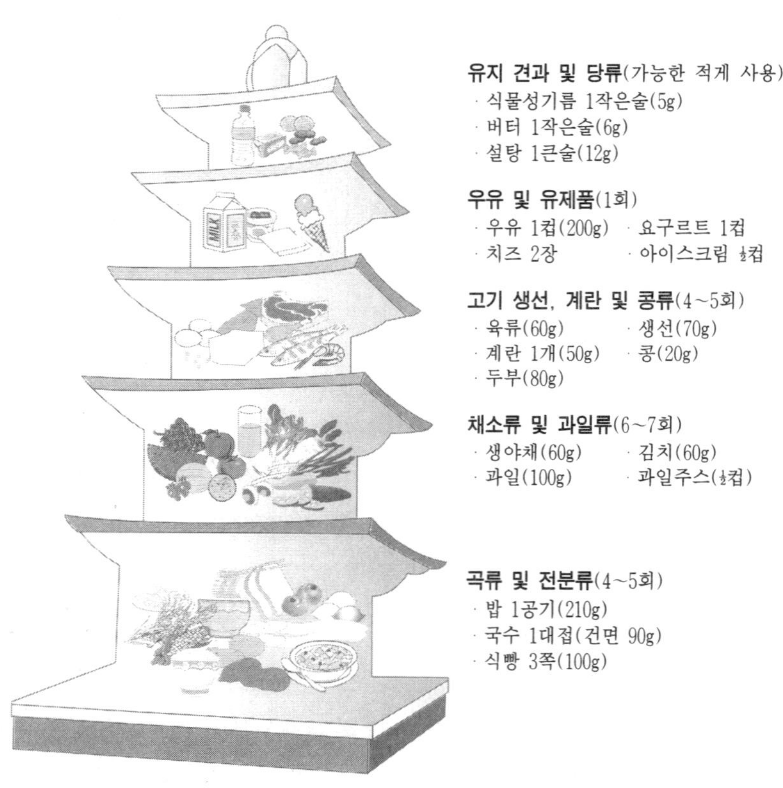

그림 3-1 식품 구성탑

식품에는 영양소이외에도 음식의 맛이나 품질을 유지하기 위해 필요한 방향성분, 맛성분, 텍스쳐성분과 건강에 필요한 식이섬유소, 알칼로이드, 기타성분 등이 있으므로 식품에 따라 영양과 비영양성분을 알아보고 그 특성에 대해 설명하고자 한다.

1. 곡류 및 전분류

1 곡 류

곡류에는 주식인 쌀, 보리, 밀, 옥수수, 수수 등이 속하며 표 3-1과 같이 수분함량이 약 10~13%, 당질이 70~80% 들어 있으며 당질의 대부분은 전분이다.

표 3-1 곡류의 일반 성분(%)

종　류	수　분	당　질	단백질	지　방	회　분
쌀	12.0	77.7	7.5	1.7	1.1
보　리	10.3	72.8	12.8	2.1	2.1
밀	8.7	75.8	11.7	2.0	1.8
옥수수	11.0	73.4	10.0	4.3	1.3
메　밀	12.0	71.6	12.4	2.4	1.6
조	10.6	74.5	10.1	3.7	1.3
수　수	12.4	73.2	9.9	2.9	1.2

단백질은 7~13% 정도 들어 있으나 질은 낮고, 지방질은 주로 배아 부분에 있으며 저장하면 산패취를 내므로 품질을 저하시키는 원인이 된다. 대부분의 곡류는 도정하여 낟알로 이용하지만 밀은 가루로 가공하여 먹는다. 곡류입자는 외피, 배유, 씨눈이 되는 배아로 되어 있다(그림3-2). 배유부분은 거의 전분으로 되어 있고 외피쪽으로 갈수록 단백질과 무기질의 함량이 높아진다.

(1) 쌀

우리나라 사람은 단립종이며 취반 후 윤택과 끈기를 갖는 쌀을 좋아한다. 쌀은 품종에 따라 차이가 있고 주로 건물당 80%가 전분으로 구성된 전분질 식품이다. 쌀은 도정 정도에 따라 현미, 5분도미, 7분도미, 9분도

미, 백미 등으로 나누며, 현미는 단백질과 무기질의 함량이 비교적 높으나 소화성은 떨어진다.

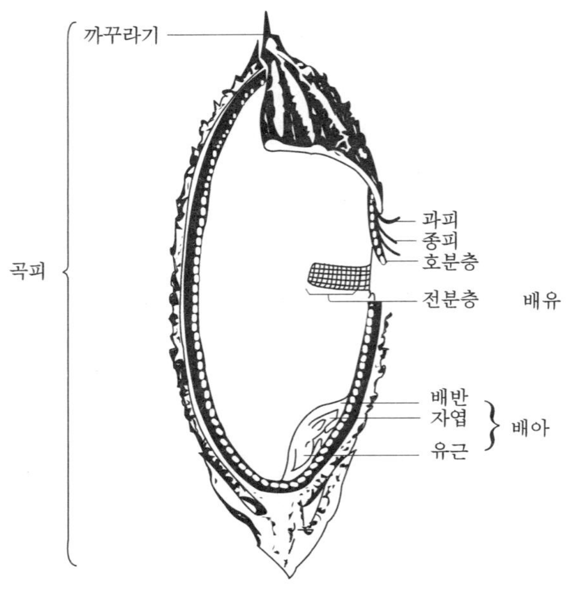

그림 3-2 쌀알의 구조

영양적으로 볼 때, 쌀에서 부족되기 쉬운 단백질은 두류를 이용하거나 잡곡을 혼합하여 보충하는 것을 권장하고 있다. 쌀은 아밀로오스 함량에 따라 멥쌀과 찹쌀로 구분하며, 찹쌀은 아밀로펙틴이 많아 조리하면 끈기가 많으므로 그것을 이용한 음식이 발달되어 있다. 쌀은 세포 내에 전분립을 갖고 있어 분리된 전분보다 수분흡수력이 낮다. 밥을 지을 때 필요한 물의 양은 쌀 무게의 1.2~1.4배 정도이며, 충분히 불린 다음 밥을 짓는 것이 좋다. 밥이 되었을 때 전분이 완전히 호화되는 것은 아니며, 밥짓는 방법이나 밥짓는 조건에 따라 달라질 수 있다. 밥을 지을 때 압력솥을 사용하면 전분의 호화도 증가하고 끈기도 커진다. 맛있는 밥의 수분 함량은 65% 내외로, 이것을 실온이나 냉장조건에서 저장하면 전분의 노화가 쉽

게 일어나 소화성이 떨어지므로 호화 온도 이상에서 보관하여 노화를 억제하는 방법이 보온밥솥의 이용이다. 보온 밥솥의 밥도 24시간이상 보관하면 색, 냄새와 텍스쳐가 변하여 맛이 저하된다.

떡은 쌀을 물에 담가 건진 후 가루로 빻아 만든 전통음식으로 저장성을 증가시켜 상품화가 요구된다. 쌀은 밀가루처럼 부푸는 성질은 없지만 글루텐에 내성을 갖는 사람에게는 대체 가능한 식품으로 가공식품의 개발이 필요하다.

(2) 밀가루

밀가루는 가루형태로 먹는 대표적인 곡류로 기능성을 갖는 단백질이 있어 빵이나 국수 등을 만들어 이용한다. 밀은 껍질이 단단하므로 물에 불린 다음 로울러를 이용하여 배유부분부터 가루화한 후 적당한 단백질 함량을 갖도록 혼합하여 목적에 맞게 사용한다. 즉, 박력분은 단백질이 적은 배유부분이 많이 포함된 것으로 과자나 케이크용으로, 외피쪽의 단백질 함량이 높은 부분이 많이 들어 간 강력분은 식빵이나 국수, 중력분은 시장에서 판매되는 다목적용으로 사용된다. 밀가루에는 불용성 단백질이 두 가지 들어 있는데 프롤라민(prolamin)계의 글리아딘(gliadin)과 글루텔린(glutelin)계의 글루테닌(glutenin)이다. 이 단백질들이 혼합된 밀가루에 물을 넣고 반죽하면 점성과 신장성, 탄력성을 모두 갖는 글루텐(gluten)으로 된다. 이 글루텐은 밀가루 제품을 부풀게 하는 기능성을 가지며, 팽창제로는 물이 가열에 의해 바뀐 수증기, 반죽할 때 들어 간 공기와 베이킹파우더나 이스트에서 만들어지는 이산화탄소이다.

밀가루 반죽을 가열하면 삼차원적 그물망으로 얽혀진 글루텐에 포함된 기체가 온도상승에 의해 팽창하면서 부풀기 시작하고, 전분입자가 반죽에 포함된 물에 의해 팽윤과 호화되어 그 내부를 채우고 더 가온되면 글루텐 단백질은 변성되어 모양을 유지하게 한다. 빵의 텍스쳐는 글루텐의 함량에 영향을 받으므로 글루텐의 형성 정도를 밀가루의 종류, 반죽에 첨가하는 여러 종류의 첨가물질로 조절한다. 빵에 첨가하는 물질 중 버터나 마가린, 식용유 같은 지방질식품은 글루텐 성장을 억제한다. 달걀의 단백질은 글루텐 성장을 도와주나 난황은 지방과 유화하여 부드럽게 하기도 하며, 설탕은 과량일 때 글루텐을 분해하고, 소금은 과량일 때 글루텐 형성을 증가시킨다.

빵은 구울 때 표면과 내부의 수분증발이 다르므로 내부에 있는 전분의 호화는 잘 되나, 표면에는 물이 충분하지 못하여 호화가 잘 되지 못하며, 표면은 고열로 밀가루 반죽 내에 있는 당과 아미노산이 마이야르(Maillard) 반응을 일으켜 독특한 향기와 갈색을 만든다. 빵은 수분이 35~38% 정도 들어있어 노화(staling)가 잘 일어난다. 빵의 노화는 부패되지 않으나 저장 중에 맛과 품질이 변화되는 모든 현상을 말하며, 전분의 노화와 단백질과 전분 사이의 물의 재분포, 단백질의 변화, 물의 이동성 등이 관련된다고 한다.

❷ 두 류

두류는 양질의 단백질을 포함하며, 전분 함량이 많고 단백질이 적은 녹두와 팥 같은 것과 대두나 낙화생 같은 단백질과 지방질이 많은 것으로 나눌 수 있다. 대두는 단백질과 지방질을 모두 이용하는 식품인데, 불포화지방산의 산화로 생성되는 콩비린내를 억제, 또는 제거하는 것이 중요하다. 팥과 녹두는 주로 전분을 음식에 이용하고 있는데, 팥은 고물이나 소로 많이 사용하고 팥죽을 쑤어 먹기도 하며 녹두는 묵이나 전을 만드는데 이용하여 왔다.

❸ 감자류

감자류에 속하는 감자와 고구마는 땅 속에서 얻어지는 식품으로 다른 탄수화물 식품과는 달리 수분이 많고 전분이 20~25% 들어 있으며, 비타민과 무기질이 들어 있어 영양적으로도 좋은 식품이다.

(1) 감 자

감자는 유럽에서 주식으로 사용하나 우리나라에서는 부식으로 쓰며, 가열 후의 텍스쳐 변화에 따라 분질(mealy)과 점질(waxy)로 나눈다. 육색이 흰 것은 분질인 경우가 많고 노란 것은 점질인 경우가 많으며, 소금물에 담갔을 때 가라앉는 것이 분질이다. 껍질을 깎아 공기 중에 놔두면 효소에 의해 산화되어 갈색으로 변화되므로 깎은 감자는 물에 담가 두는 것이 바람직하다. 저장할 때는 햇빛이 비치지 않는 저온에 두는 것이 좋다. 겨울에 장기간 보관하면 생화학적으로 전분이 당으로 변하여 감자칩이나 튀김으로 가공할 때 갈변반응으로 반점이 생겨 상품성이 떨어진다. 햇빛이 비치거나 싹이 날 때에는 독성물질인 솔라닌이 많이 생기므로 보관시 주의하거나 조리할 때 이런 부분을 제거해야 한다. 감자전분은 옥수수 다음으로 많이 이용하는 전분으로, 주로 조리용 전분이나 주정용, 당면제조용 등으로 많이 쓰인다.

(2) 고구마

고구마는 단위면적당 수확량이 높아 생산을 장려하였으나 이용률이 낮아져 현재는 소비가 감소되는 식품 중 하나이다. 식용으로 분질인 것을 선호하며 수확량이 높은 점질은 주정용이나 가공용으로 쓰고 있다. 고온성 작물이라 15℃ 정도에서 보관해야 냉해를 받지 않으며, 냉해를 받으면 파란색의 단단한 심지같은 물질로 변한다. 고구마에는 감자보다 당이 많이 들어있어 단맛을 가지며 가열하면 β-아밀라아제라는 효소에 의해 맥아당이 만들어져 단맛이 증가한다. 고구마도 껍질을 깎아 두면 갈변현상이 나타나므로 물에 담가두는 것이 좋다. 고구마에는 종류에 따라 카로텐이 있어 황색을 띠며, 카로텐 함량을 높인 새로운 품종의 고구마가 개발되고 있다.

④ 탄수화물 식품의 조리, 가공 중의 변화

탄수화물 식품에 함유된 전분은 물이 있는 상태에서 가열하면 호화된다. 호화는 부분적 결정성 고분자인 전분입자에 물이 흡수되어 무정형으로 되고 부피도 증가하며 점성이 커지는 현상이고, 호화된 식품은 소화효소의 작용을 쉽게 받는다(그림 3-3). 호화된 전분질 식품은 저장에 따라 노화되어 텍스쳐가 단단해지고 맛이 나빠지며 소화율도 떨어지므로 노화를 억제하는 방법을 모색하는 것은 중요하다.

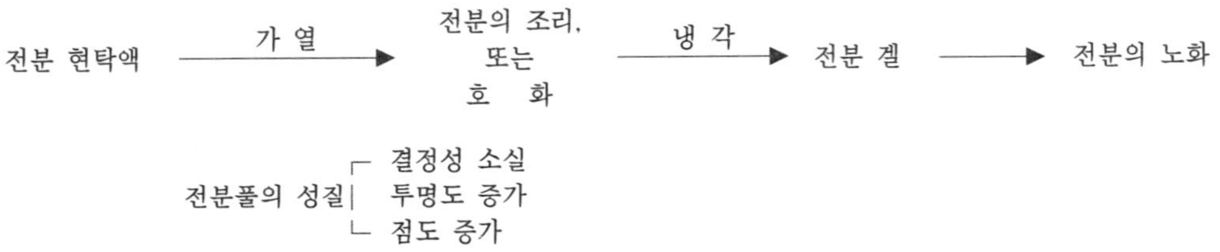

그림 3-3 전분의 조리과정 중의 변화

냉동저장이나 70℃ 이상으로 보온, 또는 호화된 상태에서 수분함량을 줄이면 노화가 억제된다. 또한 아밀로오스 함량이 많은 녹두와 동부 등이나 펙틴질 함량이 높은 과일류 및 검물질로 겔을 만들 수 있어 이를 식품가공에 이용하는데, 대표적인 식품으로 묵, 푸딩, 잼, 젤리, 양갱 등이 있다.

2. 채소류 및 과일류

과일은 식사에 사용하지 않고 주로 날것으로 먹기 때문에 함유된 영양소의 손실이 적은 상태로 섭취할 수 있다. 채소는 다양한 영양소와 독특한 맛, 풍미, 색과 텍스쳐를 주므로 식사시에 단조로움을 피하고 만족을 줄 수 있다. 대부분의 과일과 채소는 수분을 70~98% 함유하므로 수분함량이 텍스쳐의 변화에 영향을 준다. 과일은 씨앗의 갯수나 주 재배지에 따라 나누며, 채소는 어느 부분을 먹느냐에 따라 나눈다.

■ 식물체의 조직

식물세포는 여러 물질이 섞여 있는 원형질을 원형질막과 세포벽으로 둘러싸고 있으며, 세포와 세포사이에는 펙틴질이 시멘트 역할을 하고 있다(그림 3-4).

원형질에는 세포의 대사를 조절하는 핵과 유동적인 세포질이 있고, 그 외에 플라스티드나 액포, 미토콘드리아 등이 있다. 식물체는 가식 부분인 유조직, 양분과 물을 운반하는 유도조직, 식물체를 유지하는 지지조직과 표면을 덮어 보호해 주는 보호조직으로 구성되어있다.

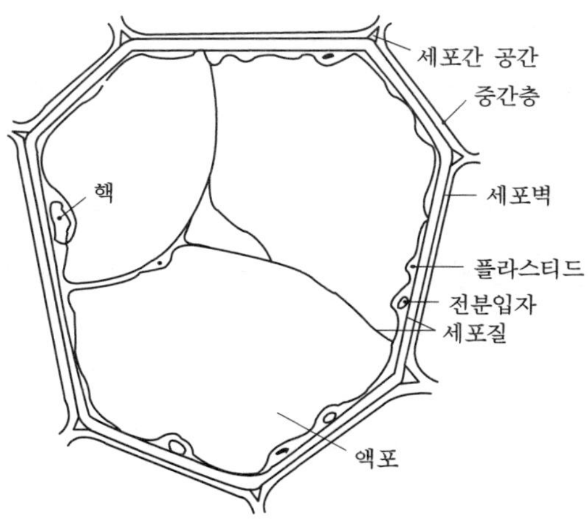

그림 3-4 일반 유세포의 모양

❷ 구성성분

(1) 영양성분

수분이 가장 많아 70~98% 차지하며 약간의 당류나 전분이 있고, 비타민과 무기질을 많이 함유하고 있다. 비타민은 수용성인 비타민 B군, C와 카로텐이 많고 무기질은 염과 이온의 형태로 들어 있다.

(2) 비영양성분

과일과 채소는 색이나 향기, 맛, 텍스쳐를 주는 성분이 많아 관능적인 요소를 만족시키는데 중요한 역할을 한다.

① 색소

동물성 식품에는 육색소, 혈색소와 카로테노이드, 식물성 식품에는 지용성 색소인 엽록소와 카로테노이드, 수용성 색소인 안토시아닌, 플라보노이드, 베탈레인이 있다.

엽록소(chlorophyll)는 녹색을 띠는 색소로 엽록체에 들어 있으며, 구조에 따라 색이 달라지며 산화되어 탈색이 되기도 하고, 산에서는 페오피틴(pheophytin)으로 변하여 올리브색을 띤다. 물에 넣고 가열할 때 약알칼리 조건에서 클로로필라아제(chlorophyllase)에 의해 선명한 녹색의 클로로필라이드(chlorophyllide)로 변하여 수용성이 된다. 녹엽채소를 데칠 때 뚜껑을 닫으면 휘발성 유기산이 조리수에 녹아 산성으로 만들어 녹색을 올리브색으로 바꾸므로 뚜껑을 열고 데치는 것이 좋다.

카로테노이드(carotenoid)는 세포 내의 색소체에 들어 있으며 대부분의 녹황색 채소에 엽록소와 함께 들어 있다. 이중결합이 많은 구조로 산화되기 쉬운 특성이 있으나 그 밖의 조리 조건에서는 안정하다. 카로테노이드는 탄소, 수소로 되어 있는 카로텐과 산소가 포함된 잔토필로 되어 있으며, 당근에는 카로텐이 들어 있고 밀감, 고추, 수박, 옥수수 등은 잔토필이 들어 있다. 오렌지 주스의 색소는 물에 용해된 것이 아니고 물에 분산되어 있는 것이다.

안토시아닌(anthocyanin)은 배당체이며 수용성 색소로 산도에 따라 붉은색에서 보라색, 파란색까지 다양하다. 색은 아글리콘의 종류나 결합된 당, 결합가능한 금속, 단백질, 플라보노이드에 의해 달라진다. 열이나 알칼리에도 매우 불안정하여 고리구조가 분해되므로 이 색소를 식품가공에 이용하기는 매우 어렵다. 안토시아닌이 들어 있는 식품에는 검은콩, 가지, 딸기와 포도 등이 속한다. 딸기잼이나 포도주스를 만들 때 금속용기를 사용하면 금속과 안토시아닌이 결합되어 색이 검게 변한다.

플라보노이드(flavonoid)는 흰색 색소로 식물성 식품에는 거의 다 들어 있고 쓴맛이나 떫은 맛을 가지며 효소에 의해 갈변화되기 쉽다. 산성에서는 더욱 선명한 흰색을 보이나 알칼리에서는 진한 황색에서 담갈색으로 변한다. 이것도 금속이나 안토시아닌 등에 의해 착화합물을 만든다. 김밥을 만들 때 초를 넣으면 더욱 희게 보인다든지 찐빵에 식소다를 넣으면 누렇게 변하는 것은 이 때문이다.

베탈레인(betalain)은 비트에 들어 있는 색소로 성질은 안토시아닌과 비슷하나 질소를 갖는 다른 색소이다.

떫은 맛의 주성분으로 알려진 탄닌과 폴리페놀 등은 식물체에 있는 폴리페놀옥시다아제(polyphenol oxidase)에 의해 산소와 만나면 갈변반응을 일으킨다. 갈변반응은 바람직하지 못하므로 방지하는 것이 좋다.

② 맛과 향기 성분

과일은 채소보다 당이 많이 들어 있어 단맛이 강하다. 주로 포도당, 과당, 자당이 단맛을 주며, 그 외의 맛성분에는 유기산, 페놀성 물질, 알코올류, 에테르나 카르보닐화합물이 있고, 채소에는 중에는 함유황 물질이 있어 독특한 향미를 준다. 채소에는 휘발성과 비휘발성 유기산이 있어 가열에 의해 맛과 냄새의 변화가 나타날 수 있다.

함유황 물질을 갖는 채소는 두 종류로 나누며, 양파과에 속하는 마늘과 양파, 배추과에 속하는 배추와 겨자 등이 있다. 마늘이나 양파는 상온에서 활성화되는 알리나아제라는 효소를 갖고 있어 껍질을 벗길 때도 매운 냄새를 내나 배추나 겨자에는 40℃에서 활성화되는 미로시나아제가 있으므로 더운 상태에서 휘발성 유황물질을 만든다. 특히 양파는 가열하면 단맛을 갖는데, 유황물질이 분해되어 생성되는 노르말-프로판티올(n-propanethiol)에 의한다고 알려져 있다.

③ 텍스쳐 특성

채소나 과일의 세포는 반투과성의 원형질막과 세포벽으로 둘러싸여 있고, 세포간질은 펙틴질로 되어 텍스쳐에 영향을 준다. 세포 내의 공포에 수분을 함유하며 이 수분함량에 따라 아삭아삭한 정도가 다르다. 예를 들면 양배추를 잘라 찬물에 담가두면 세포 내의 염 농도가 높아 원형질막을 사이에 두고 저장성의 찬물이 세포 안쪽으로 들어간다. 이것은 두 농도가 평형에 이를 때까지 계속되므로 세포벽으로 물을 밀어내는 힘이 생기게 된다. 이것을 삼투압이라고 하나 식물성 식품에서는 이를 팽압(turgor pressure)이라고 하며, 텍스쳐와 상관이 있다. 세포벽은 셀룰로오스와 헤미셀룰로오스로 이루어져 있고 성숙한 식물체에는 리그닌도 들어 있어 텍스쳐를 질기게 한다. 셀룰로오스는 어떤 조건에서도 분해되지 않으나 헤미셀룰로오스는 알칼리에서 분해되어 물러지는 원인이 된다. 펙틴질은 고분자의 프로토펙틴부터 펙틴닉산, 펙틴산으로 구성되어 있으며 펙틴산은 수용성이므로 함량이 증가하면 씹을 때 연한 느낌을 받게 된다. 이는 자체 펙틴 분해효소에 의해 이루어지거나 저장 중에 미생물이 만들어 내는 효소에 의해서도 나타날 수 있다. 미숙한 과일이 단단한 것과 김치가 오래되면 물러지는 현상도 이것에 기인된다.

과일에 들어 있는 펙틴함량은 차이가 나지만 사과, 딸기, 포도 등이 비교적 많은 펙틴을 갖고 있으므로 이것을 가열, 추출해서 적당한 펙틴함량(1%)과 설탕(60~65%), 산(pH 2.6~3.2)이 존재하면 가열해서 냉각했을 때 겔이 만들어진다. 잼은 과육이 있는 상태이며 과즙만으로는 젤리를 만들 수 있다. 펙틴 겔은 다른 겔과 마찬가지로 친수성의 긴 사슬분자가 서로 엉겨 3차원적 그물망을 이루고 그 속에 물이 안정한 상태로 갇혀 있기 때문에 고체와 같은 행동을 하게 된다.

(3) 조리와 저장 중의 변화

과일은 주로 날 것으로 먹는데 주스와 통조림, 잼, 젤리로 가공하여 저장하거나 생것을 가스저장, 냉동저장하기도 한다. 과즙은 펙틴이나 세포 물질이 빠져 혼탁하게 되므로 청징제를 사용하여 맑게 한다. 잼과 젤리는 과일에 함유된 펙틴을 이용한 식품이며 펙틴 함량이 적을 때는 펙틴을 첨가하기도 한다. 과일 통조림은 시럽을 넣어 당장한 것으로 당에 의해 수분활성이 낮아져 저장성이 증가한다.

채소는 날 것으로 먹거나 가열조리, 또는 발효시켜 먹는다. 가열하면 세포 내에 들어 있던 공기가 물로 치환됨으로써 색이 더욱 선명해지며 원형질막이 변성되어 물이 빠지므로 부드러워진다. 가열시할 때에 빠진 유기산으로 인해 조리수가 산성이 되어 색이 변화되기도 하며 텍스쳐의 변화가 나타나기도 한다. 채소발효 식품의 예로는 김치를 들 수 있으며 김치는 여러 양념과 어울려져 독특한 맛을 갖는다. 이때에는 유산균이 참여하여 유산을 만들고 대사 중에 다른 유기산도 생성되어 맛이 증가된다.

오래된 김치는 호기성균이 자라게 되고 그것들이 분비하는 펙틴분해효소에 의해 텍스쳐가 물러진다. 김치는 겨울철에 비타민과 무기질의 공급원으로 이용하였으며 식이 섬유소와 유산균이 들어 있어, 건강에 좋은 식품으로 알려지고 있다. 젓갈에 들어 있는 다가불포화지방산이 첨가되어 기능성을 증가시키므로 매 식사마다 김치를 먹는 식습관은 건강을 유지하는 데 많은 도움을 준다. 김치의 우수성은 세계적으로 알려져 있으므로 세계인의 맛과 어울리는 김치의 개발이 필요하다.

3. 고기, 생선, 계란 및 콩

1 육류

(1) 육류의 조직과 성분

육류는 포유동물의 살코기를 말하며, 우리나라에서는 주로 소고기, 돼지고기, 양고기 등을 먹는다. 육류에는 수분 이외에 단백질이 20% 들어 있고, 그밖에 지방질과 탄수화물 등이 소량 들어 있다. 육류의 조직은 악틴과 미오신으로 구성된 근육조직, 콜라겐과 엘라스틴으로 된 결합조직과 중성지방으로 된 지방조직으로 구성된다. 단백질은 근섬유단백질, 육장단백질, 육기질단백질로 되어 있다. 근섬유단백질은 주로 악틴과 미오신으로 섬유상 구조를 주어 먹을 때 씹는 맛을 준다. 육장단백질에는 효소나 미오겐 같은 수용성 단백질들이 포함되고, 결합조직인 육기질단백질은 그림 3-5와 같이 근육단백질을 둘러싸고 있어 육류의 조리 중의 변화에 큰 영향을 미친다.

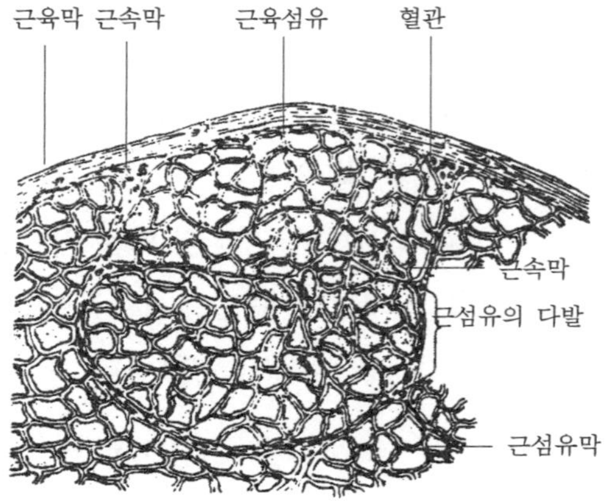

그림 3-5 근육조직의 횡단면

(2) 육류의 저장 중의 변화

포유동물을 도살하면 호흡이 멈추면서 산소가 공급되지 않으므로 TCA cycle을 이용하지 못하고, 해당작용을 통해 ATP(adenosine triphosphate)를 생성하며 근육에 젖산이 쌓여 pH가 낮아진다. 악틴과 미오신은 악토미오신으로 결합된 채 이완되지 못하여 보수성이 적어지고 근육은 굳어진다. 이를 사후경직(rigor mortis)이라고 하며, 동물체의 크기나 저장된 글리코겐, 저장온도 등에 의해 그 기간이 달라진다. 근육의 pH가 5.3~5.5로 떨어지면 단백질 분해효소인 카텝신(cathepsin)이 활성화되어 단백질을 분해하므로 조직이 연해진다. 이때 보수성이 증가하여 맛있는 성분과 독특한 향기를 얻게 되는데, 이를 숙성(aging)이라 한다. 온도가 높으면 숙성이 빠르나 부패되기 쉬우므로 저온에서 숙성시키는 것이 바람직하다. 돼지고기는 지방질 함량이 많으므로 숙성 중에 변패되기 쉽다. 고기의 색깔은 육색소인 미오글로빈과 혈색소인 헤모글로빈에 의하며, 이들은 철을 갖는 금속단백질이다. 도살 직후 고기의 색은 적자색으로 미오글로빈과 헤모글로빈에 물이 결합되어 있으나 공기 중에 노출되어 산소량이 증가되면 산소로 치환되는 산소화 과정을 거쳐 선홍색을 띤다. 고기를 저장하면 맛, 향미, 텍스쳐, 색의 변화가 나타난다.

(3) 육류의 가열 중의 변화

육류를 가열하면 조직 내에 많은 변화가 나타나는데, 주요 변화로는 근육단백질의 변성, 결합조직 중 콜라겐의 젤라틴화, 액즙의 유출, 맛, 향미의 변화와 색의 변화 등을 들 수 있다. 근육단백질은 가열하면 수축되어 단단해지나 습열시에는 장시간 가열로 근섬유가 분리된다. 이는 근섬유 단백질을 둘러싸고 있는 결합조직 중 콜라겐이 부드러워져 나타나는 변화이다. 숙성과정에서 유리된 아미노산, 질소화합물과 당이 맛과 향미를 증가시키며, 미오글로빈과 헤모글로빈의 철이 산화되면서 갈색으로 변하고, 당과 아미노산에 의한 마이야르 반응이 진행되어 갈색과 향미를 준다.

2 가금류

가금류는 육류와 더불어 양질의 단백질 급원으로 알려졌으며 닭, 오리, 칠면조고기 등이 속한다. 닭은 월령에 따라 지방질과 결합조직 함량이 다르므로 조리하는 방법이 달라진다. 양계로 닭고기를 생산하므로 조리법에 제한을 받지 않으며, 부위별로 판매되고 있으므로 선택할 때에는 신선도를 중요시 하면 된다. 닭은 몸체가 작아 사후경직 기간이 육류보다 짧으므로 4~5시간이면 숙성되어 맛이 좋아진다. 오리고기는 닭고기보다 지방질이 많으므로 저장시 지방질의 산패나 조리할 때 지방질의 제거방법에 유의해야 한다.

3 어패류

어패류에는 바다나 민물에 사는 동물성 식품이 모두 포함된다. 즉 명태, 고등어, 꽁치 등의 어류, 새우, 게 등의 갑각류, 오징어, 낙지, 문어 등의 연체류, 그리고 대합, 고막, 모시조개 같은 패류가 모두 이에 속한다.

(1) 어패류의 성분

생선에는 대개 15~20%의 단백질이 들어 있고, 지방질 함량은 종류에 따라 차이가 커서, 지방질의 함량, 활동 장소, 근육의 색에 따라 생선을 분류한다. 단백질은 양질로 육류보다 결합조직이 적어 소화가 잘 되며, 지방질도 불포화지방산이 많아 질이 우수하다. 근육단백질은 악틴과 미오신으로 되어 있으며, 여기에 소금을 2~3% 넣으면 단백질이 용출되어 풀과 같이 된다. 가열하면 엉겨 단백질 겔이 만들어지는데, 이것을 이용하여 생선묵 같은 어육가공품을 만든다. 지방질은 불포화도가 높아 상온에서 액체이므로 동물성 지방과는 달리 어유라고 불리운다. 등푸른 생선으로 알려진 참치, 고등어나 삼치 등의 지방질에 불포화도가 높은 EPA($C_{20:5}$)와 DHA($C_{22:6}$)가 다량 함유되어 순환계의 질환에 도움을 주는 것으로 알려져 있다. 그러나 이런 불포화도가 높은 지방질은 산화되기 쉬우므로 저장이나 가공시에 주의해야 한다.

생선의 맛은 단백질이 분해되어 생성된 아미노산과 핵산물질이 주로 좌우하며, 그밖에 유기산과 당이 영향을 미친다. 굴, 새우, 오징어 등의 맛 성분에는 타우린(taurine), 베테인(betaine)이 있어 독특한 맛을 낸다.

신선한 생선을 저장하면 비린내가 생성되므로 신선도를 판별하는 수단으로 사용된다. 비린내는 트리메틸아민 산화물(trimethylamine oxide)이 해수 미생물에 의해 환원되어 생긴 트리메틸아민과 지방질이 산화되어 생성되는 저분자의 카르보닐 화합물에 의한다. 상어와 홍어는 신선해도 암모니아 함량이 높아 독특한 냄새를 갖는다.

생선의 근육은 종류에 따라 흰색과 붉은 색을 띠는데 붉은 색은 육색소인 미오글로빈이 함유되어 있기 때문이며 흰살부분보다 지방함량이 높다. 생선 근육에 카로테노이드라는 지용성 색소가 들어 있는 연어나 송어가 있고, 껍질층에 카로테노이드를 갖는 생선도 있으며, 종류에 따라 색이 다르다. 새우나 게 껍질에는 아스타잔틴(astaxanthin)이라는 카로테노이드 색소가 단백질과 결합되어 청녹색을 띠다가 가열하면 단백질이 변성되고 색소가 유지되어 붉은색을 갖게 된다. 고등어나 꽁치 등은 히스티딘이라는 아미노산이 많은데 해수 부패균이 내는 효소에 의해 히스타민으로 변하며 이 물질은 알레르기성 식중독을 일으킬 수 있다.

(2) 생선의 조리, 가공, 저장 중의 변화

생선도 가열하면 근육단백질이 수축, 응고되어 단단해지나 결합조직인 콜라겐은 젤라틴으로 겔화되면서 부드러워진다. 결합조직이 근절 사이에 있어 가열하면 비늘같이 떨어진다. 생선은 저장하면 비린내가 나므로 생선 조리에서는 비린내를 제거하는 방법이 매우 중요하다. 비린내 성분인 트리메틸아민은 약염기이므로 식초나 레몬을 뿌려 중화하거나 강한 향기가 나는 향신료를 사용하여 냄새를 맡지 못하게 하는 방법(masking effect), 항산화제가 들어 있는 마늘, 양파, 생강을 사용하거나 알코올로 냄새 성분을 포함한 채 단백질을 변성시키므로써 냄새를 억제하는 방법 등이 사용된다. 생선도 육류처럼 프라이팬이나 석쇠 같은 금속용기에 직접 닿으면 열응착성을 갖는 미오겐에 의해 달라 붙으므로 금속용기를 사용할 때는 미리 달구거나 기름을 칠한 다음 사용하는 것이 좋다.

생선에 염을 가하면 염의 농도에 따라 용출되어 나오는 성분이 다르다. 1% 정도의 염용액에서는 수분이 빠져 나오고 근육이 단단해지나 2~3%가 되면 악틴과 미오신이 악토미오신으로 되어 점성이 증가하고, 15% 이상이 되면 단백질이 응집되어 단백질 용출량이 급격히 감소된다.

생선은 종류에 따라 고도의 불포화지방산 함량에 차이가 나서 저장방법이 다르다. 지방질이 적은 생선인 명태나 대구, 오징어 등은 주로 건조하며, 굴비는 염장하여 건조 또는 냉동저장 한다. 오래 저장할 때는 급속 냉동, 염장, 또는 통조림으로 만드는 방법을 이용하는 것이 좋다. 냉동된 생선은 저온에서 해동하는 것이 좋으며, 전자레인지를 이용하여 해동하는 것도 생선의 품질을 유지하는 좋은 방법이다.

4 난 류

우리가 흔히 사용하고 있는 난류에는 달걀, 오리알, 메추리알이 있으나 그 중 달걀의 사용량이 가장 많다. 달걀은 양질의 단백질을 가지고 있을 뿐만 아니라 난백의 기포성과 난황의 유화성 같은 기능성이 있어 다른 음식을 조리하는데 중요하다.

(1) 달걀의 구조와 성분

달걀은 하나의 살아있는 세포로 크게 난백과 난황으로 나누며, 난백은 점성의 차이에 따라 된난백과 묽은난백으로 구분한다(그림 3-6). 달걀은 저장 중 호흡에 의해 품질의 변화가 초래된다.

호흡에 의해 생성된 이산화탄소는 수분과 함께 다공질인 껍질을 통해 밖으로 나가므로 공기집이 커지고 pH가 증가한다. 부분적으로는 단백질이 분해되어 된난백이 감소하고 묽은난백이 증가하며, 난황막으로 수분이 이동되어 난황이 커지고 편평해진다.

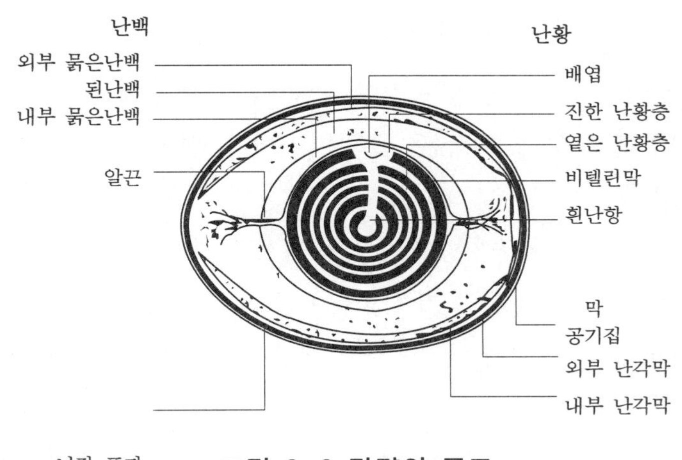

그림 3-6 달걀의 구조

달걀의 성분을 난백과 난황으로 나누어 살펴보면, 난백은 6가지 단백질이 모여 이루어져 있고 지방질이 거의 없으나, 난황에는 단백질과 함께 지방질, 특히 인지질이 결합되어 있고 콜레스테롤도 비교적 많이 들어 있다. 난백에는 오브알부민, 오보글로불린, 오보뮤신, 오보뮤코이드, 콘알부민과 아비딘이 들어 있다. 달걀을 날 것으로 먹을 때는 아비딘이 비오틴과 결합하여 흡수를 방해한다. 난황에는 카로테노이드가 함유되어 황색을 띠며 색의 강도는 사료의 카로테노이드에 영향을 받으며 달걀 껍질의 색과는 무관하다. 인지질인 레시틴(lecithin)이 많아 유화제로서의 작용을 좋게 한다. 난황에는 철이 있어 이유기에 철 공급원으로 흔히 이용된다.

(2) 달걀의 조리 중의 변화

달걀도 가열하면 단백질이 응고되는데, 이 성질을 조리에 이용한다. 전이나 튀김옷을 입힐 때, 또는 맑은 국물을 얻기 위해 난백을 풀어 찌꺼기를 제거할 때 이용한다. 난백이 낮은 온도에서 단백질의 열변성이 시작하지만 완전히 응고되는 것은 난황이 더 빠르다. 달걀을 오랜 시간 가열하면 난황과 난백 사이에 청녹색의 띠가 생기는데, 이것은 난백의 황이 황화수소로 압력 차에 의해 난황쪽으로 이동하여 난황의 철과 결합하여 황화철을 이루기 때문이다. 이 물질은 독성은 없지만 색이 좋지 못하므로 가능하면 생성되지 않도록 하는 것이 좋다. 즉, 달걀을 삶을 때 너무 오래 삶지 않도록 하고(약 20분) 삶은 달걀은 재빨리 찬물에 넣어 황화수소가 빠져 나오게 한다.

난백은 저어 주면 공기방울 주위에 형성된 단백질막이 변성되어 안정한 상태를 유지하는데, 이 기포성에는 오보글로블린과 오보뮤신이 주로 작용한다. 신선한 달걀은 오보뮤신 함량이 높고 기포 형성은 느리나 안정성이 좋으며, 오보글로불린은 주로 기포의 형성을 용이하게 하나 안정성이 적다. 기포 형성은 저어주는 기구나 힘, pH, 온도, 첨가물에 의해서도 달라지는데, 산을 첨가하거나 실온에 가까울수록 잘 되고 첨가물이 들어가면 억제된다.

난황은 친수성기와 소수성기가 있는 물질(유화제)인 인지질과 단백질로 인해 유화성이 매우 좋다. 유화제는 물과 기름이 고르게 섞이게 하기 위하여 첨가되는 물질로 친수성기는 물층에, 소수성기는 기름층에 연결되어 안정한 계면을 이룬다. 유화액을 이용한 식품에는 마요네즈, 드레싱, 버터나 마가린 등이 있다.

5 두 류

두류는 양질의 식물성 단백질의 주요 공급원으로 단백가가 높고, 양도 많아 우수한 식품이다.

두류에는 단백질과 지방질을 주로 함유한 대두와 낙화생, 전분을 함유한 녹두, 강남콩, 팥 등이 있는데, 중요한 단백질 공급원은 대두이다. 대두 단백질은 글로불린계, 글리시닌으로 이를 이용한 가공식품이 많다. 이 외에 생대두에는 단백질 분해효소인 트립신과 키모트립신 저해제가 있어 단백질의 소화를 억제하며 적혈구를 응집시키는 헤마글루티닌도 있고 거품을 일으키는 사포닌도 들어 있다.

(1) 두류의 조리와 가공

두류는 건조하여 보관하므로 사용할 때는 충분히 물을 흡수시킨 후에 조리하며, 껍질이 단단하고 조직이 치밀하므로 대부분 거피하여 조리한다. 두류를 조리할 때 식소다를 사용하면 쉽게 연해지나 비타민의 파괴를 촉진한다. 대두나 검은콩으로 콩자반을 만들 때에는 삶아 무르게 한 다음 설탕과 간장을 넣고 졸여야 한다.

대두는 불포화지방산 중 리놀레산($C_{18:2}$)과 리놀렌산($C_{18:3}$)이 많고 지방질 산화효소인 리폭시게나아제가 있어 산화되면 콩 비린내를 낸다. 콩나물이나 콩을 삶을 때 뚜껑을 닫으면 산소가 차단되어 산화가 일어나지 않기 때문에 콩비린내를 억제 할 수 있다.

대두 단백질을 이용한 식품에는 두부와 두유가 있으며, 발효하여 이용하는 경우는 된장, 간장이 있다. 두부는 글리시닌의 염석효과를 이용하고 두유는 유당을 소화하지 못하는 유아에게 양질의 단백질을 공급하기 위해 만들어진 식물성 단백질의 좋은 급원이다. 간장이나 된장은 메주의 곰팡이다. 세균에 의해 발효되면서 아미노산, 당, 유기산이나 알코올 등을 만들어냄으로써 풍미와 맛이 독특하고 저장성이 있는 식품이다.

최근에는 탈지대두의 단백질을 섬유화하여 조직 콩단백(textured soy protein)을 만들어 육류와 적당량 혼합하여 사용되고 있다.

4. 우유 및 유제품

우유 및 유제품에는 무기질 중 칼슘 함유량이 높고 양질의 단백질도 들어 있어 연령층을 불문하고 매우 중요한 영양식품이다.

❶ 우 유

우유는 젖소에서 얻은 원유를 사람이 먹기에 좋은 형태로 균질처리하고 살균하여 공급되는 완전한 식품으로, 단백질, 유당, 유지방, 비타민과 무기질이 골고루 함유되어 있다. 우유는 칼슘이 다른 식품보다 많이 들어 있으며 흡수되기 쉬운 형태로 되어있어 칼슘 급원식품의 대표이다.

(1) 우유의 성분과 특성

우유에는 pH 4.6에서 침전되는 카제인이라는 단백질과 열에 쉽게 변성되는 유장단백질인 락트알부민과 락토글로불린이 있다. 이 단백질들은 물에 산포되어 콜로이드용액을 이루고 있어 우유빛을 주는데 전하와 수분층을 가지므로 친수성 콜로이드로 안정한 상태이다. 그러나 pH나 염의 농도 변화에 의해 콜로이드의 안정성은 파괴될 수 있다. 칼슘의 일부는 물에 녹아 있으나 대부분은 카제인과 함께 결합하여 카제인칼슘으로 물에 산포되어 있다.

우유에는 다른 식품에서 찾을 수 없는 유당이 들어 있어 갈락토오스의 좋은 급원으로 유아의 뇌성장, 발육에 필요하므로 모유를 수유받지 못하는 어린이에게 우유는 필수적이다. 그러나 선천적, 혹은 후천적으로 유당을 분해하는 효소가 없는 유당불내증인 사람은 우유를 먹으면 설사를 하는데, 탄수화물 함량이 높은 다른 식품과 함께 섭취함으로써 유당의 소화성을 증가시킬 수 있다. 또 유당을 적게하거나 제거한 우유도 판매되고 있으며, 양질의 단백질 공급원으로 두유도 개발되어 있다.

유지방은 우유의 맛을 좌우하며 대개 3.4% 함유되어 있다. 원유의 지방구 크기가 모유보다 크므로 모유의 크기와 같게 하기 위해 균질화하여 소화흡수를 도와준다. 유지방에는 저분자의 지방산이 들어 있어 오래되거나 가공된 버터에서 나쁜 냄새를 준다. 유지방도 9kcal/g의 열량을 내므로 다른 지방질 함량이 높은 식품의 제한과 함께 저지방우유와 탈지우유의 수요가 많아지고 있다.

우유는 유지방이 물에 떠 있는 상태인 유화액이며, 유화액의 안정성은 유장단백질과 인지질이 관여하는데 우유를 보관할 때 냉동하게 되면 유

화액과 콜로이드 용액이 파괴되어 품질을 저하시킨다. 무기질 중 중요한 것은 칼슘이고 그밖에 많은 양이온과 음이온이 존재하며, 비타민 중 리보플라빈은 형광빛을 내며 광선에 의해 쉽게 파괴되므로 유리나 투명한 비닐로 포장하여 햇빛이 통과되면 거의 손실된다. 우유에 함유된 무기질, 비타민과 당은 물에 용해되어 진용액이 나타내는 총괄적인 성질을 준다.

(2) 우유의 살균처리

우유는 영양분이 많고 수분 함량도 높아 미생물의 생장이 빠르며, 소의 결핵은 인간에게도 전염이 가능하므로 원유를 균질화하는 과정 못지 않게 살균과정이 중요하다. 살균법은 현재까지 3가지 방법, 즉 저온살균법, 고온 단시간 살균법(HTST, high temperature short time), 초고온 순간살균법(UHT, ultra high temperature) 등이 있다.

(3) 우유의 가열 중의 변화

우유를 가열하면 카제인은 큰 변화가 없으나 유장단백질인 락트알부민과 락토글로불린은 열에 응고된다. 이때 부분적으로 인산칼슘도 침전되어 용해된 염의 농도가 달라짐으로써 카제인도 불안정해진다.

고열로 가열하면 당과 아미노산이 마이야르 반응을 일으켜 갈색으로 변하고 리신이 부분적으로 파괴되어 영양가가 감소된다. 뚜껑을 덮지 않고 우유를 가열하면 표면에 얇은 피막이 생기는데, 이는 알부민이 지방구나 염과 혼합하여 응고되었기 때문이다. 우유를 가열하면 신선할 때보다 맛이 떨어지는데, 이는 가열에 의해 탄산가스가 날아가고 단백질의 변화로 맛성분이 달라지기 때문이다.

(4) 카제인 응고

카제인은 pH가 낮을 때(pH 4.6) 미셀이 불안정하게 되어 응고, 침전된다. 유산균을 접종하여 생성된 유산에 의해 pH가 떨어져 카제인을 침전시켜 만든 식품에는 요구르트가 있다. 요구르트는 락토바실루스 불가리

커스(*Lactobacillus bulgaricus*), 스트렙토코쿠스 서모필러스(*Streptococcus thermophilus*)를 1 : 1로 접종하여 발효시킨 것을 말하는데, 제조회사에 따라 사용하는 유산균의 종류가 다르며 비피더스균을 사용하는 곳도 있다.

산에 의해 응고되는 경우 이외에 레닌이라는 효소에 의해서도 카제인 단백질은 응고된다. 그러나 응고되는 방식이 달라 효소에 의해서는 일차적으로 불안정한 파라 카파-카제인이 되어 칼슘에 의해 응고되나 산에 의해서는 칼슘이 단백질과 함께 응고되지 않는다. 치즈는 이런 방법으로 카제인을 모아 독특한 향미를 내기 위해 여러 곰팡이를 접종한 후 가염하여 숙성된 것이다. 치즈는 단백질과 함께 지방구도 모아지므로 지방질의 함량도 높다.

❷ 유제품

우유는 원유를 균질화하여 살균한 시유와 지방량을 조절한 저지방우유, 탈지우유, 건조시킨 분유, 유아에 맞게 조절한 조제분유, 수분을 농축한 농축우유 등 그 종류가 다양하며, 여러 가지 향료를 넣은 쵸코나 딸기우유도 있다. 우유에 유산균을 접종하여 만든 발효유인 요구르트와 그것을 희석하여 단맛을 높인 요구르트 음료, 레닌을 이용하여 만든 치즈가 있고, 유지방을 모아 만든 크림과 버터가 있다. 우유를 동결기에 넣어 얼리면 얼음 결정의 크기를 작게 할 수 있는데 아이스크림이 바로 이 원리를 이용한 것이다.

5. 유지 견과 및 당류

❶ 지방질의 종류

지방질은 탄소, 수소, 산소로 된 유기화합물이다. 단순지질에는 글리세롤에 3분자의 지방산이 결합된 중성지방이 가장 많으며, 고급 알코올에

지방산이 결합된 왁스도 있다. 단순지질에 단백질, 당, 인산기 등이 결합
된 복합지질과 유도지질이 있다. 지방질은 열량원으로 당질과 단백질보
다 높다.

　지방질은 상온에서 액체인 유지와 고체인 지방으로 나눌 수 있으며, 유
지는 대개 식물성 식품에서, 지방은 동물성식품에서 유래되며 예외인 어
유가 있다. 식품에서 얻을 수 있는 지방질의 종류와 그 구성 지방산의 조
성은 표 3-2와 같다.

표 3-2 지방질 식품의 조성

지방질 식품	지방질 (%)	지 방 산(%)		
		포 화	단일불포화	다가불포화
동물성 지방질				
쇠기름	100	49.8	41.8	4.0
버터	81	50.5	23.4	3.0
라드	100	39.2	45.1	11.2
식물성 지방질				
코코아 버터	100	59.7	32.9	3.0
코코넛 기름	100	86.5	5.8	1.8
옥수수 기름	100	12.7	24.2	58.7
면실유	100	25.9	17.8	51.9
올리브유	100	13.5	73.7	8.4
팜유	100	49.3	37.0	9.3
팜 kernel유	100	81.4	11.4	1.6
땅콩기름	100	16.9	46.2	32.0
평지씨 기름	100	5.0	68.1	22.5
잇꽃유	100	9.1	12.1	74.5
참기름	100	14.2	39.7	41.7
콩유	100	14.4	23.3	57.9
해바라기유	100	10.1	45.4	40.1
마가린(스틱)				
옥수수 기름	80.5	13.2	45.8	18.0
잇꽃, 콩	80.5	13.8	31.7	31.4
콩	80.5	16.7	39.3	20.9
해바라기, 콩, 면실유	80.5	11.9	28.5	36.6
마가린(소프트)				
옥수수 기름	80.4	12.1	31.6	31.2
잇꽃유	80.4	9.2	23.2	44.5
콩유	80.3	13.5	36.4	26.8
해바라기유, 땅콩기름	80.4	16.1	30.7	30.1

2 지방질의 성질

지방질은 구성 지방산의 종류, 탄소수, 불포화도와 시스(cis)나 트란스(trans)형에 따라 융점이 다르며 불포화지방산이 많으면 상온에서 액체이다. 또한 여러 종류가 섞여 있어 넓은 범위의 온도에서 녹는다. 지방질은 물에는 녹지 않고 유기용매에 녹으며 물과 섞이게 하기 위해서는 유화제를 사용하여야 한다. 이런 상태를 유화액이라 하며 유화액의 안정성에 따라 영구적 유화액과 일시적 유화액으로 나눈다.

지방질은 같은 물질이 여러 결정형을 갖는 동질이형의 성질도 갖는다. 유지의 기능성은 작은 결정으로 있을 때 좋으므로 적당한 결정형을 갖도록 하고 낮은 온도에서 보관하는 것이 바람직하다.

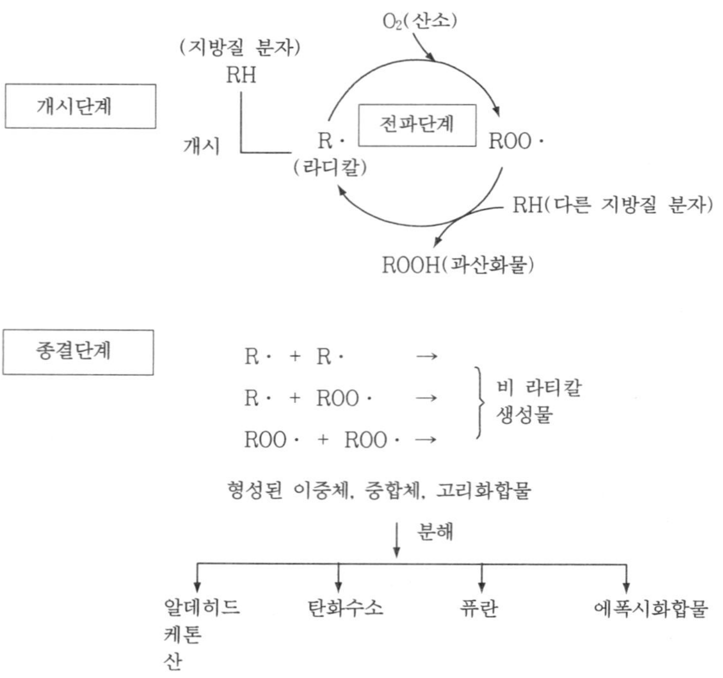

그림 3-7 지방질의 자동 산화과정

　버터나 마가린은 주로 빵에 발라먹기 위해 만들어졌으므로 퍼짐성이 좋아야 하는데, 이것은 그 온도에서 지방질의 고체와 액체의 비율에 따라 달라지므로 지방산을 조절하여 알맞은 조건을 갖게 한다.

　지방질은 리파제에 의해 가수분해되어 지방산이 생성되면 산가가 높아지며, 이러한 산가는 지방질의 품질을 나타낼 수 있다. 특히 우유나 버터에는 저급지방산인 부티르산이 있어 가수분해되면 변패취를 낸다. 자동산화는 자발적으로 일어나며 라디칼이 만들어지므로 연쇄적으로 진행된다. 산소나 유지의 불포화도, 광선, 금속 등이 산화를 촉진시키고 이로 인해 초기에는 과산화물이 만들어진다. 더욱 진행되면 알데히드와 카르보닐산 등이 생성되고 다시 중합하여 점도도 증가하며 색도 진해진다. 산화된 기름은 냄새나 색도 좋지 않을 뿐 아니라 인체에 해를 주므로 산화를 억제하는 것이 바람직하다. 산화를 억제하는 물질을 산화방지제라 하며 천연 토코페롤이 있고 합성품으로서 BHA(butylated hydroxyanisole), BHT(butylated hydroxytoluene), PG(propyl gallate) 등이 있다. 효소에 의한 산화는 리폭시게나아제와 산소, cis, cis-1, 4 pentadiene의 구조를 갖는 불포화지방산이 있어야 일어나는데 대두제품의 변패취는 이것에 의한다.

❸ 유지식품

(1) 식물성 유지

　식물성 유지는 상온에서 액체로 불포화지방산을 많이 함유하며 필수지방산의 함유율도 높다. 가열에 의해 결합된 단백질을 변성시키고 기름을 짜거나 용매로 추출한 후 정제하여 사용하고 있다. 원료로는 대두, 낙화생, 참깨, 들깨, 옥수수, 해바라기 등이 있고, 미강이나 면실, 올리브도 사용한다. 커피에 넣어 먹는 인스턴트 크림은 코코넛에서 얻는데, 이것은 포화도가 높아 상온에서 고체이며 야자와 팜유도 이와 비슷하다. 즉 식물체에서 얻어 콜레스테롤은 없으나 포화된 지방산은 동물성 지방과 비슷하다.

(2) 동물성 지방

동물성에서 얻는 지방은 대부분이 상온에서 고체로 포화지방산이 많고 스테롤을 함유하고 있다. 소나 돼지의 기름은 스테아르산($C_{18:0}$), 팔미트산($C_{16:0}$) 올레산($C_{18:1}$)이 주로 되어 있고, 우유에서 얻는 크림이나 버터는 저급지방산이 있어 저장시에 나쁜 냄새를 준다. 반면 어유는 다가불포화지방산이 많이 포함한 액체기름이다.

(3) 가공유지

유지를 추출해서 여러 단계를 거쳐 목적에 맞게 가공하여 사용하고 있는데, 버터와 같은 목적으로 식물성 유지에 수소를 첨가하여 만든 마가린, 수소 첨가 정도를 조절한 소프트 마가린도 생산되고 있다. 빵을 만들 때 글루텐의 성장을 끊어 주는 목적으로 만든 쇼트닝은 식물성 유지에 수소를 첨가하고 바람직한 결정형을 갖게 한 제품이다. 쇠기름을 추출해서 가공한 우지와 돼지기름을 추출해서 가공한 라아드도 있다.

◢ 유지의 조리, 가공 중의 변화

(1) 가열 중의 변화

식물성 유지는 비등점이 높아 열전달매체로 사용되며 가열온도에 따라 여러 변화가 나타난다. 특히 기름은 발연점 이상에서 가열하면 조리된 음식이 변패취를 내는데 이는 가열 중에 글리세롤이 탈수되어 생성된 아크롤레인이나 지방질의 산화에 의해 생성된 저분자 물질 때문이다.

계속 가열된 유지는 식품에 들어 있던 물이 기름으로 빠져 나와 가수분해가 촉진되고 지방산이 많이 생기면서 산화가 빨라져 유지의 색이 짙어지고 변패취도 낸다. 유지의 산화는 유지에 들어 간 이물질이 많을수록 빨리 진행되므로 사용한 유지는 찌꺼기를 제거하고 저온의 어두운 곳에 보관하는 것이 좋다.

(2) 쇼트닝 효과

지방은 글루텐을 끊여주는 역할을 하며 조리과정에 따라 그 능력이 달라진다. 마른 밀가루에 쇼트닝(shortening)이나 버터를 발라주는 조작은 글루텐이 성장되지 못하게 소수성의 막을 형성한다. 그러나 설탕과 함께 크리밍하거나 액체유를 첨가하면 부분적으로 성장을 방지하므로 글루텐의 생성이 감소된다. 이런 쇼트닝 효과는 기름의 양이나 종류, 반죽시의 온도 등에 의해서도 영향을 받는다.

(3) 유화현상

지방질은 물과 섞이지 않아 혼합하는데 물리적 힘이나 유화제가 필요하다. 물과 기름을 넣고 세차게 저어주면 일시적으로 물과 기름이 섞여지는데 그 안정성을 높이기 위해 유화제를 첨가한다. 유화제는 물과 기름의 계면에서 계면장력을 낮춰 안정하게 섞여 있게 한다. 기름과 물의 비율에 따라 수중유적형(O/W)과 유중수적형(W/O)이 있으며, 전자에는 마요네즈, 드레싱이 포함되며 후자에는 버터, 마가린이 속한다.

⑤ 당 류

단당류에는 포도당과 과당, 갈락토오스가 있고, 이당류에는 포도당 두 분자가 결합된 맥아당, 포도당에 과당이 결합된 자당, 포도당에 갈락토오스가 결합된 유당이 있다. 이 당들은 물에 용해되는 당이며 단맛을 가지고 있다. 단맛의 세기는 과당, 자당, 포도당, 맥아당, 갈락토오스, 유당의 순이다(표 3-3).

단당류와 이당류는 물에 녹아 진용액이 되고 온도와 압력에 따라 용해도가 달라지며 대개 온도가 높아질수록 용해도는 증가한다. 용액은 단맛을 주며 환원되어 당 알코올을 만들 수 있고, 산화하면 산이 된다. 흔히 사용되는 당에는 설탕이라는 자당과 물엿, 꿀이 있다. 물엿은 전분을 효소나 산으로 분해하여 만들고, 꿀은 벌이 만든 것을 모아 사용한다. 물엿의 중요한 당은 맥아당과 포도당이지만 꿀은 포도당과 과당이 혼합되어 있다. 당용액도 다른 용액과 마찬가지로 녹아 있는 당의 농도(용질의 수)에 따라 비등점 상승, 빙점 강하, 삼투압의 증가와 증기압의 감소 등 물리적 성질의 변화인 총괄적 성질(colligative properties)이 나타난다.

표 3-3 당용액과 다른 감미료의 상대 감미료

감 미 료	상 대 감 미 도
사 카 린[a]	20,000∼70,000
아 스 파 르 탐[a]	100∼200
과 당	1.3[b]
자 일 리 톨[a]	1.01
자 당	1.0[c]
전 화 당	0.85∼1
자 일 로 오 스	0.59
포 도 당	0.56
갈 락 토 오 스	0.4∼0.6
맥 아 당	0.3∼0.5
젖(유) 당	0.2∼0.3

a. 비당류 감미료.　b. 온도에 따라 0.8∼1.7로 변화됨
c. 상대감미도는 자당을 1.0으로 한 값이다.

(1) 자 당

자당은 사탕수수와 사탕무우로부터 정제하여 얻는데 정제 정도에 따라 흰설탕과 황설탕, 흑설탕으로 나누고, 설탕을 추출하고 남은 액을 당밀(molasses)이라 한다.

설탕은 포도당과 과당으로 되어 있으나 환원력이 없으며 분해되면 선광성이 우선성에서 좌선성으로 바뀌므로 분해된 자당을 전화당이라 한다. 전화당은 자당보다 흡습성이 강하여 결정화를 억제시키고 수분보유력이 커서 과자류나 청량음료에 이용된다.

(2) 물 엿

물엿은 전분당으로 주로 옥수수 전분으로 만들며, 맥아당, 포도당, 덱스

트린이 들어 있다. 가수분해 정도에 따라 단맛이 달라지므로 산이나 효소 반응을 적당한 시기에 멈추어야 한다. 그래서 물엿의 종류는 덱스트로오스 당량(dextrose equivalent)으로 표시하며, 이는 전분이 가수분해된 후 포도당과 맥아당의 전환율을 나타내는 것으로 총 건물량에 포도당으로 환산된 환원당량의 %로 표시되며 대체로 22~88 범위이다. 요즘은 효소를 이용하여 포도당을 과당으로 전환시켜 고과당시럽을 만들어 사용하고 있다.

(3) 꿀

꿀은 벌에 의해 만들어지는 천연의 전화당 시럽으로 산도는 pH 3.4~6.1이고 벌이 어떤 꽃에서 화분을 모았는가에 따라 다양하다. 꿀의 단맛은 개인에 따라 차이가 나며 설탕에 비해 57~122% 높은 것으로 알려져 있다. 색과 맛은 저장 중에 변하는데, 비효소적 갈색화 반응에 의해 생성되는 물질에 의한다.

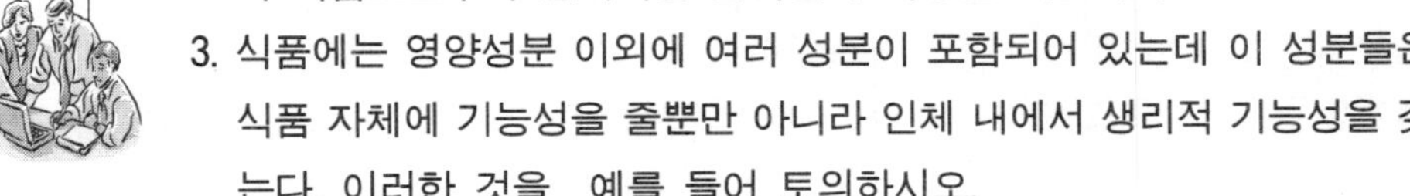

토의주제

1. 식품을 영양소별로 나누어 함유식품의 종류를 나열하고 식품별 특성을 토의하시오.
2. 단백질의 급원을 동물성 식품과 식물성 식품으로 나눌 수 있는데 각각의 식품으로부터 얻어지는 단백질의 특징을 비교하시오.
3. 식품에는 영양성분 이외에 여러 성분이 포함되어 있는데 이 성분들은 식품 자체에 기능성을 줄뿐만 아니라 인체 내에서 생리적 기능성을 갖는다. 이러한 것을 예를 들어 토의하시오.

제 4 장

물

옛부터 물은 모든 생명체에 없어서는 안되는 물질로 알려져 왔다. 물은 혈액, 체액, 수액, 영양소 등의 대부분을 차지한다. 본 장에서는 물의 구조, 특성, 역할 등을 이해하고 어떻게 하면 일상생활에 물을 잘 이용할 수 있는가를 알아보기로 한다.

1. 물의 구조 및 특성

물 분자는 산소와 수소가 104.5°의 결합각으로 결합되어 있으며, 물 분자는 전기적으로 중성으로서 전체적으로는 전하를 갖지 않으나 실제로는 (+)(−)의 전하가 서로 떨어져서 분극하여 쌍극성을 나타낸다(그림 4-1).

물은 산소와 같은 족의 다른 원소의 수소화물에 비해 녹는점, 끓는점, 융해열, 기화열 등이 높은 값을 보여 준다(표 4-1). 이것은 물 분자의 구조상 특징에서 유래되는 분자사이의 강한 수소결합력에 기인한다.

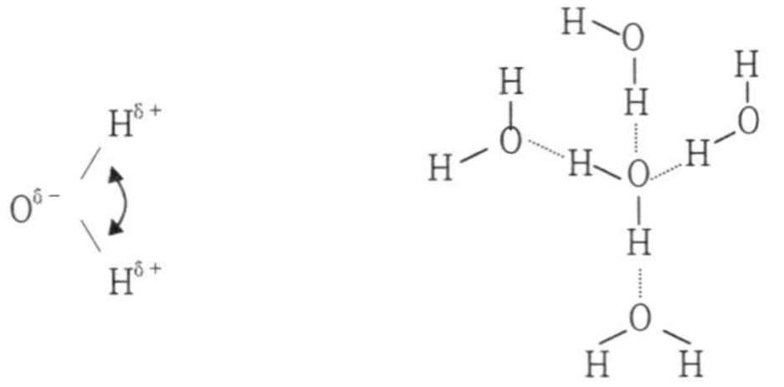

그림 4-1 물의 쌍극성과 수소결합(…)에 의한 물분자의 회합

표 4-1 물 및 물과 비슷한 분자량을 가진 화합물들의
일부 물리적 성질들

화　합　물	분 자 량	융 점	비등점	몰 증발열
CH_4(메탄)	16.043	-184℃	-161℃	2,200cal/mole
NH_3(암모니아)	17.031	-78	-33	5,500
HF(불화수소)	20.006	-92	+ 19	7,220
H_2O(물)	18.015	0	+ 100	9,705

　물은 자연상태에서 고체, 액체, 기체 상태로 존재한다(그림 4-2). 이들이 존재하는 조건들은 3개의 선에 의해 분리되어 있는데 수증기압선은 TA, 용융압선은 TC, 승화압선은 TB이다. 이들은 삼중점 T에서 만나며 이 점은 3개의 상이 평형을 이루는 곳이다.

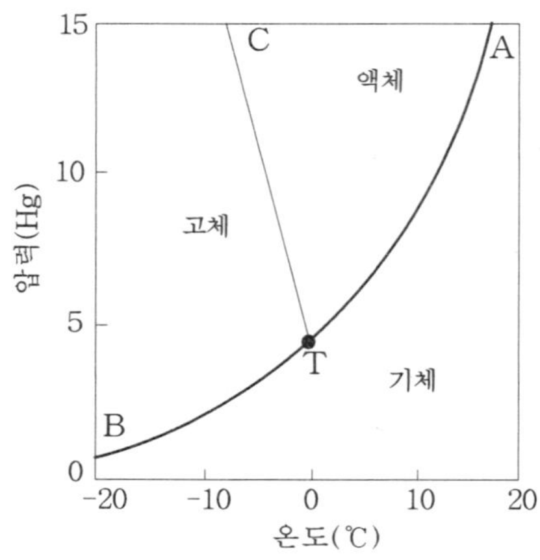

그림 4-2 물의 상평형

그림 4-2로부터 얼음이 4.58mmHg 이하의 압력하에서 가열되면 곧장 중기의 형태로 전환되는 것을 알 수 있다. 이것이 동결건조의 원리이다.

식품 중 수분의 함량은 식품의 종류 및 상태에 따라 다양한데, 곡류에 13~15%, 과일과 채소류에 75~95%, 빵류에 30~40%, 육류에 60~80%, 어패류에 70~90% 정도 함유되어 있다. 미생물에 대한 물의 중요성은 양적이라기 보다는 유용성이라고 할 수 있다. 식품의 수분 함량은 대기중의 상대습도에 의해서 크게 영향을 받는다. 식품의 수분활성도(Aw 또는 a_w)는 어떤 임의의 온도에 있어서의 그 식품의 수증기압에 대한 그 온도에 있어서의 순수한 물의 수증기압의 비율로 정의된다.

$$Aw\,(a_w) = P/Po = \frac{평형상대습도}{100}$$

Aw (a_w) = 수분활성도
P = 일정한 온도에서의 식품 속의 물의 분압
Po = 동일 온도에서의 순수한 물의 수증기압

그림 4-3은 일부 식품의 % 수분함량과 수분활성도를 표시한 것이다. 수분 함량이 높을 때, 수분의 양이 고형성분의 양을 초과하면 수분활성도는 1에 가깝다. 수분 함량이 이 양보다 낮으면 수분활성도는 1보다 작다. 수분 함량과 수분활성은 식품에서 일어나는 효소작용, 화학반응과 미생물생육의 가능성 여부를 결정하는데 매우 중요하다. 수분활성에 따라 생장가능한 미생물의 종류가 달라지는데, 수분활성이 0.91 이상에서는 세균류, 0.88 이상에서는 효모, 0.80 이상에서는 곰팡이의 생장이 가능하다. 그림 4-4에는 수분활성도와 식품에서 발생하는 현상들과의 관계를 나타내었다.

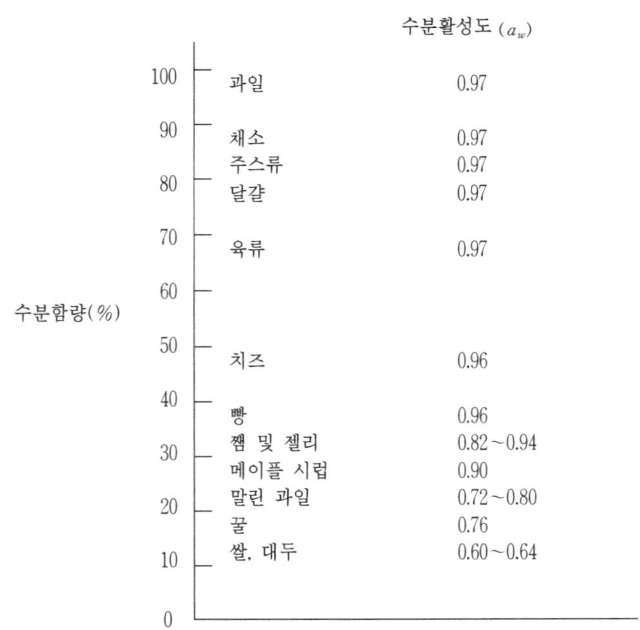

그림 4-3 일부 식품의 퍼센트 수분함량과 수분활성도

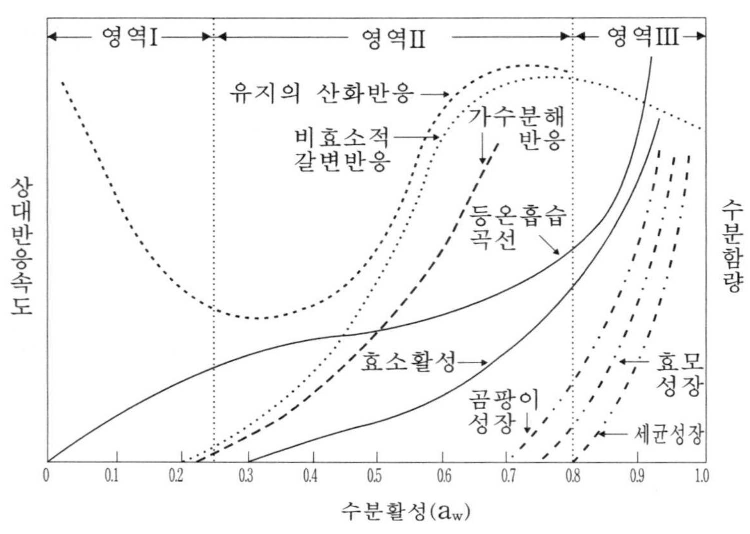

그림 4-4 식품의 수분활성도와 여러 변패과정의 상대적인 속도

2. 식품에서 수분의 역할

식품 중의 수분은 식품내 성분들 사이, 또는 외부에서 유입된 성분들과의 화학적 변화에 있어서 용매로서, 또는 각 성분들의 운반체로서 작용하여 식품 내부에서의 화학적 변화를 촉진시켜 준다. 많은 식품에 있어서는 대부분의 성분들이 친수성 콜로이드의 상태로 존재하는 경우가 많으며 탈수, 건조 등에 의해 식품의 조직, 구조, 물성의 변화에 크게 영향을 준다. 식품 중의 수분은 열의 전달매체로서, 그리고 가수분해, 또는 수화 등에 반응매체로서 작용한다. 또한 식품 중의 수분은 식품의 안정성에 기여한다.

3. 인체 내에서 물의 역할

인체를 구성하는 물질 가운데서 가장 많은 것이 물이다. 물의 함량은 체중의 60~70%를 차지하는데, 나이가 많아질수록 이 비율은 감소한다. 물은 인체 내에서 여러 가지 성분들을 용해시켜 체액으로서 존재한다. 우리 몸에서 물은 영양소를 각 부위로 운반하여 필요한 양을 공급하는 역할을 한다. 인체의 혈액 중 약 83%가 수분으로 혈액순환에 주역을 담당하고 있다. 각 조직에서 영양소의 대사 결과 생긴 노폐물은 수분에 의하여 콩팥, 허파 등에 운반되어 체외로 배출된다. 수분의 배설은 콩팥에서 40~50%, 피부에서 15~30%, 허파에서 10~20%, 그리고 창자에서 5~10% 정도가 이루어진다. 수분은 체액의 pH 및 삼투압을 정상으로 유지하고 체온조절을 한다. 물은 또한 체내대사, 효소작용, 호르몬작용 등에 참여하며 장기(臟器)의 보존에 매우 중요한 역할을 한다. 예를 들면, 뇌는 두개골의 바로 아래 있는 것이 아니라 주위의 수액에 의해서 보호되고 있다

4. 음료수의 조건

지구상에 존재하는 물의 총량은 14억 km^2 정도이다. 이 중 95%가 소금이 함유된 바닷물이고 4%는 남·북극의 얼음과 만년설이다. 나머지 1%의 물 중에서도 98%는 지하수이고 지표수는 2%에 불과하다. 따라서 우리가 이용 가능한 수자원은 지구전체 물의 0.02%에 지나지 않는 극소량이다. 음료수는 하천수, 또는 지하수를 이용하기 때문에 이들 급수원이 오염되면 음료수로서 사용할 수 없게 된다. 하천이나 지하수에 오염물질이 유입되면 이 오염물질들은 분해, 산화, 침전, 증발, 희석 등에 의해서 정화된다. 그러나 수원의 상태에 따라서 충분히 자정작용을 기대할 수 없을 때에는 이 물을 음료수로 사용하기 위해서는 인공적으로 정화해야 한다. 음료수로서 필요한 조건들은 다음과 같다.

① 이상한 맛, 냄새, 색이 없어야 한다. 물의 근원이 지표수, 하수, 산업폐수로 오염되거나 그 물에 미생물들이 서식하게 되면 이상한 맛, 냄새, 색, 부유물 등이 나타난다. 수돗물에서도 정수처리가 불완전하거나 염소소독을 하면 냄새가 날 수가 있다. 호수, 저수지, 하천 등에 비료, 세제 등으로부터 유래된 인이 과다하게 증가하여 수조류가 대량 생장하게 되는데, 이것을 부영양화 현상(eutrophication)이라고 하며, 이때 악취나 색소를 발생시키는 경우가 있다.

② 병원성 미생물이 없어야 한다. 음료수원에 오물, 오수가 유입되면 병원성 미생물이 함께 오염되는 수가 많다. 이들 병원성 미생물로는 장티프스, 세균성 이질, 콜레라와 같은 수인성 장계 전염병균, 장염성 대장균, 이질 아메바, 그리고 바이러스로 유행성 간염 A와 바이러스성 장염균 등이 있다. 이러한 전염성 미생물은 대개 환자의 배설물이 하수와 같이 하천, 또는 지하수에 스며들어 물에 살고 있으므로 이 물을 먹으면 발병할 수 있다.

③ 유독물질이 함유되지 않아야 한다. 하천 또는 지하수에 광산이나 공장에서의 폐수가 유입되어 수은, 카드뮴, 비소, 납, 아연, 크롬 등과 같은 독성이 있는 화합물로 오염될 수가 있다. 이들 금속 오염물들은 물에 극히 미량 함유되어 있어도 우리가 장기간 섭취하면 체내의 여러 조직에 축적되어 어느 수준에 달하여 중독증상이 나타난다. 특히 수은은 축적성이 크고 또 수중에서 더욱 유독한 메틸수은으로 변한다. 농약도 물을 오염시킨다. 잔류성이 긴 농약은 대부분 유기염소계로 디클로로 디페닐 트리클로로에탄(DDT), 벤젠 헥사클로라이드(BHC), 헵타클로르(heptachlor), 엔드린(endrin) 등의 살충제와 2,4-디클로로페녹시 초산(2,4-D), 파라커트(paraquat) 등의 제초제가 있으며 사용한 후 10년이 지나도 토양에 남아 있다. 다이아지논, 말라티온, 파라티온 등의 유기인제와 알킬수은계 및 페닐수은계 등의 유기수은제 농약들도 잔류되어 물을 오염시킨다. 농약은 미량일지라도 장기간 섭취하면 인체조직에 축적되어 기형, 통증, 암 등을 일으키는 요인이 된다. 또한 산성비를 유발하는 석탄, 석유, 천연가스 등의 화학연료와 가정에서 사용하는 합성세제, 약물 등을 비롯한 생활 쓰레기도 상수원을 오염시킨다. 참고로 우리나라 환경부가 정한 먹는물의 수질 기준을 표 4-2에 나타내었다.

표 4-2 먹는물의 수질기준(먹는물의 수질기준 및 검사 등에 관한 규칙-환경부)

규 칙	기 준
1. 미생물에 관한 기준	가. 일반세균은 1㎖ 중 100cfu를 넘지 아니할 것 나. 대장균은 50㎖에서 검출되지 아니할 것
2. 건강상 유해영향 무기물질에 관한 기준	가. 납　　　　　　　　0.05mg/ℓ를 넘지 아니할 것 나. 불소　　　　　　　1.5mg/ℓ 이하 다. 비소　　　　　　　0.05mg/ℓ 이하 라. 세레늄　　　　　　0.01mg/ℓ 이하 마. 수은　　　　　　　0.001mg/ℓ 이하 바. 시안　　　　　　　0.01mg/ℓ 이하 사. 6가 크롬　　　　　0.05mg/ℓ 이하 아. 암모니아성 질소　　0.5mg/ℓ 이하 자. 질산성 질소　　　　10mg/ℓ 이하 차. 카드뮴　　　　　　0.01mg/ℓ 이하
3. 건강상 유해영향 유기물질에 관한 기준	가. 페놀　　　　　　　　　　0.005mg/ℓ 이하 나. 총트리할로메탄　　　　　0.1mg/ℓ 이하 다. 다이아지논　　　　　　　0.02mg/ℓ 이하 라. 파라티온　　　　　　　　0.06mg/ℓ 이하 마. 말라티온　　　　　　　　0.25mg/ℓ 이하 바. 페니트로티온　　　　　　0.04mg/ℓ 이하 사. 카바릴　　　　　　　　　0.07mg/ℓ 이하 아. 1.1.1-트리클로로에탄　　0.1mg/ℓ 이하 자. 테트라클로로에틸렌　　　0.01mg/ℓ 이하 차. 트리클로로에틸렌　　　　0.03mg/ℓ 이하 카. 디클로로메탄　　　　　　0.02mg/ℓ 이하 타. 벤젠　　　　　　　　　　0.01mg/ℓ 이하 파. 톨루엔　　　　　　　　　0.7mg/ℓ 이하 하. 에틸벤젠　　　　　　　　0.3mg/ℓ 이하 거. 크실렌　　　　　　　　　0.5mg/ℓ 이하 너. 1.1디클로로에틸렌　　　　0.03mg/ℓ 이하 더. 사염화탄소　　　　　　　0.002mg/ℓ 이하
4. 심미적 영향물질에 관한 기준	가. 경도　　　　　　　　　　　300mg/ℓ 이하 나. 과망간산칼륨 소비량　　　10mg/ℓ 이하 다. 소독으로 인한 냄새와 맛 이외의 냄새와 맛이 있어서는 안된다. 라. 구리　　　　　　　　　　　1mg/ℓ 이하 마. 색도는 5도를 넘지 아니할 것 바. 세제(음이온 계면활성제) 0.5mg/ℓ 이하 사. 수소 이온 농도　　　　　　pH 5.8~8.5 아. 아연　　　　　　　　　　　1mg/ℓ 이하 자. 염소이온　　　　　　　　　250mg/ℓ 이하 차. 증발 잔류물　　　　　　　500mg/ℓ 이하 카. 철 및 망간은 각각　　　　0.3mg/ℓ 이하 타. 탁도는 1도를 넘지 아니할 것 파. 황산이온　　　　　　　　　200mg/ℓ 이하 하. 알루미늄　　　　　　　　　0.2mg/ℓ 이하

5. 음용수의 소독

원칙적으로 상수원의 수질이 연중을 통하여 변화가 크지 않아야 한다. 상수원은 계절, 가뭄, 비 등에 의해 수량의 변화가 적어야 한다. 계절이나 강우량에 따라 변화가 심하면 외부 지표로부터 직접 오수가 유입되는 경우 오염의 위험성이 커지고 혼탁도가 심해지므로 정수, 소독한 후 음용수로 하는 것이 좋다. 음용수의 소독에는 주로 염소를 사용하는데 원래의 물에 유기질의 부패로 생성된 휴민산(humic acid)이나 훌빈산(hulbic acid) 등 휴민질이 있을 경우 염소에 의해서 클로로포름, 트리클로로 메탄 등 트리할로메탄(Trihalomethane : THM)류가 생성된다. 일반적으로 트리할로메탄의 농도는 여름철에 높게 나타난다. 여름에는 수온이 높아 물에 유기물이 많은데다가 농약의 사용량이 증가하여 잔류량도 많아지고 염소 투입량도 늘어나기 때문이다. 트리할로메탄은 농도가 높을 경우 우리 몸에서 암을 유발할 수 있으므로 수돗물 중에 $0.1\,mg/l$을 초과하지 않도록 규정하고 있다. 상수원이 유기물을 적게 함유하고 있어야 소독약이 적게 들고 발암물질의 생성도 막을 수 있는 것이다. 그러므로 상수원이 오염되지 않도록 하는 것이 무엇보다 중요한 일이다.

6. 정수기를 거친 물은 안전한가?

우리가 공급받고 있는 수돗물은 하천이나 댐에서 끌어들여 침전, 여과, 소독 등의 과정을 거치는데, 상수원이 심하게 오염될수록 이런 처리방법으로는 양질의 식수를 기대하기 어렵게 된다. 더욱이 송수 시설 및 배수관들이 노후화되거나 부식되어 수질이 나빠질 가능성이 크다. 이런 상황에서 많은 국민들이 수돗물을 불신하여 시판되는 각종 정수기를 이용하여 물을 정화시켜 마시고 있다.

정수기는 그 종류가 다양한데 기능별로 보면, 활성탄이나 세라믹스로 만든 필터를 통하여 물을 걸러내는 과정에서 유기물, 곰팡이, 염소냄새, 녹 등을 흡수하는 것과 이온교환수지나 다공질수지를 이용하여 센물을 단물로 변화시키고 살균효과를 내는 것, 그리고 전리식 방법으로 물을 알칼리성으로 만들고 여과시키는 것, 반투과성 막을 통하여 삼투압보다 증가된 높은 압력을 가해서 정상 삼투압현상과는 반대로 역삼투압방식으로 여과시키는 것 등이 있다. 정수기 도입 초기인 80년대에는 자연여과식 정수기가 주류를 이뤘으나 최근에는 역삼투압 방식의 정수기가 시장을 주도하는 것으로 알려져 있다. 이 역삼투압 방식은 자연계의 삼투현상을 거꾸로 응용한 것으로 세포의 원형질막과 같은 극히 미세한 분리막을 통해 물을 통과시켜 순수하게 걸러내는 것이다.

즉, 오염된 물에 압력을 가하여 반투막을 통과시키는데 이 과정에서 순수한 물분자는 반투막을 통과하게 되고 물에 녹아 있는 화학물질이나 이물질들은 반투막을 통과하지 못한다. 이 원리를 이용하여 중금속, 각종 발암물질, 박테리아, 바이러스 등을 걸러 거의 증류수에 가까운 물을 만들어 준다. 정수기를 선택할 때는 공급되는 물의 사정과 사용목적을 고려해야 한다. 수도관의 부식으로 녹물이 나오는 경우에는 녹을 제거할 수 있도록 여과 필터가 달린 제품이 필요하다. 염소로 살균되어 공급되는 수도물을 이용할 때는 유기물을 제거할 수 있는 활성탄이 부착된 정수기를 사용해야 한다. 지하수를 이용할 경우 미생물을 살균, 제거할 수 있는 약품 또는 여과막이 부착되어 있어야 안전하다. 미량의 중금속을 제거하기 위해서는 이온교환수지를 이용하는 것이 효과적이다. 가장 안전한 물을 만들려면, 이론적으로는 이들 방법들을 모두 조합해 사용하는 것인데 실제에 있어서는 그렇게 쉽지 않다. 참고로 시판되고 있는 일부 정수기의 특징을 표 4-3에 나타내었다. 정수기 안에 물을 오래 담아두면 변질 및 재오염이 될 수 있으므로 정수된 물은 냉장시키고 가급적 빨리 음용하는 것이 바람직하다.

표 4-3 일부 시판 정수기의 종류 및 특징

구 분	상 품 명	특　징
국 산	에넥스 아로5	역삼투압 방식 추가 필터, 자외선 살균기 등은 선택사항
	청호 나이스 정수기 CH-HI . TEC	역삼투압 방식 필터 점검시기 표시장치, 냉수온도 조절장치 등
	동양매직 정수기 WP094CD	역삼투압 방식 필터 자동세척 및 교환시기 표시장치 등
	삼성 바이오 정수기 WF-500	역삼투압 방식 필터(전처리, 후처리필터, 역삼투압 필터)
	삼성 알칼리 이론 정수기 AWF-300	교환용 필터 별매 글리세린산 칼륨 별매, 자동세척 기능
	코오롱 하이필	중공사(中空絲)막 방식 신장투석기와 동일한 필터 사용
	JM 글로벌	고농도 산소수 공급
외 제	스위스 카타딘	자연여과식 반영구 필터(수명 10-20년) 등
	영국 로열달턴	자연여과식 이온수지필터 사용으로 여과기능 강화
	일본 내셔널	자연여과식 수도꼭지 부착형
	캐나다 브리타	자연여과식 이온교환수지와 활성탄 필터사용

　　그러나 이 정수기들 중 우리가 생각하는 만큼 그렇게 물을 완전히 깨끗이 만드는 것은 드물다. 어떤 제품은 사용 및 설치가 번거로울 뿐만 아니라 일정기간이 지나면 세척하거나 재생, 또는 교체해야 하고 그렇지 않으면, 흡착과 여과능력이 떨어져 잘 정화되지 않는다. 더욱이 수지나 여과막에 흡착된 유기물질에 의해 세균이 잘 번식하게 되므로써 오히려 비위생적인 물을 마시게 되는 경우도 생길 수 있으므로 정수기를 너무 과신하지 말아야 한다. 따라서 정수기를 이용하는 경우에는 제품의 특성과 사용방법을 잘 알아야 하며 흡착제, 수지, 여과막(필터) 등은 적절한 때 반드시 소독, 교환해야 위생적인 물을 마실 수 있다.

7. 끓인 물은 죽은 물인가?

앞서 언급한 대로 좋은 물이란 이물질과 병원성 미생물이 없는 눈녹은 찬물이거나 샘물이라고 할 수 있는데, 상수원의 오염이 심해질수록 수돗물을 마음놓고 마실 수 없다고 생각하는 사람들이 많아지고 있다. 이런 경우 차선의 방법은 수돗물을 끓여서 이용하는 것이다. 물은 100 ℃ 부근에서 끓는데, 이 과정에서 물의 소독 후 생성될 수 있는 트리할로메탄은 62.8℃에서 휘발하여 안전하게 된다. 또한 물을 끓이면 병원성 미생물이 사멸되고 일부의 독성물질도 파괴되는 효과가 있다.

한편 물을 끓이면 물에 녹아 있던 용존산소와 기체성분들의 일부가 함께 휘발하며, 아직 밝혀지지 않은 미지의 생리활성물질들이 파괴될 수도 있기 때문에, 어떤 사람들은 끓인 물은 죽은 물이라고 말하는 예도 있다. 그러나 물에 함유된 용존산소의 양은 많지 않아서 우리가 한 번 호흡할 때 들이마시는 산소량의 약 1/40에 불과하며 끓인 물도 공기 중에 방치하거나 저어주면 산소가 다시 녹아 들어가므로 큰 문제가 없다고 보는 견해가 지배적인 듯 하다. 식수가 병원성 세균, 또는 유독성분들에 노출될 수 있는 가능성이 커지고 있는 현실을 감안한다면, 존재가 확인되지 않은 생리활성물질의 기대보다는 물을 끓여 안전하게 마시는 것이 합리적이라고 생각된다. 물에 보리, 옥수수, 결명자, 율무 등을 넣어서 끓이면 중금속이 많이 제거된다.

8. 시판되고 있는 먹는 샘물은 위생적으로 안전하고 좋은 물인가?

먹는샘물용 원수(源水)에는 암반대 수층내의 지하수와 지하수가 수압에 의하여 지표로 흘러나오는 용천수가 있다. 이러한 원수는 강수량의 변화, 계절 및 기온의 변동, 취수 전과 후의 주변상황 변화 등 자연적 및 인공적인 상황 변화에도 불구하고 수질의 안전성을 항상 유지할 수 있는 자연상태의 물로서 음용하기에 적합해야 한다. 우리 나라의 먹는샘물 및 그 원수의 수질기준은 1995년 5월 1일부로 환경부에서 고시하고 현재까지 보완하였는데, 표 4-4의 내용을 제외하고는 먹는물의 수질기준(표 4-2)과 같다.

원수의 정수처리는 침전, 여과, 폭기(曝氣) 및 자외선을 이용한 광학적 살균 등 최소한의 물리적 처리에 한하며, 그 이외의 어떠한 화학적 처리도 해서는 안된다. 정수공정에서 탄산가스를 제거하거나 첨가할 수는 있으되 최종 농도는 0.1% 미만이어야 한다. 먹는샘물은 가급적 냉암소에 위생적으로 보관하여야 한다. 먹는샘물에는 제품명, 업소명, 제조일자, 유통기한, 영업허가번호, 허가관청명, 내용량, 보관상 주의사항, 반품, 또는 교환장소, 원수원 및 수원지, 무기물질 함량 등을 표시해야 한다. 먹는샘물의 유통기한은 제조일로부터 6개월 이내로 해야 한다. 그리고 먹는샘물에는 약수, 생수, 이온수, 생명수 등 소비자를 혼동시킬 우려가 있거나 잘못 이해할 수 있는 기술(記述), 그림, 기타의 표시를 할 수 없다고 규정하고 있다.

환경부에서는 1995년 7월 1일부터 외국산 먹는샘물의 시판을 허용하고 있는데, 에비앙 볼빅(프랑스산), 마운틴 밸리 스프링, 하와이 워터(미국산), 스파(벨기에산), 바이킹(노르웨이산), 신덕샘물(북한산) 등이 유통되고 있다. 조사결과에 따르면 국산 먹는샘물에 비해 수입된 제품에서 납, 구리 등이 많이 검출되어 수질의 열악성을 보였다고 한다. 한국소비자보호원의 발표에 따르면 구입된 먹는샘물을 담는 용기의 불결함, 또는 이물질 함유 등 소비자들의 고발이 늘어나고 있는 추세이므로 생산자들의 책임있는 각성과 법규에 맞는 품질의 시정 및 관리가 절실히 요망되고 있다.

표 4-4 먹는샘물의 수질기준(먹는물 수질기준 및 검사 등에 관한 규칙

항　목	원　　수	먹　는　샘　물
일반세균 (Total colony count)	·저온 일반세균 : 20cfu/㎖ 이하 ·중온 일반세균 : 5cfu/㎖ 이하	병입 후 12시간 이내에 4℃를 유지한 상태에서 검사하여 ·저온 일반세균 : 100cfu/㎖ 이하 ·중온 일반세균 : 20cfu/㎖ 이하
대장균군 (Total coliforms)	·250㎖ 중 불검출	·250㎖ 중 불검출
분원성 연쇄상 구균 (Fecal *Streptococci*)	·250㎖ 중 불검출	·250㎖ 중 불검출
녹농균 (*Pseudomonas aeruginosa*)	·250㎖ 중 불검출	·250㎖ 중 불검출
아황산환원 혐기성포자 형성균 (Spore-forming, Sulfite-reducing anaerobes)	·50㎖ 중 불검출	·50㎖ 중 불검출
살모넬라(*Salmonella typhi*)	·250㎖ 중 불검출	·250㎖ 중 불검출
쉬겔라(*Shigella*)	·250㎖ 중 불검출	·250㎖ 중 불검출
철	—	·0.3mg/ℓ 이하
망간	—	·0.3mg/ℓ 이하
세제	·불검출	·불검출
경도	—	·300mg/ℓ 이하
증발잔류물	—	·500mg/ℓ 이하(다만, 미네랄 등 무해성분은 제외)

9. 물의 올바른 섭취방법

우리 몸 안에 있는 수분의 5%가 손실되면 피로하고 의욕이 떨어지며, 10% 정도 상실되면 일이나 운동을 할 수 없고 탈수증이 일어나며, 20% 이상이 상실되거나 연속 3일간 물을 마시지 않으면 생명에 위협을 받게 된다. 따라서 생리적 작용으로 하루에 배설된 약 2.5ℓ 만큼의 물은 항상 보충되어야 한다. 우리가 갈증을 느낄 때 수시로 물을 마시고 대부분의 식품들은 수분을 많이 함유하고 있어 수분공급에 중요한 역할을 한다. 마시는 물은 샘물이 가장 좋으나 오염된 먹는샘물보다는 끓인 후 냉각된 물이 오히려 낫다.

물의 구조와 건강과의 관계를 연구한 결과에 의하면, 6각형 고리를 가진 눈녹은 물과 냉각수가 건강에 좋다고 한다. 끓인 물도 식혀서 냉장고에 2~3일간 넣어 두면 6각형 고리구조를 갖는 물이 된다. Li^+, Na^+, Ni^{2+}, Ca^{2+}, Cu^{2+}, Co^{2+}, Zn^{2+} 등의 물 구조 형성이온들은 육각수를 많이 만들어 주며, 세포 속의 구조화된 물은 세포의 생리활성을 정상으로 유지시켜 주는 역할을 한다고 보고되었다. 우리의 몸을 이루고 있는 세포의 물 구조가 파괴되어 무질서하게 될 때 암이나 당뇨병 등 질병에 쉽게 걸릴 수 있다. 또한 구조화된 물이 체외로 빠져나가 무질서한 물이 체내에 많아질 경우 노화가 촉진될 수 있다. 늙어갈수록 육각수를 많이 마시는 습관을 기르는 것이 바람직하다고 한다.

노인들이 여름철에 목욕이나 운동 중 땀을 많이 흘리고 갑자기 쓰러지는 것은 대부분 수분관리를 소홀히 했기 때문이다. 노인들은 노화현상의 하나로 갈증 감지의 기능이 크게 떨어져 땀을 많이 흘리더라도 갈증을 덜 느끼게 되고, 수분을 필요량보다 적게 섭취해 체내의 수분량은 쉽게 부족하게 된다. 이런 상태에서, 특히 동맥경화증이 있는 노인들이 땀을 많이 흘리면 혈중 수분량은 더욱 떨어져 혈액의 농도는 높아지고 혈관에 노폐물이 쌓여 혈압이 올라간다. 혈액농도의 증가는 심하면 관상동맥경화, 또는 뇌혈관이 막히는 혈전증을 일으키게 된다. 이를 막기 위해 노인들은 충분한 양의 물을 마시도록 권한다.

당뇨병 환자는 포도당이 배설될 때 수분을 흡수하면서 함께 빠져나가는 삼투성 이뇨증세를 보이므로 틈틈이 물을 마셔 여름철 수분관리에 유의해야 한다. 운동선수들은 운동, 또는 시합 개시 15분전에 물을 마시는 것이 좋다. 체중조절이나 지구력 함양을 위해서 땀을 많이 흘릴 경우, 주위의 온도와 습도가 높고 열발산이 어려운 복장을 하였을 때, 또는 발한용 수분이 너무 적을 때 체온이 높아지고 신장장애 등이 일어나며 심하면 사망할 수도 있는 열사병 또는 일사병(heat stroke)이 야기될 수 있다. 이런 경우에는 소금정제를 다량 복용하는 것 보다 염분이 많이 함유된 식품을 섭취하거나 1ℓ의 물에 ⅓ 작은술(차숟갈)의 소금을 녹여서 마시는 것이 바람직하다.

어린이들이 심한 고열 및 설사로 탈수증이 생길 경우 수분을 충분히 공급해 주지 않으면 생명이 위독할 수 있는데, 이때에는 끓인 물 1ℓ에 소금 1 작은술과 설탕 8 작은술을 용해시켜 조금씩 나누어 먹이면 깊은 밤이나 섬, 또는 산골 등 오지에서 전문의의 치료를 받기 전까지 응급처치가 된다. 세계보건기구(WHO)와 국제아동기금(UNICEF)에서는 어린이 탈수증 환자들을 위하여 재수화(再水化) 약제를 공급하고 있는데, 한 봉지에 염화나트륨 3.5 g, 중탄산염 2.5 g, 염화칼륨 1.5 g, 그리고 포도당 20 g 등 모두 27.5 g이 들어 있다. 이 내용물을 끓인 물 1ℓ에 완전히 녹여서 소량씩 천천히 공급한다.

토의주제

1. 우리의 현 주거지에서 좋은 물을 마실 수 있도록 할 수 있는 방안은 무엇인지 토의하시오.
2. 수인성 전염병에는 어떤 것들이 있으며, 이를 예방할 수 있는 방법에 대하여 토의하시오.
3. 정수기를 구입할 때 검토해야 할 사항들은 무엇인지 토의하시오.

제 5 장

식품의 조리와 맛

사람이 살아가는데 필요한 영양소를 공급받기 위하여 식품을 먹는데, 날 것 또는 조리하여 먹는다. 조리는 식품의 영양소를 유지하고 위생적이며 소화하기 쉽게 만든다. 즉, 조리의 목적은 식품에 함유된 영양소의 손실을 최소로 하고 소화되기 쉬운 형태로 만들며 위생적이고 맛있게 하기 위함이다.

인체가 필요로 하는 영양소는 연령, 성별, 노동의 정도에 따라 다르며, 이를 만족시키기 위한 식품의 필요량도 다르다. 사람마다 좋아하는 식품과 음식이 다르므로 음식을 조리할 때 중요한 것은 관능적인 평가이다.

본 장에서는 식품을 조리할 때 얻을 수 있는 좋은 점과 조리에 필요한 열전달매체에 대해 알아보고, 맛과 어울리는 식품에 대해 설명한다.

1. 조리의 목적

1 영양소의 변화와 영양효율 증가

조리는 식품을 재료로 음식을 만드는 모든 과정을 말하며, 조리과정 중에 영양소의 변화가 초래된다. 식품이 가공, 저장, 유통되는 단계에서 영양소의 손실이 있고, 식품을 조리하는 단계에서도 영양소의 변화가 있다.

생성분
(다각형의
전분입자)

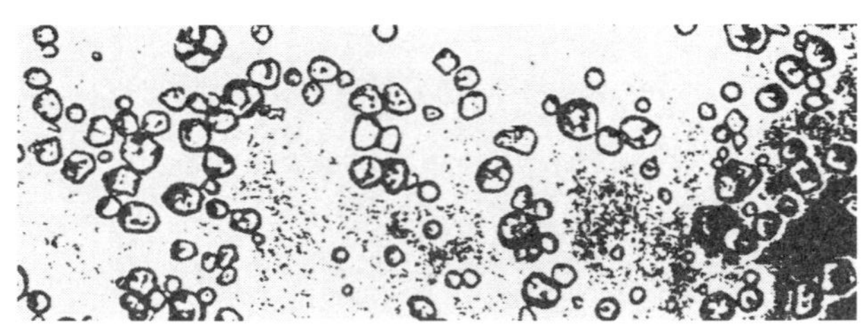

72℃로 가열
(전분입자의
팽윤된 현상)

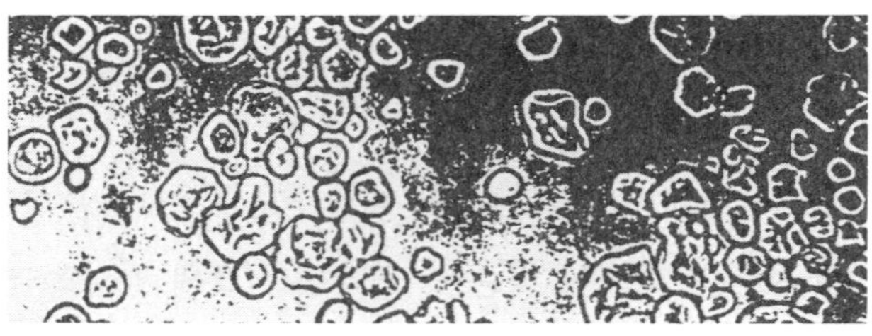

90℃로 가열
(입자의 팽창
및 파괴)

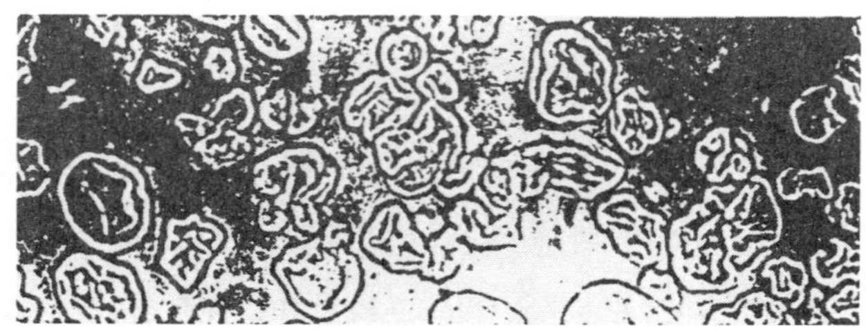

그림 5-1 가열과정 중 옥수수 전분 입자의 변화

열량영양소인 전분은 충분한 양의 물을 넣고 가열하면 호화된다. 호화된 전분은 그림 5-1과 같이 풀어져 효소의 작용을 쉽게 받으므로 소화가 용이하게 된다. 호화된 전분을 방치하면 노화되어 품질이 저하되고 효소작용이 억제되므로 이것을 막기 위해 저장온도나 수분함량을 조절한다. 수분함량이 낮은 과자나 스낵류, 보온밥솥에 보관 한 밥, 냉동조건에 보관한 떡 등이 그 예이다. 당은 가열에 의해 카라멜화를 일으키거나 아미노산과 마이야르 반응을 일으켜 갈색물질을 만들면 영양가는 없어진다. 전분이 조리과정 중 효소에 의해 당으로 변하고, 당이 미생물에 의해 발효되어 다른 유기산이나 알코올 등을 생성하여 영양성분이 맛을 증진시키기도 한다.

단백질이 열에 의해 그림 5-2와 같이 변성되면 단백질 분해효소의 작용을 쉽게 받으므로 소화성이 증가된다. 단백질은 변성되면서 수분이 빠지므로 수용성 아미노산의 손실이 생긴다. 식품에 함유된 효소도 단백질로, 가열이나 환경 변화에 의해 변성되면 기능을 잃게 된다. 결합조직인 콜라겐과 같은 단백질은 물이 있는 상태에서 가열하면 젤라틴으로 되어 부드러워진다. 단백질과 아미노산도 과열에 의해 영양가가 떨어지는데 당과의 마이야르 반응에 의한 경우나 리신이 열에 의해 반응성이 커져 알라닌이나 시스테인과 같은 아미노산과 결합한 경우 이다. 특히 대두나 어류단백질 농축물 제조시에 추출, 가열과정에서 리시노알라닌이 많이 생성되는 것으로 알려져 있다.

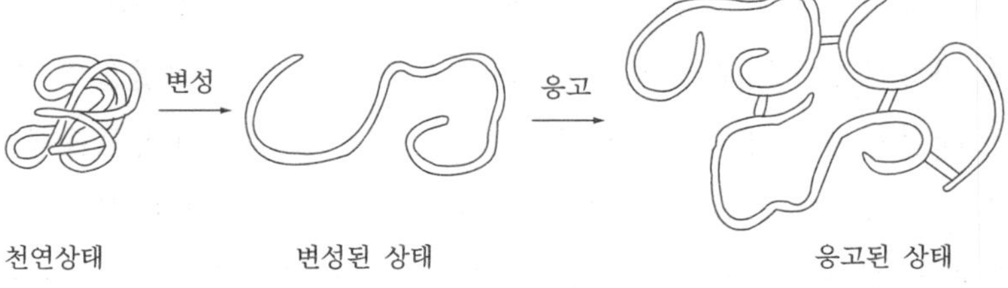

그림 5-2 단백질 분자의 변성과정 중 구조적 변화

지방질은 가열에 의해 쉽게 용출되며, 조리할 때 들어간 수분이 가수분해를 촉진하고 산화반응으로 인체에 해로운 물질을 만들기도 한다. 필수지방산은 모두 불포화지방산이고 심장질환과 관계가 있는 것도 고도의 불포화지방산이므로 이것이 감소되면 영양가가 저하되는 것을 의미한다. 유화액의 기름방울은 크기가 작고 유화되어야 흡수가 용이하다.

무기질 중에 칼슘과 철분은 이온상태에서 흡수가 잘 되므로 곡류의 피트산이나 시금치의 옥살산 등에 의해 염이 형성되면 흡수가 저해된다.

지용성 비타민은 지방질에 의해 흡수가 잘 되므로 조리에 의해 흡수율을 높일 수 있고, 수용성 비타민 중에 비타민 B 복합체는 물에 쉽게 녹아 손실의 우려가 있으며 비타민 C는 물에 용해되면 열과 산화에 민감하므로 조리시에 주의해야 한다.

❷ 위생적인 안전성

식품에는 육안으로 보이지 않으나 많은 미생물이 있는데, 병원균과 비병원성 미생물이 포함된다. 식중독을 일으키는 미생물은 주로 미생물이 분비하는 효소나 독성 성분에 의해 식품과 인체가 해를 받게 된다. 그래서 안전한 식품을 먹기 위해서는 가공이나 조리과정에서 미생물을 없애거나 생장할 수 없는 조건을 만들어 주어야 한다. 식품에 함유된 영양소의 보존과 위생적으로 안전한가를 가지고 가공, 조리방법을 결정한다.

식품 자체가 가진 독성물질도 조리에 의해 제거되어야 안전하다. 조리, 가공 중에 첨가되는 물질로 인해 안전성이 우려되는데 과량의 조미료 사용은 중국음식점 증후군과 같은 증상을 유발할 수 있으며, 육류가공품에 사용된 아질산염이 암을 일으킬 수 있다고 알려져 있다. 지방질의 산화는 영양소 손실뿐만 아니라 생성된 과산화물이나 산화분해 생성물들이 독성을 갖는 것으로 보고되었고, 육어류나 육류가공품을 고열로 직화하면 발암물질로 알려진 다환방향족 탄화수소들이 발견되고 있어 조리방법의 선택도 중요하다.

❸ 맛있는 음식

조리는 영양소의 효율 증가와 위생적으로 안전한 것 이외에 맛과 풍미, 텍스쳐가 좋아지며, 그로 인해 맛있는 음식이 된다. 여러가지 식품을 혼합하여 조리하기 때문에 부족되기 쉬운 영양소의 상호보완효과도 있다.

식품을 조리하면 식품에 들어 있던 성분이 가열이나 산 등 조리방법에 의해 변화되어 품질을 증진시킨다. 그 예로 빵은 아미노산과 당에 의해 갈색화가 되면서 생성된 향기성분이 구수한 냄새를 주며, 반죽할 때 형성된 글루텐이 스폰지 같은 텍스쳐를 주어 빵맛을 나타낸다. 텍스쳐는 식품에 함유된 수분에 의해서도 많은 영향을 받고, 가열하지 않은 상태에서는 세포막에 의해 조절되는 삼투작용으로 물이 세포질내로 들어가 외부로 밀어주면 아삭아삭해진다. 물이 조리수로 사용되기도 하고 가열 중에 식품으로부터 빠져 나와 식품의 텍스쳐를 변화시킨다.

2. 조리방법과 맛

식품을 조리하는 방법은 열원이나 열전달매체에 따라 다르다. 식품재료, 조리방법, 조리시간을 적어 놓은 것을 표준조리법(standard recipe)이라 하는데, 서양음식은 음식마다 표준조리법이 정해져 있어 누가 조리하든지 같은 방법으로 조리하면 만들어진 음식의 맛은 거의 같고 실패하는 경우는 드물다. 이에 반해 우리나라 음식은 지방과 관습에 따라 차이가 나며 표준조리법이 정해지지 않아 출판된 요리책이나 조리하는 사람에 따라서도 맛이 다른 음식이 만들어지기도 한다.

우리의 음식문화를 정립하기 위해서는 전통음식뿐만 아니라 일상식까지 표준조리법을 작성하려는 노력이 필요하다. 그만큼 조리방법이 음식의 맛에 끼치는 영향은 크다. 예를 들어 김치는 거의 같은 재료를 사용하는 데도 집집마다 다르고 같은 사람이 만들더라도 담글 때마다 맛이 차이가 난다. 김치의 경우는 발효식품이라 재료가 발효되는데 영향을 끼칠 것이라 생각되지만 기본적으로 조리방법이 그때마다 다르기 때문이라 생각된다. 흔히 말하는 조리는 가열조리를 일컬으며 열전달방법, 열원이나 열전달매체에 따라 달라지므로 이에 대해 알아본다.

■ 열전달 방법

(1) 전도

전도(conduction)는 열과 접촉한 부분에 직접 열에너지를 전달하는 것으로 불로부터 팬이나 냄비에 열이 전달되거나 그릇에서 물과 기름에 열이 전달되어 식품을 가열하게 되는 것이다. 그릇 밑부분이 평평해야 효율적으로 열을 전달하며 알루미늄, 무쇠, 강철이나 구리로 만든 용기가 열전도도가 높다. 그릇의 재질이 열전달 속도를 좌우하므로 보온을 유지하거나 식품이 용기에 달라 붙지 않게 하기 위해서는 특수한 재료를 사용해야 한다.

(2) 대류

열전도에 의해 액체나 기체가 더워지면 밀도가 낮아져 위로 올라가고 찬 부분은 밀도가 상대적으로 높아 밑으로 내려오면서 열의 순환이 일어나는데 이를 대류(convection)라 한다. 조리수나 튀김기름이 더워지는 것, 오븐 속에서 공기가 더워져 음식이 익는 것 등이 열의 대류 현상을 이용한 것이다. 주전자의 물이 끓는 것은 주전자에 열이 전도되고 주전자에서 물로 열이 전도되면 더워진 물이 대류되면서 열이 전달되는 것이다.

(3) 복사

에너지는 입자(quantum)이며 파동(wave)이므로 공기 중에서 직접 파가 전달되어 열을 전달하는데 이를 복사(radiation)라 한다. 에너지를 가진 파가 식품의 표면에 닿으면 식품에 에너지가 흡수되고 이것이 진동을 일으켜 열을 생산하여 가열된다. 복사를 이용한 조리법에는 구이, 바베큐와 토스트 등이 있다.

(4) 유도 가열

유도 가열(induction heating)은 고주파수의 유도 코일을 부드러운 세라믹 재료로 만든 쿠킹탑(cooking top) 밑에 깔고 코일에서 자기력을 발생시켜 철금속으로 만든 조리용 그릇을 쿠킹탑에 놓아 자기력에 의한 마찰로 가열하는 것이다. 쿠킹탑 위는 뜨겁지 않은 채 조리용기만 더워져 음식을 가열하므로 깨끗하고 음식이 넘쳐도 타지 않는다.

② 열 원

(1) 가스

이용률이 높은 열원으로 액체천연가스, 액화프로판가스(LPG)와 액화부탄가스가 있다. 가스는 완전산화되면 열효율이 높으며 사용하는 버너의 가스와 나오는 구멍수와 공기 조절에 따라 화력이 조절된다. 식품의 종류와 조리법에 따라 화력을 적절히 조절하는 것이 필요하다. 가스 오븐은 화력이 밑에 있으며, 브로일러는 가스불이 위에 있으므로 조리하려는 음식의 위치를 불의 위치에 맞게 놓아야 한다. 가스불은 조리하는 음식이 끓어 넘칠 때 불만 꺼지고 가스가 새어 나올 수 있으므로 특히 주의해야 한다. 가스가 누출될 경우, 도시가스는 공기보다 가벼워 위로 모이고 프로판가스는 무거워 아래로 가라앉게 된다. 그래서 가스종류에 따라 가스 검지기를 설치한 위치가 다르므로 사용할 때는 고장이 아닌지 확인해야 하고 사용 후에는 안전밸브를 꼭 잠가 가스 누출에 의한 사고를 예방해야 한다.

(2) 전기

전기는 열효율이 가장 높으나 경제성이 낮고 물을 다룰 때 조심해야 하므로 흔히 쓰이는 열원은 아니나 조리기구가 전기를 이용한 제품이 많아지고 편리하므로 사용 빈도가 증가하고 있다. 특히 전기밥솥과 냉장고는 주방에 필수품이라고 할 수 있을 정도로 많이 쓰고 있다. 전열기를 사용할 때에는 가열 정도를 조절하기 어렵고 전원의 용량이 맞아야 하는 단점이 있으며 습기가 있을 때는 감전의 우려도 있다.

(3) 전자레인지

전자레인지는 냉동식품과 반조리식품이 급증하면서 음식을 해동하거나 가온할 목적으로 많이 사용하고 있는데 크기나 사용법이 다양한 여러 형태가 시판되고 있다. 전자레인지의 원리는 극초단파가 식품에 흡수되어 식품 중의 물분자가 +, - 전하의 쌍극자가 되고 서로 진동하여 마찰열을 만들면 식품 자체에서 발생한 열로 조리되는 것을 이용한 것이다. 열에 의한 조리보다 조리시간을 단축할 수 있으나 물분자의 활동이 커져 식품에서 쉽게 빠져나가 수분 증발이 커지므로 음식 맛이 달라진다. 필요에 따라 전기오븐과 전자레인지를 혼합하여 만든 오븐도 사용되고 있다. 극초단파가 식품에 침투될 수 있는 거리는 약 5cm 이하이므로 식품을 저장할 때나 전자레인지를 이용할 때에 식품의 크기가 적당한지 확인해야 한다. 또한 냉동식품을 조리할 때 냉동된 상태로 장시간 조리하는 것보다는 여러 단계로 강도를 조절하는 것이 바람직하다. 금속용기는 극초단파가 반사되므로 전자레인지에 사용할 수 없고 극초단파를 투과하면서 열전달이 느린 새로운 재질의 용기가 만들어져 조리하기 편리하게 되었다. 전자레인지는 사용중에 극초단파가 밖으로 누출되지 않도록 만들어졌지만 조리 중에 전자레인지 앞에 서 있는 것은 바람직하지 않다.

❸ 열전달매체

(1) 물

물은 비열이 높아 잠재열이 크므로 많은 에너지를 갖고 있어 열전달 매체로 사용된다. 끓는 물은 수증기보다 1g당 갖는 열량이 적으나 조리수와 식품의 물이 같은 액체여서 열전달이 쉽다. 조리에 열전달 매체로 물이

사용되는 경우는 두 가지로 나눌 수 있다. 가열할 때에 물을 조리수로 첨가하는 경우와 식품에 들어 있는 물을 이용하는 경우인데, 전자를 습식가열, 후자를 건식가열이라 한다. 건식가열일 때는 물 이외의 다른 열전달 매체와 병행하여 조리한다.

(2) 공기

오븐에서 음식을 조리할 때 오븐 안의 공기가 대류현상으로 데워지면서 식품에 열을 전달하게 된다. 다른 매체보다는 조리시간이 많이 걸리나 순환이 잘 되면 골고루 열이 전달된다.

(3) 기름

튀김이나 지짐, 볶음 등은 기름을 사용하여 익히는데 기름의 비열은 낮으나 끓는 점이 높아 열전달 매체로 사용되며 가열되는 속도가 빠르다. 기름은 반복하여 사용하면 끓는점이 낮아져 열전달이 늦어진다.

(4) 수증기

물이 수증기로 변하면 많은 열량을 갖게 되므로 이 수증기의 열을 이용하여 가열한다. 물을 이용하는 것보다 식품의 수용성 성분의 용출이 적은 장점이 있다. 또 증기를 모아 내부 압력이 커지면 물의 비점이 상승되므로 압력솥을 이용하는 경우에는 가열시간을 단축할 수 있다.

3. 음식의 맛

음식의 맛은 넓은 의미로 외형, 색, 향기, 맛, 텍스쳐를 모두 포함하는데, 인체는 음식을 먹을 때 5가지의 감각기관을 통해 맛을 느끼고 종합적으로 판단하여 음식의 맛이 어떤지를 평가한다. 이러한 맛을 이해하기 위해서 맛을 느끼는 감각기관에 대해 간단히 살펴보고자 한다.

◼1 시 각

시각은 음식을 보았을 때 첫번째로 느끼는 감각이라 할 수 있으며, 모양이나 크기, 색 등을 판단한다. 시각은 광선이 있는 곳에서 눈의 망막에 있는 원추세포와 간상세포에 의해 느껴지며 자극이 왔을 때 시신경에 의해 자극이 전달되면 뇌를 통해 반응이 온다. 시각적으로 아름다우며 같은 색이 반복되지 않도록 하는 것이 식욕을 일으킬 수 있다. 또한 색을 보고 음식이 익은 정도나 맛을 느낄 수 있다. 예로 고기는 안 익으면 붉은 색이지만 익으면 갈색으로 변하며, 김치가 누런색을 띠면 시었다는 것을 알 수 있다.

◼2 청 각

음식을 만드는 과정에서 끓는 소리나 음식을 먹을 때 씹으면서 나는 소리는 식욕을 촉진시킬 수 있으나 청각은 맛을 느끼는 데는 큰 의미를 갖지 않는다.

◼3 후 각

후각은 시각처럼 음식을 처음 대할 때 느껴지는 것으로 음식이 내는 냄새성분이 공기 중에 섞여 코안에 있는 후각수용기를 자극하여 후각세포에 있는 후각신경에 의해 뇌로 전달된다. 코는 냄새를 들여 마시기 위하여 무의식적인 행동도 하는데 쉽게 피로해지는 감각 기관이다.

(1) 냄새의 성분

냄새는 향기를 갖는 것과 나쁜 냄새를 내는 것으로 나눌 수 있으며, 식품에 들어 있는 향기성분은 매우 많아 확실한 성분을 알기 어려우나 여러 가지의 휘발성 물질이 섞인 것으로 생각된다. 주로 아민류, 에스테르, 유기산, 카르보닐 화합물, 알코올과 함유황화합물 등이며 저분자이기 때문에 휘발되어 냄새를 내게 된다.

(2) 조리 중 냄새의 변화

본래 식품이 갖고 있던 냄새가 조리 중에 더욱 활성화된다든지 조리 중에 새로운 냄새를 만들기도 한다. 또 식품의 냄새가 조리나 저장에 의해 없어지는 경우도 있으며 다른 강한 냄새로 인해 냄새를 못 느끼게 되는 경우도 있다. 예로 채소류를 가열했을 때 발생되는 디메칠설파이드나 가열된 쇠고기나 커피에서의 피롤 유도체, 마이야르 반응의 생성물, 카르보닐화합물 등 식품에 따라 헤아릴 수 없이 많다. 채소의 휘발성 물질이 데치는 과정에서 없어지거나 생선의 비린내인 트리메틸아민이 식초나 레몬의 산에 의해 가려지는 것, 또는 강한 향신료를 사용하여 본래의 냄새를 못 느끼게 하는 것 등이 있다.

4 미 각

미각은 혀의 표면에 있는 유두에 분포한 미뢰에 의하여 감지된다. 미뢰에는 미공과 미각세포가 있고 미각신경이 분포되어 맛을 나타내는 성분이 이곳에 닿으면 맛을 느끼게 된다. 맛 성분은 물이나 침에 녹아야만 수용기에 의하여 맛이 감지된다. 혀에서 느낄 수 있는 4가지 기본맛은 단맛, 신맛, 짠맛과 쓴맛이 있으며, 그 맛을 느끼는 혀의 부위는 그림 5-3과 같다. 최근에 5원미를 주장하는데, 4가지 기본 맛에 감칠맛(umami)인 조미료의 맛을 첨가하고 있다.

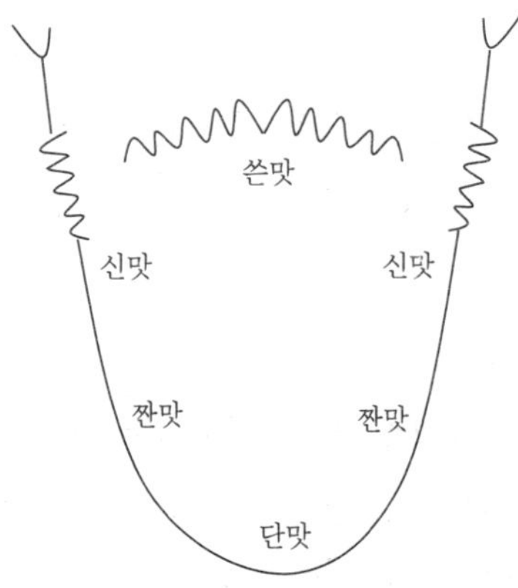

그림 5-3 혀에 있는 미각 수용기의 위치

（1） 기본맛

기본맛에는 혀를 중심으로 혀끝에서 잘 느끼는 단맛과 혀 양옆에서 잘 느끼는 짠맛, 그 위부분은 신맛을 잘 느끼고 혀뿌리에서 잘 감지하는 쓴맛이 있다.

① 단맛

단맛은 당류의 폴리히드록기(polyhydroxy)에 의해 나타낸다. 단맛의 강도는 자당을 기준으로 하는데 순서는 과당, 자당, 포도당, 맥아당, 갈락토오스, 유당 순이며, 전화당은 자당을 기준으로 80~120%의 단맛을 가진다고 한다. 당류는 열량원으로 이용되므로 체중을 조절하는 사람에게는 불필요하다고 생각되어 열량을 내지 않는 인공감미료가 개발되었다.

아스파르탐은 아스파르트산과 페닐알라닌으로 된 디펩타이드의 메틸에스테르로 흰색의 결정성 분말이며 설탕의 100~200배의 단맛을 가지고 있으나 가열하면 단맛이 적어지는 문제점이 있다.

음식의 당 찌꺼기가 치아에 남아 발효되면 치아 건강에 나쁘므로 껌 등에는 당 대신 당알코올인 자일리톨, 소르비톨이나 만니톨 등이 사용되고 있다.

② 짠맛

짠맛은 소금이 대표하는 맛으로 주로 무기염류에 기인하며 양이온과 음이온이 모두 영향을 주는 것으로 생각된다. 음식을 만들었을 때 짠맛이 강하면 약간의 단맛을 첨가하여 짠맛을 감소시킬 수 있다.

③ 신맛

신맛은 수소이온에 기인하며 식욕을 일으키는 물질이라고 생각된다. 신맛의 강도는 산의 해리상수에 의하나 강산이 시게 느껴지는 것은 아니다. 즉, 강산은 수소이온으로 빨리 해리되나 약산은 천천히 해리되어 혀에 머무는 시간이 길어 강산보다 더욱 시게 느껴지기도 한다. 산의 완충작용이 강하면 적은 것보다 신맛이 강하게 느껴진다.

④ 쓴맛

쓴맛은 식품을 다루는 데 별로 좋은 맛은 아니나 소량 있을 때는 독특한 맛을 내는 작용이 있다. 퀴닌이나 식물에서 약리효과가 있다고 알려진 알칼로이드, 커피나 차의 카페인, 탄닌, 맥주의 휴물론 등이 속한다.

⑤ 감칠맛

조미료인 글루탐산 나트륨(MSG)으로부터 느낄 수 있는 맛으로 5원미에 포함된다. 핵산조미료도 주성분은 글루탐산 나트륨이고 맛을 증진시키기 위해 정미성분인 이노신일인산(IMP)와 구아노신일인산(GMP)을 혼합한 것이다.

(2) 맛의 감지 농도

맛은 용액상태에서 감지되며 물질의 종류와 농도에 따라 맛의 강도가 다르다. 사람에 따라서는 맛에 대한 예민도가 다르고 식습관에 따라서도 예민도의 차이를 보인다.

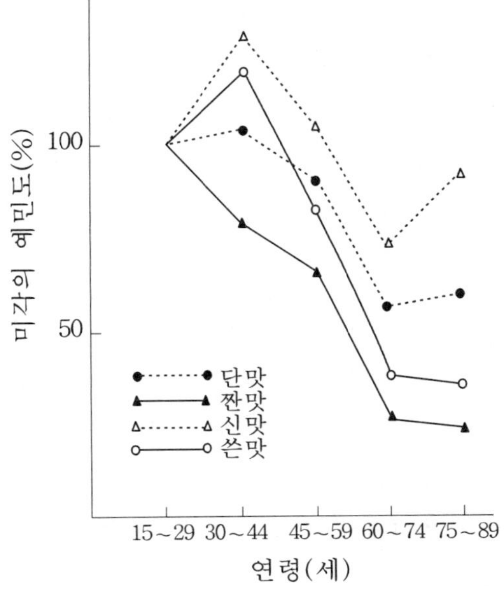

그림 5-4 연령에 따른 예민도 변화(15~29세에 대한 상대적 예민도)

그림 5-4에서는 연령에 따른 맛의 예민도의 변화를 나타냈다. 맛을 느낄 수 있는 최소의 농도를 역치(threshold value)라 하는데, 기본맛의 역치는 사람에 따라 다르나 쓴맛이 가장 낮고 신맛, 짠맛, 단맛의 순이다. 온도와 입안에 머무는 시간에 따라서도 달라지므로 항상 일정하다고 할 수 없다. 그러나 각각의 맛에 대해 강하지 않게 섭취해 온 사람은 대체로 맛의 예민도가 높다. 예를 들어 짜게 먹어 온 남부지방 사람들은 중부지방 사람들에 비해 짠맛의 역치 농도가 높다. 또 단것을 좋아하는 사람은 단맛에 대한 예민도가 낮아져 점점 달게 먹게 된다.

(3) 맛의 변화

① 맛 성분의 상호작용

맛이 다른 두 가지 물질을 혼합하면 한 가지 맛보다 강하거나, 또는 약하거나 아주 다른 맛을 내게 된다. 자당에 포도당을 소량 넣으면 단맛이 증가하는데, 이를 상승효과라 한다. 단맛, 신맛, 감칠맛은 상승효과를 보인다. 설탕물에 소금을 소량 넣으면 단맛이 강해지는데, 이와 같이 고농도의 맛에 저농도의 맛을 넣었을 때 고농도의 맛이 강해지는 것을 대비효과라 한다. 짠맛이 강한 것에 식초를 넣거나 쓴맛의 커피에 설탕을 넣으면 쓴맛이 약해지는데, 이를 상쇄효과라 한다. 김치가 처음에 짜게 느껴지나 익은 후 유기산에 의해 덜 짜게 느껴지는 것도 한 예이다. 이밖에 먼저 먹은 맛에 의해 뒤에 먹은 맛이 다르게 느껴지는 것이 있는데, 소금물을 먹고 물을 마시면 물이 달게 느껴지는 것과 오징어를 먹고 귤을 먹으면 쓰게 느껴지는 것으로 변조효과이다.

② 숙성에 의한 맛의 변화

알코올 농도가 높은 위스키나 브랜디가 과일주와 같은 농도로 느껴지는 것은 장기간 저장 중 액체의 구조가 변화하여 안정한 분자회합이 일어나 분자간 에너지가 증가하여 유전율이 감소하기 때문이다.

③ 유화에 의한 맛의 변화

맛은 대부분 수용액 상태에서 느껴지지만 기름이 혼합된 상태인 유화액은 맛이 다르게 느껴지는데 부드러워지고 맛의 예민도가 떨어진다. 자극성이 강한 음식을 부드럽게 하기 위해 이 유화현상을 이용하기도 한다.

④ 온도에 의한 영향

미각의 예민도는 용액의 온도에 따라 달라지는데, 짠맛은 온도가 상승함에 따라 맛의 느낌이 둔해지고, 신맛은 온도가 변해도 맛의 강도는 변하지 않으며, 단맛은 체온 근처에서 가장 강하게 느껴진다. 쓴맛은 저온에서 체온까지는 맛의 강도가 비슷하나 그 이상의 온도에서는 강도가 떨어진다. 과일을 차게 먹으면 단맛이 약해 신맛이 더욱 강하게 느껴지는 것과 커피가 식으면 쓴맛이 강하게 느껴지는 것도 이 이유에서 이다. 이와 같이 음식마다 그 맛을 가장 잘 나타내는 온도가 있는데 뜨거운 차나 국물은 60~70℃, 맥주나 주스는 10℃이다.

5 촉 각

촉각은 입안에서 느끼는 감각으로 혀에 연결된 삼차신경이 전달한다. 이 감각은 고체식품에서는 텍스쳐로, 액체식품에서는 레올로지(rheology)로 나타내는데, 주로 촉각이 작용하나 압각, 통각 등도 영향을 준다. 고체식품은 견고성, 부착성, 응집성, 탄성, 씹힘성, 깨짐성, 껌성 등으로 표현되며 액체식품은 점성으로 나타난다. 식품에서 느껴지는 텍스쳐는 조리방법을 결정하는 중요한 인자이다. 식품에 물을 넣지 않고 건열로 조리하면 단단하거나 질긴 맛을 주나 물을 넣고 습열조리를 하면 부드럽고 연해지며, 기름에 튀기면 바삭바삭해진다. 식단을 구성할 때 음식의 종류는 영양소의 균형과 함께 색이나 텍스쳐의 다양성을 고려해야 한다.

4. 어울리는 식품과 음식

식품에는 여러 가지 영양소와 비영양 성분이 들어 있으나 그 함유비율이 다르기 때문에 우리가 섭취해야 하는 영양분을 한 가지 식품으로 충족시킬 수 없다. 그래서 앞에서 언급한 식품 종류에 따른 영양소를 알고, 식품을 적절하게 섞어 영양적으로 균형잡힌 식사를 하는 것이 중요하다. 식품을 섞어서 음식을 만드는 것은 영양적으로 부족되기 쉬운 것을 보충하는 것 이외에 맛이나 색, 텍스쳐 등을 서로 어울리게 하는 방법이라 생각할 수 있다.

1 어울리는 식품

식품에도 궁합이 있다고 흔히 이야기하는데, 이는 부족되는 영양소를 다른 식품에 넣어 보충했을 경우, 그 식품만으로 조리한 것과 비교했을 때 맛이 떨어지지 않고 오히려 좋아지며 소화에도 별 문제가 되지 않는 경우를 말한다. 사람에 따라서는 선호하는 식품이 있고, 접해보지 않은 음식은 우선 먹지 않으려는 습관이 있으므로 가능한 방법 중에서 개개인이 좋아하는 것을 선택하는 것이 좋다. 예를 들어 밥을 지을 때 쌀만 사용하면 단백질이 질적으로 떨어지므로 여기에 단백질이 우수한 두류를 혼합하여 먹으면 바람직하다.

이럴 때 사용할 수 있는 잡곡류는 팥, 콩, 강낭콩 등 여러 가지이므로 그 중에서 기호성을 고려하여 선택하면 좋다. 단백질 식품과 채소의 어울림으로 복어나 아구와 미나리, 돼지고기와 표고버섯, 조개와 쑥갓, 보리새우와 아욱국이 있으며, 향신료나 양념의 사용이 어울리는 경우는 불고기 양념에 설탕이나 배즙, 돼지불고기에 생강이나 고추장을 사용하는 것, 생선회에 생강이나 레몬의 사용 등 여러 가지이다. 이와 같이 식품이 어울려져 만들어진 음식들은 나라와 민족의 지역적, 문화적, 종교적인 영향이 크게 작용하고 있다. 그러므로 우리의 전통적인 식습관에서의 여러 음식을 과학적으로 확인하면서 불필요한 것은 점차 수정하는 것이 바람직하다고 본다.

2 어울리는 음식

간단한 상차림을 할 때에도 전체적으로 어울리는 음식으로 차리는 것이 좋으며, 외식을 할 때 경제적인 면, 영양적인 면, 기호적인 것 외에 어울리는 음식의 선택도 매우 중요하다. 우리나라의 일반적인 식사는 밥과 국, 부식이 기본인데, 여기에 밥 대신 빵을 먹는 것은 영양적인 면에서는 가능하나 어울리는 식단이 될 수는 없는 것이다. 어울리는 음식 중에는 빵과 버터와 잼, 떡과 나박김치 또는 꿀, 생선요리와 백포도주, 육류요리와 적포도주 같이 각 나라나 지역의 식습관에 의해 결정되는 경우의 예가 있다. 또한 영양소의 흡수율을 증가시키거나 맛을 향상시킴으로써 어울리는 음식이 있는데 그 예로는 돼지고기 음식과 새우젓, 튀김음식과 상추가 있다. 이런 어울리는 음식을 고려하여 식단을 계획하기도 하지만 점차 음식의 다양화로 인해 한상에도 여러 종류의 음식들이 무분별하게 올라가기도 한다. 이밖에 여러 음식을 한꺼번에 나열해 두고 소비자가 선택해서 먹을 수 있도록 한 뷔페 식당이나 모임 등이 증가하고 있어 음식의 선택에 개인의 기호성이 강조되고 있다.

　이런 점에서 우리는 각 나라에서 물밀듯이 들어오는 음식문화를 그대로 받아들일 것이 아니라, 우리나라의 기후, 토양에 맞는 식품의 생산을 고려하여 우리의 전통적인 음식과 서로 어울리는 음식으로 현대인의 입맛에 맞게 개선하는 식생활의 방향을 제시하였으면 한다.

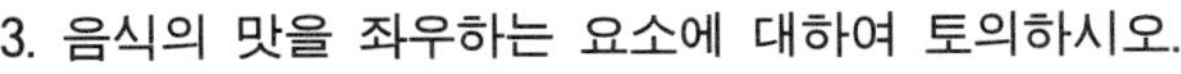

1. 생식품과 조리된 음식의 물리화학적 변화와 그것이 맛에 미치는 영향에 대해 토의하시오.
2. 전통 음식으로 영양, 맛, 색, 텍스쳐와 조리법을 고려하여 어울리는 음식을 제시해 보시오.
3. 음식의 맛을 좌우하는 요소에 대하여 토의하시오.

제 **6** 장

식품가공, 저장 및 첨가물

　자연에서 생산되는 농축산물 중에서 직접 먹을 수 있는 것이 얼마나 될까? 일부의 과일이나 채소를 제외하면 그대로 이용할 수 있는 것은 한정되어 있고, 대부분은 가공해야 먹을 수 있다. 이것은 우리가 매일 섭취하고 있는 다양한 식품을 고려해 보면 식품과 가공이 얼마나 밀접한 관계에 있는가를 이해할 수 있다.

　식품은 가공하기 전에 저장되기도 하고 가공된 식품도 소비되기 전까지는 저장되어야 한다. 일부 식품은 저장성을 높이기 위해 가공이 되기도 하므로 식품가공과 저장은 서로 밀접한 관련이 있다.

　최근 식품공업이 발달됨에 따라 식품 본래의 목적을 손실하지 않는 범위에서 식품에 인위적으로 여러 종류의 첨가물들이 식품의 상품적 가치 향상, 식욕증진, 식품의 보존, 영양강화 등 여러 가지 목적으로 사용된다. 이와 같이 식품 첨가물은 식품공업에서 그 사용이 필요 불가결한 것이다.

　식품 첨가물은 본래의 성분이 아니고 화학적 합성품이므로 그 안전성이 가장 큰 문제점이다. 그러므로 각 나라마다 식품 첨가물은 법으로 규제되며, 또 철저하게 관리되고 있다.

1. 식품가공

1 식품가공의 중요성

식품은 직접, 또는 가공 후에 소비한다. 식품을 가공하면 저장성도 증가될 뿐만 아니라 가공을 통하여 상품의 가치도 증가시킬 수 있으므로 식품의 품질유지, 안전성, 유통 등을 고려할 때 매우 중요하다. 식품이 생산자로부터 소비자까지 여러 단계를 거치게 되며 각 단계에서 여러 인자에 의하여 식품의 손실이 일어난다. 이러한 식품의 유통 중에 일어나는 손상받기 쉬운 외형적 변화는 그림 6-1과 같다. 그리고 식품의 손실 인자는 다음과 같다.

(1) 인위적인 손실

식품의 가공, 저장 중 인간이 일으킬 수 있는 손실로서 수송 중 손상되거나 곡류를 과잉 도정한다든가, 채소 다듬기를 지나치게 한 예를 들 수 있다.

(2) 생물학적 인자에 의한 손실

식품은 해충, 쥐, 새, 미생물 등에 의하여 많은 손실이 일어난다. 특히 미생물에 의한 오염, 부패 등은 온도와 습도에 따라 영향이 크다.

(3) 식품 자체의 자기소화에 의한 손실

식품은 자체의 호흡, 효소작용 등에 의하여 변질 또는 부패되어 품질이 저하되거나 소비자의 기호도를 감소시킨다.

이상의 손실 인자 중 가장 중요한 것은 미생물과 자기소화(autolysis)에 의한 변질이다.

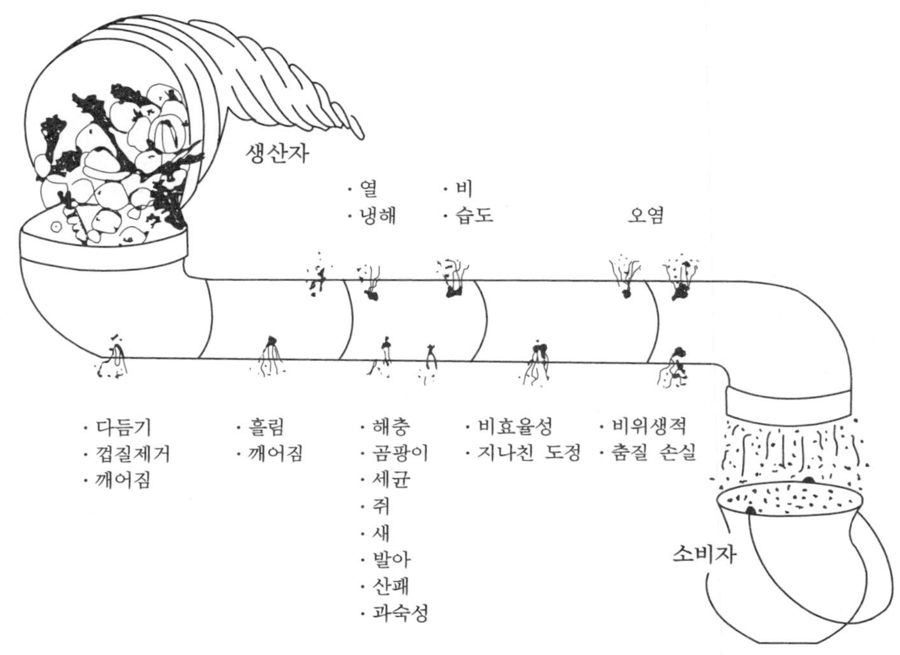

그림 6-1 식품의 유통중에 일어나는 외형적인 변화

☑ 식품가공의 목적

자연에서 생산된 식량은 대부분 수분이 많기 때문에, 상온에서는 식품 자체 내에 들어 있는 효소나 식품에 부착된 미생물의 작용으로 쉽게 변질·부패되어 손실이 있을 뿐만 아니라 그대로 먹을 수 없는 것이 많다. 농산물은 일정한 시기에 일정한 장소에서 수확하게 되고 수산물도 먼 바다에서 잡아오기 때문에 소비지까지 유통경로가 길고 장기간 저장이 필수적이다. 이 기간 중에 변질되는 것을 방지하고 식품의 상품가치를 높이기 위하여 식품의 가공은 중요하다.

식품가공의 장점을 구체적으로 설명하면 다음과 같다.

(1) 기호성

식품을 먹을 때 맛, 향기, 조직감, 외관 등이 좋으면 종합적으로 쾌감을 느끼고 그렇지 않으면 불쾌감을 느낀다. 이와 같이 쾌감·불쾌감을 느끼는 감각·심리적 상태를 기호라고 한다. 식품가공은 인간의 5감, 즉 시각, 미각, 후각, 촉각, 청각을 만족시켜 기호에 맞는 식품을 만들기 위한 것이다.

(2) 영양가치

식품재료는 변질·부패되기 쉽기 때문에 가공함으로써 영양가치를 보존할 수 있다. 재료 중 소화성이 낮거나 이용할 수 없는 부분을 제거하는 동시에 소화 흡수될 수 있도록 가공하고, 일상 부족하기 쉬운 영양소는 강화하여 영양적 가치를 높인다.

(3) 안전성

식품은 입을 통해서 체내에 들어가기 때문에 식품으로 인한 건강장해가 없도록 안전한 제품을 만들어야 한다. 즉 선도의 유지, 변질, 부패 방지, 유독 성분의 제거, 살충·살균 등을 배려하여 가공한다.

(4) 저장성

식품재료는 장기간 저장이 어렵기 때문에 냉동식품, 냉장 식품, 건조식품, 통조림 등으로 가공함으로써 저장성을 높인다. 저장성은 식품의 이용가치를 좌우하는 큰 요인이므로, 식품가공은 가공식품의 공영유통이 가능하게 된다.

(5) 간편성

조리시간을 절약해 주기 위하여 가공식품으로 만든다. 가공식품은 간편한 식품으로 만들어 가사 노동력을 경감하여 사회생활이 복잡해질 수록 시간을 유용하게 활용하여 이를 해결하는데 부응한다.

(6) 운반성

식품가공 과정에서 원료의 부피가 줄어들고 여러 형태로 포장을 하기 때문에 운반성이 좋아진다. 운반성의 향상은 물류비를 절약하고, 가공식품의 유통을 광범위하게 실행할 수 있다.

(7) 경제성

수확된 자연식품이 일시에 많이 출하되면 가격이 불안정하지만 소비에도 한계가 있다. 가공처리하면 저장성이 높아 출하시기나 유통량이 조절되며 가격을 안정화시킬 수 있으며, 대량생산으로 생산과 가공 원가를 저렴하게 하여 생산자와 소비자에게 경제적인 이익이 있다.

(8) 가공에 의한 이익 창출

식품가공은 인간이 경영하는 경제행위이다. 가공업자는 다양한 가공품을 생산 공급함으로써 식생활을 윤택하게 하는 이익을 얻는다.

❸ 식품가공의 원리

가공식품의 원료는 동식물체로서 그 성분·조직·구조가 단순한 것이 아니라, 대단히 복잡한 물질이다. 또, 원료자체에 효소가 존재하고 미생물이 부착되어 있다. 더욱이 가공과정에서 미생물, 효소, 가열, 공기 등의 영향을 받기 쉬운 물질이다. 이와 같이 불안정한 물질을 다루기 때문에 식품가공의 제조 공정은 아주 복잡하고 다양하다. 식품가공에서 단위조작은 원료의 선별, 세척, 분쇄, 분리, 응집, 혼합, 유화, 성형, 가열, 동결, 농축, 살균포장 등으로 구성된다. 이런 단위조작은 식품의 안전성·보존성을 높이면서 기호성이나 소화 흡수성을 개선하기 위해서 먹을 수 없는 부분의 제거나 유용한 부분의 분리 등, 원료 전처리 조작과 형태나 성분을 변형시키는 가공조작으로 크게 나눌 수 있다.

(1) 제거·분리를 하기 위한 가공조작

가공할 식품재료에는 사람이 먹을 수 없는 부분과 가식 부분이 있다.

재료에 원하지 않는 흙이나 오물 등의 이물질(異物質)이 부착·혼입되어 있기도 하고, 견과류 및 채소의 껍질이나 축산물의 뼈 등과 같은 협잡물도 있다. 이런 때에는 세척, 박피, 도정, 분쇄, 체질, 뼈·내장제거 등의 조작으로 불용부분을 제거할 필요가 있다. 재료 중에는 이용하려는 부분과 성분 함량이 비교적 적은 것이 있다. 또한 특정 성분 만을 이용하고자 하는데 불용부분과 결합되어 있을 때에는 불용부분을 제거함은 물론 유용부분 만을 직접 분리해 내기 위해서 추출, 농축, 석출, 증류 등의 조작이 필요하다. 이러한 제거·분리 가공조작은 대부분 물리적인 단위조작이 활용된다.

(2) 형태·성분을 변형하기 위한 가공조작

기호성이나 소화성을 개선하기 위하여 가공재료의 성질이나 형태를 변형시킬 필요가 있다. 이때는 재료나 가공목적에 따라서 적합한 가공조작이 행해진다. 여러 가지 식품재료를 이용하여 혼합·성형하는 가공식품에서는 재료, 성분의 성질에 적합한 압출, 반죽, 유화 등의 기술이 필요하고, 가열처리로 안정성·저장성 및 기호성을 높이려는 식품에서는 그 목적에 알맞는 최적 가열처리 조건의 설정이 중요하다. 또한 미생물이나 효소를 이용해서 유산균음료, 장류, 술, 식초, 아미노산 등을 제조하는 공정은 원료의 성분을 일부분 또는 완전히 변화시키는 조작이다. 최근에는 생물공학의 발전으로 유전자조작, 세포융합, 고정화효소 및 균체이용기술 등이 활용되고 있다. 형태나 성분의 변경 조작에는 물리적인 단위조작과 화학적 또는 생물학적 조작인 단위반응이 병용된다.

4 식품가공기술

식품은 생리적인 욕구를 충족시켜주는 필수적인 물질이다. 사람은 과거에 식물의 열매나 식물 그 자체를 채집하고, 동물을 사냥하며, 농작물을 재배하거나 목축을 하는 등 먹을 것을 얻기 위하여 스스로 능동적인 행동을 하여 왔다. 또 그 수단으로 도구를 고안하여 사용하였다. 인간의 필요와 욕망에 따라서 그대로 먹을 수 없는 식품재료를 이용하여 맛있게 먹을 수 있도록 조리·가공법이 개발되었다. 인간의 욕망은 일반적으로 무한하기 때문에 기술도 이에 따라 계속 발전해 오고 있다.

기술이란 넓은 의미에서는 사회의 필요와 욕망을 충족시켜주는 시스템이고, 좁은 의미에서는 상품가치의 창출과 생산성 향상을 위해서 직간접적으로 행해지는 제반 활동이라고 정의된다. 따라서 기술은 기초연구로부터 소비자에 대한 아프터서비스의 제공까지 망라된다.

표 6-1 식품가공에 이용되는 기술

구 분		기 술 명 칭		
단위조작		도정	증발농축	마이크로캡슐화
		세정	증류	가열살균
		분쇄	탈색	방사선살균
		체로치기	탈취	마이크로파살균
		분리	탈랍	자외선살균
		혼합	유화	소금절임
		과립	결정	설탕절임
		건조	침강	초절임
		데치기	침전	배지 및 장치살균
		탈기	압착	공기제균
		냉장	압출	제열
		냉동	추출	통기교반
		해동	초임계가스추출	산소공급
		여과	흡수	무균조작
		한외여과	흡착	균주선별
		역침투여과	탈염소	균주보관
		정밀여과	진공프라이	
		전기투석	캡슐화	
단위반응	화학적 단위반응	유지의 경화	훈연	흡수
		에스터 교환	합성	응고
		탈껌	가수분해	탈염
		탈산	약제살균	색소의 발색과 고정
		훈증	표백	마이야르반응
	생화학적 단위반응	발효	자기분해	조직배양
		제국	유전자조작	생물반응기
		숙성	세포융합	

식품가공은 원료 및 제품의 종류에 따라서 채택하는 기술이 다르고, 하나의 기술로서 완성된 것이 아니고 모든 분야의 기술이 총합되어 만들어진 것이다. 기술은 분류방식에 따라 여러 가지로 분류되지만 고유기술과 관리기술로 나눌 수 있다.

고유기술이란 그 업종에 필요한 기술이다. 예를 들어 식초를 만들려면 식초를 만들 수 있는 기술이 있어야 한다. 이것이 고유기술이다. 이 고유기술은 또 여러 단위기술로 구성되어 있다.

관리 기술이란 고유기술로 식품을 가공할 때에 그 효율을 높이는 기술로서, 품질관리, 가치공학 등 수많은 관리기술이 개발되어 있다. 이 관리기술은 업종에 크게 관계없이 활용될 수 있는 범용기술로써, 고유기술이 확고할 때 위력을 발휘한다. 가공식품을 만드는데 이용되는 단위기술은 표 6-1과 같이 대단히 다양하다. 이들 기술중에는 혼합, 분쇄 등과 같이 물리적인 힘을 이용하는 조작도 있고 합성, 분해 등과 같이 화학물질의 첨가나 화학반응 또는 생물화학반응을 이용하는 조작도 있다. 이 때에 물리적인 조작을 단위조작이라 하고, 화학적 또는 생물화학적 조작을 단위반응이라고 한다.

5 식품 가공의 종류

식품원료의 종류는 다양하고 이에 따라 그 가공의 종류도 대단히 많은데 제조 기술과 기계시설 등에 따라 그 수가 달라진다. 그러나 이들은 보통 아래와 같이 분류할 수 있다. 가공원료에 따른 분류는 구분해서 다음과 같이 농산가공, 축산가공, 수산가공으로 나누며 임산 가공은 제외한다.

경영에 의한 분류는 식품가공을 경영면으로 보면 판매용 식품가공과 자가용 식품가공으로 나눌 수가 있다. 판매용 식품가공은 적극적으로 수익을 목적으로 해서 만들어지는 제품인데, 주로 협동조합이나 기업가들에 의하여 생산되는 상품이다. 자가용 식품가공은 소극적으로 생활비를 줄이기 위한 것이거나 또는 식생활 개선을 위해서 이용되는 것이다.

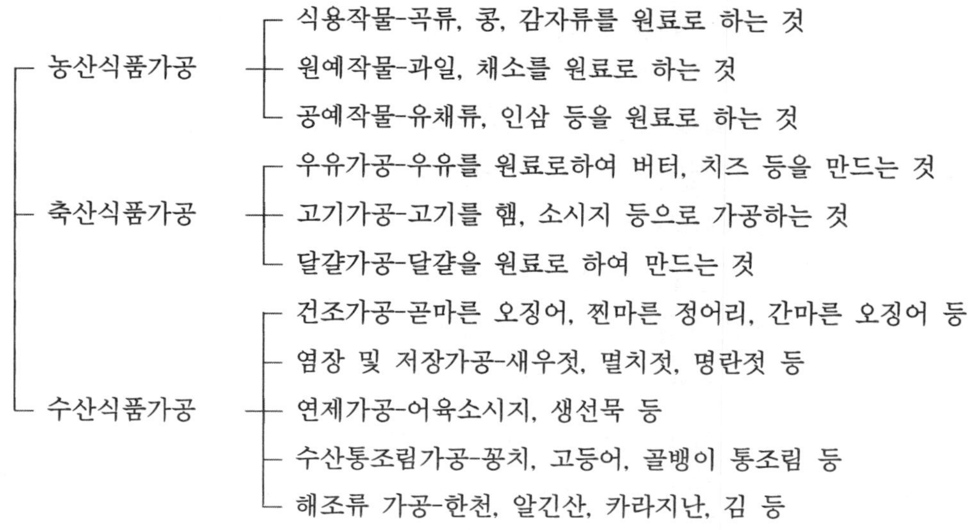

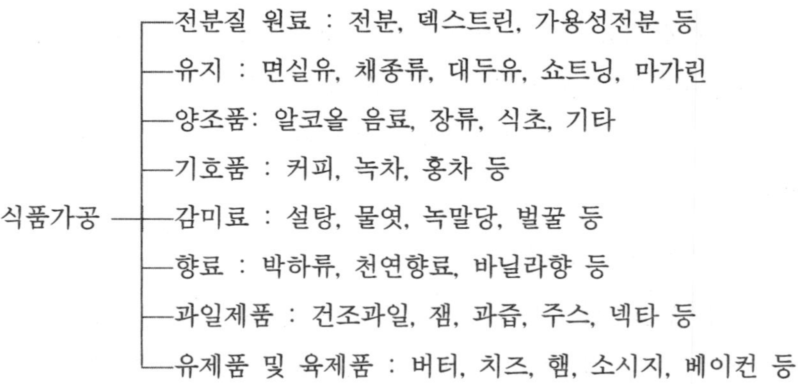

식품의 특성 및 제품에 따른 분류는 제품과 특성에 따라 분류하면 다음과 같다.

6 가공식품의 종류

(1) 농산가공식품

① 전분 가공품중에는 물엿, 맥아당, 올리고당이 있다.

② 면류에는 건면, 생면, 라면 등이 있다.

③ 빵류에는 효모를 이용한 발효빵과 베이킹 파우더를 이용한 무발효빵이 있다.

④ 과자류는 종전에는 주로 설탕을 이용한 기초식에 불과했으나 근래에는 소비형태의 고급화에 따라 영양간식으로 변화하는 경향이며 우리나라에서 제조된 과자류는 한식과자, 양과자, 일식과자의 세 가지로 분류된다. 한식과자는 유밀과, 산자, 다식, 정과, 당과, 강정 등, 양과자에는 비스킷, 캔디, 초콜릿, 케이크, 빵과자, 스낵 등이고 일식과자에는 미과, 유과, 병과자, 소과자, 양갱 등이다.

⑤ 식물성 유지에는 참깨기름, 유채유, 콩기름, 면실유, 미강유 및 옥수수 기름 등이 있다. 유지 가공품으로는 경화유, 마가린, 쇼트닝이 있다.

⑥ 두류가공품으로 두부는 우리 나라의 보편적인 식품이며 식물성 식품 중 가장 우수한 단백질 식품이다. 또 상용되는 장류에는 간장, 된장, 고추장, 담뿍장, 막장, 집장과 청국장 등이 있다.

⑦ 원예 작물 가공품은 다른 농작물과는 달리 비타민류와 무기질이 많이 함유되어 있고 풍미, 향기, 색깔 등이 다양한 식품이다. 종류에는 과일과 채소 통조림, 과일주스, 젤리, 마멀레이드와 잼류, 건조 과일을 들 수 있다.

(2) 축산가공식품

젖은 천연 식품으로 영양적으로 가장 완전에 가까운 식품이며, 소화흡수도 잘 되는데 식품으로는 우유, 양유 등이 주로 쓰인다. 젖먹이 동물의 신생아에 대한 유일한 영양원이 되어 있다.

우유는 시유(市乳)로 소비되는 양이 가장 많고 버터, 치즈, 아이스크림, 크림 연유, 분유와 발효유(요구르트, 칼피스, 케퍼) 등으로 가공하기도 한다(그림 6-2).

육가공품은 식품의 기호도가 높을 뿐 아니라 질이 좋은 단백질의 공급원으로서 영양상 대단히 중요하다. 이 가공품은 사용원료와 제조 방법에

따라 종류가 많으나 햄, 베이컨, 소세지, 통조림류와 건조육 등이 있다. 햄
과 베이컨류는 돼지고기, 소세지는 돼지, 소, 양, 닭고기의 특성을 이용하
여 만든 것이다.

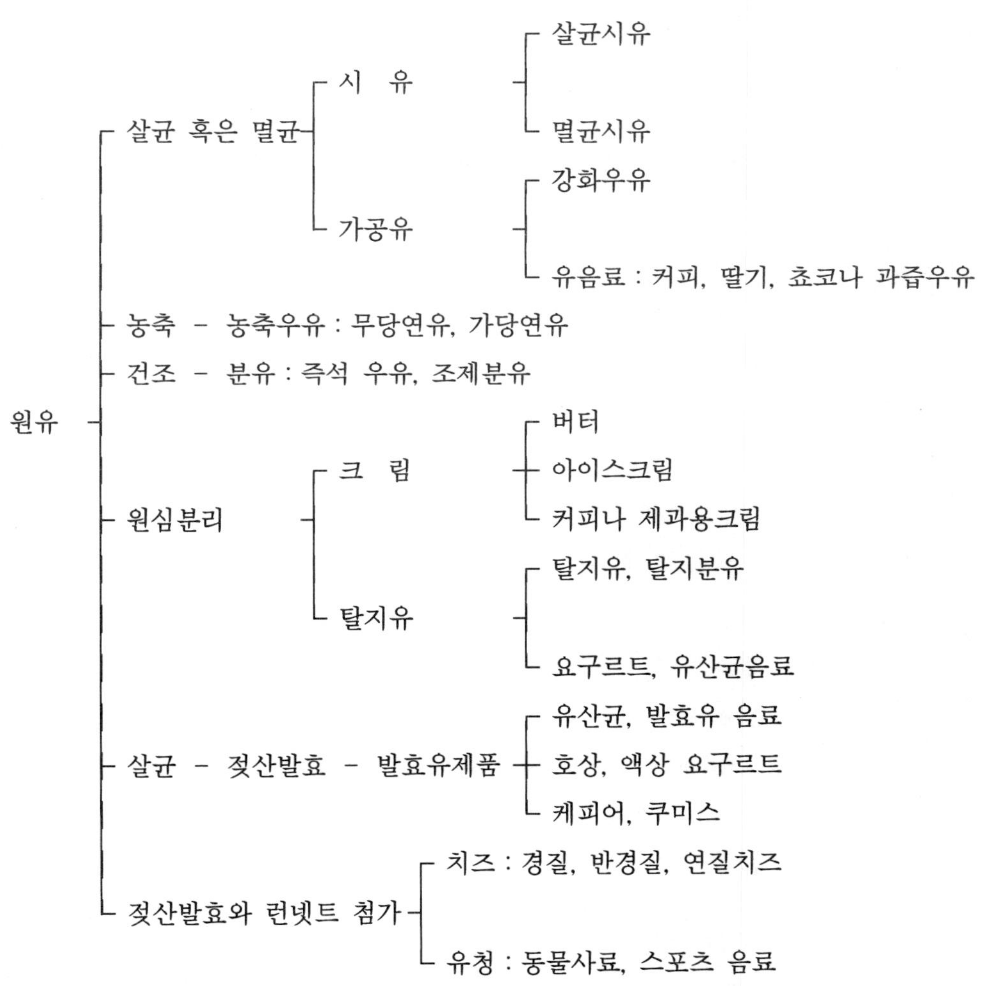

그림 6-2 우유의 가공처리방식

기타로 계란은 식품가공의 원료로 쓰이며 할난(割卵)하여 액상 전란(全卵)은 제빵·제과의 원료로, 난백은 제과용이나 소세지 제조에, 난황은 마요네즈용으로 이용된다.

계란을 이용한 가공식품에서 피단(pidan), 계란음료, 훈제란과 스폰지케이크, 커스터드 등이 있다.

(3) 수산가공식품

수산물은 생산량이 일정하지 않고 특히 선도의 유지가 어려워 식량 자원으로 제한성이 있다. 최근 들어 양식업의 발달하여 생산량이 증가되면서 수산물의 이용이 증가하고 있으며 가공기술도 향상되어 여러 형태의 수산물 가공식품이 소개되고 있다.

수산물 가공식품에는 건조, 염장, 연제, 훈제, 통조림 등의 여러 가지 종류가 있다.

2. 식품저장

■ 식품저장의 목적

식품을 수확 또는 어획 후에 미생물, 해충, 설치류 등의 침해로부터 보호하고 소비자가 필요로 하는 때에 이용하며 식량확보의 안정화를 도모하고 우리의 건강한 식생활을 유지시키는 것이 식품저장의 목적이라고 할 수 있다.

■ 식품의 변질요인

식품의 저장 중에 다음과 같은 요인들에 의해 식품의 품질이 변화될 수 있다.

① 수 분: 함량이 높을수록 미생물의 증식이 잘되고 식품의 변질이 잘 일어날 수 있다.

② 산 소 : 산소 함량이 높을수록 지방질의 산화 및 식품의 변질이 가속화 될 수 있다.

③ 온 도 : 저장온도가 높을수록 식품의 변질이 빨라질 수 있다.

④ 생 물 : 바구미, 나방, 바퀴벌레, 쥐 등에 의해서 식품의 변질이 일어날 수 있다.

⑤ 효 소 : 식품에 존재하는 효소들이 저장 중에 유리 및 활성화되어 변질시킬 수 있다.

⑥ 비효소적 갈변 : 식품 중의 아미노산과 환원당이 반응하여 갈변화를 야기시킬 수 있다.

⑦ 전분의 노화 : 호화된 전분을 방치하면 전분의 결정화가 일어나 경도가 증가하고 맛이 떨어지는 등의 변화가 일어난다.

❸ 식품저장법

식품의 저장에는 여러가지 방법들이 있는데 건조, 저온저장법, 염장법, 당장법, 산장법, 가열살균법, 기체조절법, 훈연법, 피막제 처리 저장법, 화학물질 첨가법, 방사선 조사에 의한 저장법, 포장에 의한 저장법 등이 주로 많이 이용되며 그 특징을 간략히 요약하면 다음과 같다.

(1) 건조

건조에 의한 식품저장의 원리는 식품내의 수분을 감소시키므로써 용질의 상대적 농도를 높이고 식품의 수분활성도(Aw)를 저하시켜서 미생물 및 효소에 의한 부패나 변패 및 변질을 방지하는 것이다. 식품은 건조에 의해 저장성이 향상되고 수송이 간편해지며 풍미, 색깔, 조직감 등이 향상되는 경우도 있다. 그러나 식품에 따라서는 품질이 저하되는 경우도 있으므로 가능한한 저온에서 단시간에 수분을 제거해야 한다. 식품의 건조방법은 그림 6-3과 같이 다양하므로 식품조직의 성분조성 및 농도 등에 알맞는 건조 방법과 조건을 선택해야 한다.

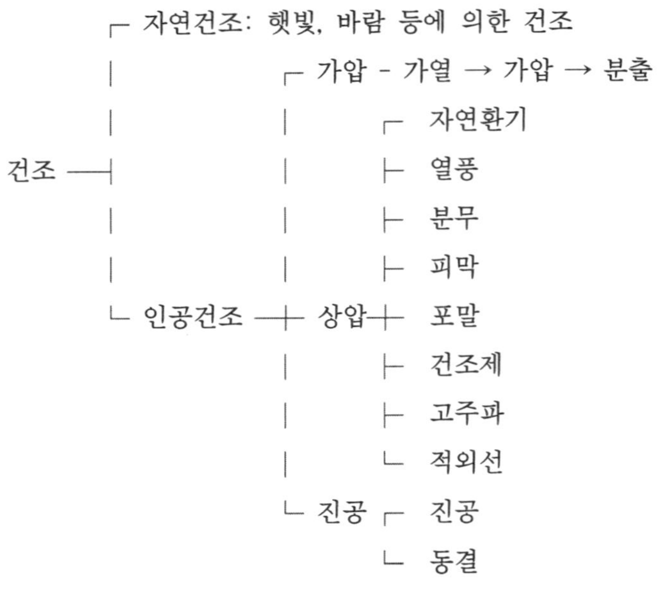

그림 6-3 식품의 건조방법

(2) 저온 저장법

식품의 온도를 낮추어 부패의 원인이 되는 미생물의 생육 혹은 효소작용을 억제하는 방법으로 움저장법, 냉장법, 냉동법 등이 있다.

① 움저장법

움저장은 땅속을 깊이 파고 뚜껑위에 흙을 두텁게 덮어서 한 쪽에 숨구멍을 내놓아 호흡하는 식품이 공기소통을 하도록 하며 겨울에는 짚둥지로 막아 보온시켜 준다. 이때의 온도는 대략 10℃로 유지시켜 주는 것이 바람직하다. 폐광의 서늘한 곳을 이용하여 식품을 저장할 수도 있다.

② 냉장저장법

식품의 냉장은 일반적으로 15℃ 이하의 온도와 동결온도 이상 사이의 온도조건에서 저장함을 말한다. 일반 가정에서 사용하는 냉장고의 온도는 보통 2~10℃이다. 냉장조건에서 식품에 미생물 증식이 억제되고, 대사작용이 지연되며 수분의 손실속도가 완만해져 저장성을 높여준다. 그

러나 식품을 냉장고에 저장하는 경우에도 서서히 품질저하 또는 변질이 일어나기 때문에 과신하지 말아야 하며 소정의 저장기간내에 식품을 소비하는 것이 바람직하다. 그림 6-4에는 온도에 따른 식품의 세균증식 상황을 예시하였다.

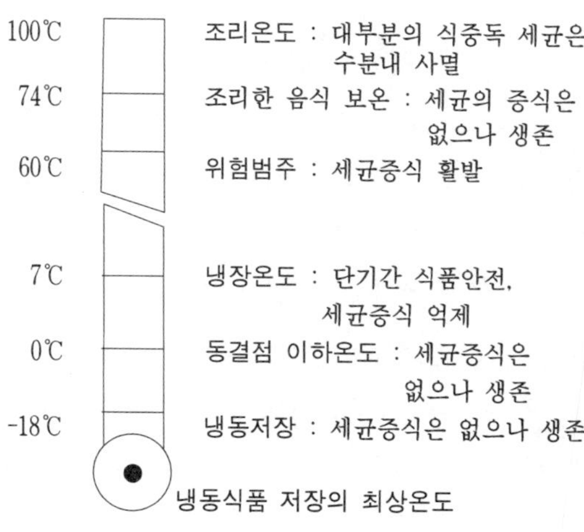

그림 6-4 온도와 식품의 세균증식

냉장고는 용량의 80% 이상을 채우지 않아야 온도와 습도가 고르게 유지되며 청결하게 하는 것이 위생적으로 좋다. 채소와 과일의 저장에 적합한 습도는 보통 90% 내외이다. 바나나, 사과, 오이, 멜론, 망고, 오렌지, 파인애플, 감자, 호박, 고구마 등 과일과 채소들은 식품의 동결온도 이상에서도 그들의 저장 최적온도 이하에서는 생리적으로 손상을 받게 된다. 이러한 현상을 냉해(chilling injury)라고 하는데 일반적으로 갈변, 움푹패임, 부패, 후숙정지 등이 나타난다. 이러한 식품들은 냉해를 입지 않는 온도범위 중 가장 낮은 온도에 저장하는 것이 좋다. 냉장고에 조리된 식품을 보관할 때는 반드시 식힌 다음에 넣어야 한다. 뜨거운 식품을 넣으면 내부의 온도가 상승하여 다른 식품을 부패시키고 열효율도 떨어질 수 있기 때문이다. 조리된 음식은 냉장고에서 2일을 초과해서는 안되며 일단 냉장되었던 조리식품은 먹기 전에 다시 가열해야 한다. 냉장고의 문은 자주 열지 말아야 한다. 10초간 냉장고문을 열었을 경우, 본래의 온도를 회복하려면 15분이 걸린다. 생선, 양파, 김치 등 냄새가 나는 식품들은 냄새를 잘 흡수하는 버터, 우유, 치즈 등과는 멀리 떨어져 저장해야 한다. 채소, 생선, 육류 등 수분이 많은 식품은 냉장고에 서리가 쉽게 끼는 원인이 되므로 비닐봉지에 싸 두는 것이 바람직하다. 불결한 포장지를 사용하면 미생물이 번식할 수 있으므로 피해야 한다. 육류 및 생선류 등 동물성 식품은 윗쪽칸에 보관하고 채소류 및 과일류 등 식물성 식품은 아래쪽에 보관하는 것이 좋다. 오염방지를 위하여 날음식은 냉장실의 하부에 보관하고 가열조리 식품은 윗쪽에 보관하는 것이 바람직하다. 유리나 철제의 용기에 담은 식품은 냉장고 아래부분에 보관한다. 날씨가 매우 무덥고 습기가 많으면 향신료 및 밀가루는 냉장고에 보관하여 벌레가 기생하지 않도록 한다. 잼, 젤리, 시럽, 꿀, 땅콩버터 등은 일단 개봉한 후에는 냉장시켜야 곰팡이가 안 생기며, 마요네즈와 드레싱은 산패를 막기 위해 냉장고에 보관해야 한다.

③ 동결(냉동)저장법

동결식품은 일반적으로 -20℃에서 저장하는데, 이때 미생물의 번식, 효소의 작용, 수분의 증발 등을 효과적으로 방지할 수 있어서 식품의 성분변화는 매우 느리게 일어난다. 대부분 식품의 동결점은 -1∼ -2℃이다. 동결방법에는 송풍동결, 접촉동결, 침지동결, 액체질소에 의한 동결 등이 있다. 냉동할 수 있는 식품류로는 육류, 생선류, 데친 채소, 설탕조림한 과일, 딸기, 귤, 감, 식빵, 롤케이크, 떡, 약식, 만두, 건조식품(김, 박고지, 미역, 다시마), 견과류(밤, 은행 등)이다. 한편, 냉동이 적당치 않은 식품으로는 해동된 생선, 달걀, 유제품, 두부, 묵, 무, 호박, 오이, 죽순, 수박, 바나나, 젤리, 병에 든 청량음료, 맥주 등이 있는데, 냉동 전에 확인해서 식품의 손실이 없도록 조심해야 한다. 냉동된 식품을 이용할 경우 해동해야 하는데 실온에서 해동하는 것은 미생물의 증식 가능성이 많으므로 바람직하지 못하다. 육류와 생선류는 냉장고에서 해동하는 것이 좋으며 시간이 급할 때는 냉동식품이 직접 물에 닿지 않도록 비닐봉지에 넣어 물에 담가 해동한다. 채소류는 그대로 뜨거운 물 또는 열탕에 넣어 해동 또는 조리한다. 스테이크류, 만두, 지짐류 등 반조리식품은 조리전에 미리 해동하지 않고 직접 기름에 튀기거나 가열해서 먹을 수 있으나, 최근에는 조리전에 전자레인지 안에서 신속히 해동한 다음 조리하여 이용하는 것을 권장하고 있다. 냉동식품은 가급적이면 한 번 조리에 쓸 만큼의 분량으로 나누어서 비닐로 포장해 저장하는 것이 바람직하다. 냉동과 해동을 반복하면 육즙이 빠져나오고 얼음 결정체가 커져서 식품의 품질이 저하될 가능성이 높아진다.

(3) 염장법(소금절임법)

소금 농도가 10% 이상 되면 대부분 세균의 생육이 억제된다. 이것은 세균에 대한 식염수의 높은 삼투압성으로 수분활성도가 낮아져 항균효과를 나타내기 때문이다. 식염을 이용한 저장방법에는 다음과 같은 여러가지가 있다.

① 염수법: 식품을 적당한 농도의 식염수에 담그는 방법

② 건염법: 식품에 건염을 직접 뿌려 저장하는 방법

③ 개량 염수법: 식품에 건염을 뿌리고 압력을 가하여 침출된 수분에 의해 포화식 염수가 형성되어 염수법으로 한 것과 유사하게 하는 염장법

④ 개량 건염법: 식품을 우선 식염수에 담가 표면에 부착한 세균 및 점질성분을 제거한 후 건염법으로 본염지를 하여 염장효과를 높이는 방법

⑤ 염수 주사법: 형태가 큰 고기류의 염지기간을 단축하고 균일한 효과를 위하여 식염수를 근육 또는 맥관에 주사하여 염장하는 방법

⑥ 압착 염장법: 처음에는 건염법으로 염지한 다음 염수법으로 염지하고 압력을 가하여 과잉의 식염수를 압출시키는 방법

(4) 당장법(당절임법)

식품에 당을 가하면 삼투압차에 의하여 미생물들이 이용할 수 있는 수분을 일정한 함량이하로 감소시킴으로써 미생물의 성장을 억제시킨다. 또한 당에는 —OH기가 많아서 친수성이 강하다. 그러므로 당은 물에 잘 녹는데 이때 당분자가 주위의 물과 결합하여 수분활성도를 감소시킨다. 목적에 따라 적당한 농도의 당용액을 식품에 사용하면 저장성을 유지할 수 있다. 잼이나 젤리는 높은 농도의 설탕에 의해 저장성이 큰 당절임 식품이다. 당은 식염에 비해 삼투압이 낮아 식품내부로 삼투가 잘 되지 않는다. 따라서 원료식품을 묽은 당액이나 물로 삶아서 조직을 연화시킨 후 농도가 짙은 당액에 침지한다. 일반적으로 미생물은 당농도가 50% 이상이 되면 발육이 억제되나 Saccharomyces에 속하는 내삼투압성 효모는 당의 함량이 70~80%에 달하는 꿀, 잼, 당밀 등에서도 견딜 수 있으므로 주의를 요한다.

(5) 산장법(산절임법)

수소이온 농도(pH)가 낮은 초산, 젖산, 구연산 등을 이용하여 식품을 저장하는 방법을 말하며 오이, 마늘, 죽순, 청대콩, 양배추, 토마토 등의 채소와 과일류, 칼피스 등의 젖산음료, 어육의 초적식품 및 육류 가공 등에도 이용되고 있다. 미생물 중의 세균은 pH 5.0 이하로 내려가면 생육하지 못하고 효모는 pH 2.5 이하에서 생육이 정지된다. 곰팡이는 pH 1.5에서 생육하는 것이 있으므로 주의해야 한다. pH 값에 따른 저장력과 세균에 대한 살균력은 초산 〉 구연산 〉 젖산의 순이다. 미생물에 대한 방부효과는 산과 소금, 산과 당, 산과 화학방부제를 병용하므로써 더 증가될 수 있다.

(6) 가열살균(또는 멸균)에 의한 식품저장

살균이란 식품에 존재하는 병원성 미생물들을 파괴하는 것을 말하고 멸균이란 식품에 있는 모든 세균들을 사멸시키는 것을 의미한다. 열처리 방식 및 효과에 따라 살균 및 멸균이란 용어가 같이 쓰일 수도 있다.

식품을 동일한 조건으로 가열할 때 식품의 종류, 성분, 물리적 성질, 저장기간, 가열방법, 존재하는 미생물의 종류와 수에 따라 일어나는 변화와 반응에 많은 차이가 있다. 가열 살균(또는 멸균)법에는 다음과 같은 여러 가지가 있다.

① 저온 살균법 : 65℃에서 30분간 살균

② 고온순간 살균법 : 72~75℃에서 15~25초간 살균

③ 초고온순간 살균(또는 멸균)법 : 130~150℃에서 2~8초간 살균(또는 멸균)

④ 열탕 살균(또는 멸균)법 : 100℃에서 30분간 살균(또는 멸균)

⑤ 증기 살균(또는 멸균)법 : 100℃에서 수증기로 30분간 살균(또는 멸균)

⑥ 건열 살균(또는 멸균)법 : 140~160℃에서 30~60분간 건열 건조기 안에서 살균(또는 멸균)

이 외에 통조림 제조시에는 식품을 깡통에 담고 공기를 제거한 후 밀봉하여 115~121℃에서 10~30분간 가열 살균(또는 멸균)하여 저장성을 높인다.

(7) 기체조절에 의한 식품저장

수확된 과일이나 채소류는 생리적인 효소작용으로 산소를 흡수하여 왕성한 대사가 일어나 선도가 빨리 떨어지나 밀폐된 상태에서는 시간이 경과함에 따라 배출되는 탄산가스의 양이 축적되어 질식상태에 도달하여 호흡작용이 중지된다.

이런 원리를 이용하여 인공적으로 저장실의 온도를 냉장상태로 유지하면서 가스를 산소 1~5%, 탄산가스 2~10%로 적당히 조절하면 호흡이 억제되어 신선도를 장기간 유지할 수 있는 저장방법으로 기체조절저장(controlled atmosphere storage, CA저장) 또는 기체(가스)저장이라 한다. CA 저장방법에는 제한 환기식, 공기세척식, 인공공기 발생(generator)법

등이 이용될 수 있다.

(8) 훈연에 의한 식품저장

육류 또는 어패류 등에 나무를 태울 때 생기는 연기성분을 쏘여 저장성을 높이고 식품의 풍미를 향상시키는 방법이다. 식품에 연기성분을 적당히 쏘이면 지방의 산화가 방지되고 미생물의 증식이 저해되는 효과가 있다. 훈연시 사용되는 목재로는 잘 건조된 딱딱한 나무가 좋은데 참나무, 오리나무, 자작나무, 호도나무, 벗나무, 느릎나무, 밤나무, 매화나무, 단풍나무 등이 많이 쓰인다. 그러나 나무진(수지)이 많이 함유된 소나무, 전나무, 감나무, 삼나무, 뽕나무 등을 사용하면 식품에 불쾌한 맛과 냄새를 부여한다. 나무를 태울 때 생기는 연기성분에는 발암물질로 알려진 3,4-벤즈피렌이 존재하여 식품에 이행될 수 있으므로 주의해야 한다.

(9) 피막제 처리에 의한 식품저장

수확 후의 과일이나 채소류 및 난류의 호흡이나 증산(蒸散)작용 등을 억제하기 위하여 계면활성제와 같은 피막제 등으로 도포하면 수송 및 저장 중의 감량이나 손상을 방지하고 신선도를 보존함과 동시에 광택을 주어 상품가치를 높여 준다. 이와 같이 호흡하는 채소류의 호흡을 억제하기 위해 표면을 도포하여 피막을 입히는 방법을 피막법(도포법)이라고 하며, 이에 사용되는 피막제는 식품첨가물로서 모르폴린 지방산염(morpholine fatty acid salt), 초산비닐수지(polyvinyl acetate), 왁스(wax), 옥시에틸렌 도코산올(oxyethylene docosanol) 등이다.

(10) 화학물질 첨가에 의한 식품저장

식품의 변질, 부패, 변색, 화학변화 등을 방지하여 식품의 영양가와 신선도를 유지하기 위하여 보존료, 살균제, 산화방지제, 항생물질 등을 첨가할 수 있다. 방부물질의 첨가는 식품공전에 허용된 기준 범위내에서 수행되어야 하며 인체에 해롭지 않고 식품을 변질시키지 않아야 한다.

(11) 방사선조사에 의한 식품저장

방사선을 식품에 조사하면 세포내의 핵이나 DNA에 존재하는 감수성이 높은 부분에 적중되어 전리를 일으켜서 생물학적 효과를 나타내거나 세포내에 존재하는 물 또는 그밖의 물질의 전리에 따른 생성물이 이차적으로 세포의 증식에 필요한 물질이나 구조에 화학적 변화를 일으켜 생물학적 효과를 나타낸다. 일반적으로 균주에 따라 방사선의 감수성이 다르나 *Bacillus*와 *Clostridium*과 같은 포자를 형성하는 세균은 방사선에 강한 저항성을 갖고 있다. 방사선의 생물학적 작용을 이용하여 식품에 변질 또는 부패를 일으키는 미생물, 곤충, 효소 등을 사멸 또는 불활성화하므로써 식품의 보존성을 향상시킬 수 있다. 이때 조사되는 이온화 방사선은 투과력, 에너지 효율, 방사파 등을 고려하여 주로 ^{60}Co 및 ^{137}Cs을 이용하며, 그 밖의 핵분열 생성물 중의 방사선 동위원소에서 나오는 γ선 및 여러가지 가속장치에서 발생되는 고속도의 β선을 이용한다.

우리나라는 감자, 양파, 마늘, 생버섯 등 신선 식품류에 대한 생장 및 숙도조절을 목적으로 1kGy 이하의 γ선 조사를 허가하였고, 동시에 건조식육 및 어패류 분말, 된장, 고추장, 간장분말, 전분, 건조 채소류, 건조 향신료, 효모 및 효소식품류, 알로에 분말, 인삼제품류, 환자식 등 건조 식품류에 대한 살균, 살충 등 위생화를 위하여 10kGy 이하의 γ선 조사를 허가하였다. 세계적으로 방사선조사를 허가하고 있는 나라는 1996년 현재 38개국에 이른다. 이 국가들이 허가하고 있는 식품류들은 약 135 종류로 대부분의 식품을 포함하고 있으나 우유나 유제품은 거의 제외하고 있다. 무역 자유화와 개방화에 따라 외국산 식품류가 물밀듯이 들어오는 이 시점에서 방사선처리 여부를 명시하고 조사량을 세계보건기구에서 허용하는 범위를 철저히 준수하는 것이 필요하다. 방사선을 조사한 식품에는 직경 5cm 이상 크기의 초록색 마크를 그려 넣도록 하고 있다. 마크에 그려진 내용을 보면 잎과 꽃은 농업, 둥근 테는 포장상품, 그리고 테의 잘린 부분은 방사선을 조사했음을 상징한다(그림 6-5).

그림 6-5. 방사선 조사 식품의 마크

(12) 포장에 의한 식품 저장

식품을 포장하는 일반적인 목적은 식품을 취급, 가공, 유통, 이용함에 있어서 편리함을 부여하고 외부로부터의 충격, 진동, 압축, 마찰, 빛, 온도, 습도, 미생물, 해충, 설치류 등에 의한 손상을 보호하는 것이다. 그러므로 식품을 포장하는 재료는 위생적으로 안전해야 하며 보호성이 좋아야 하고 다루기 편리하며 가격이 저렴해야 한다. 무엇보다 중요한 것은 저장 중에 식품과 포장재 사이에 반응이 일어나지 않고 제품에 변화가 없어야 한다는 점이다. 식품의 포장에 이용되는 재료에는 유리, 금속, 종이, 셀로판, 플라스틱, 염산고무, 가식필름 등이 있다.

4 식품별 저장시 유의 사항

(1) 곡류

쌀, 보리쌀, 밀가루, 식빵, 라면 등 곡류 및 주식류는 건조하고 서늘하며 통풍이 잘되는 위생적인 용기에 보관한다. 보관에 적당한 온도는 10~15℃, 습도는 75%이하이며 곡류는 3개월 정도 저장이 무난하나 식빵은 48시간을 넘기지 않고 소비하는 것이 바람직하다. 빵을 장기간 보관해야 할 경우 냉동저장하면 품질변화가 거의 차단된다. 습기가 많은 여름철에 저장 중 곰팡이가 발생하는지 또는 이상한 맛과 냄새가 나는지 잘 관찰해야 하며, 만일 곰팡이가 생기면 인체에 위험하므로 식용으로 사용하지 말고 즉시 폐기

해야 한다. 곡류는 기체저장법으로 품질의 저하가 지연될 수 있다.

(2) 유지류

참기름, 들기름, 콩기름, 옥수수기름, 미강유 등 유지류는 직사광선을 받지 않는 서늘한 곳에 위생적인 용기에 넣어 저장해야 한다. 또한 입구가 작은 갈색병에 보관하면 저장수명을 연장시킬 수 있다. 생선, 양파, 마늘 등과 같이 냄새가 많이 나는 식품과는 분리 저장하는 것이 좋다. 15~25℃에서 참기름은 1개월, 들기름은 15일, 콩기름과 옥수수기름, 미강유 등은 8개월간 저장이 가능하다.

(3) 육류, 생선류, 두부, 우유 및 유제품

쇠고기, 돼지고기 등 육류는 도살된 후부터 소비되기까지 모든 단계에서 냉장 또는 냉동상태로 보관해야 한다. 육류를 3~4일 정도 저장하고자 할 때는 4℃이하에 보관하고 장기간 저장할 때에는 냉동시킨다. 냉동육은 변질이 빠르므로 속히 조리하고 해동후에는 다시 냉동하지 않는 것이 좋다. 육류는 순도가 95% 이상인 식염에 향신료, 설탕, 조미료 등을 넣은 염지액에 담가 저장하면 풍미, 색깔, 보수성, 조직 등을 향상시킬 수 있다. 달걀은 씻지 않고 뭉툭한 부분(기실)이 위로 가게 하여 냉장상태로 보관한다.

생선은 내장을 제거한 후 소금물로 깨끗이 씻어 물기를 없앤 다음 다른 식품과 분리하여 냉장고에 보관한다. 생선횟감은 깨끗이 씻어 물기를 제거한 후 냉장고에서 하루이하 보관해야 한다. 조개류는 내용물만을 모아서 소금물로 깨끗이 씻은 후 냉장 또는 냉동한다.

어묵은 냉장상태로 보관해야 한다. 두부는 반드시 찬물에 담갔다가 냉장시키거나 찬물에 계속 담가 보관하는 것이 좋다. 우유는 4℃이하로 냉장보관하고 가급적 신속히(제조 후 5일 이내) 소비해야 한다. 요구르트는 냉장고에서 1주일간, 버터는 3개월간, 그리고 치즈는 종류에 따라 3~12개월간 저장이 가능하나 일단 포장을 연 후에는 다시 잘 싸서 곰팡이의 생성을 막기 위해서 냉장고에 보관하고 빨리 소비하는 것이 바람직하다. 분유는 흡습성이 강하여 쉽게 굳어지므로 공기와 수분을 차단시키고 가급적이면 냉암소에 보관하는 것이 권장된다. 표 6-2에는 몇 가지 식품류의 냉장조건과 저장기간을 나타내었다.

표 6-2 식품의 냉장조건과 저장기간

식품명	저장온도	저장습도(%)	저장기간
쇠고기	0~1	88~92	3~ 7일
돼지고기	0~1	85~90	3~ 7일
달걀	-1~0	85~90	8~ 9일
생선류	1~5	90~95	5~ 20일
우유	2~4	85~90	1~ 2일
당근. 양파	0~2	90~95	10~14일
감자	4~10	85~90	

(4) 채소류

배추, 무, 양파, 파, 오이, 양배추, 시금치, 상치 등 채소류는 반드시 물기를 제거한 후 포장지로 싸서 냉장 보관해야 하지만 냉해가 발생하지 않도록 주의해야 한다. 씻은 채소와 씻지 않은 채소가 섞이지 않도록 분리해서 보관해야 한다. 양파 및 감자를 오래 보관해야 할 경우에는 껍질을 제거하지 않은 채 그늘지고 서늘한 곳에 저장해야 한다. 채소류는 냉장고안에서도 쉽게 변질될 수 있으므로 3일 이내에 소비하는 것이 바람직하다. 채소는 끓는 물이나 수증기로 가열(데치기)하여 효소체계를 불활성화한 후 냉동 저장하거나 건조하면 저장성이 향상될 수 있다. 일부의 채소들은 소금과 조미료의 첨가로 염장 및 발효되어 저장성이 높아지고 향미도 증진될 수 있다. 김치류, 오이지, 장아찌 등이 여기에 속한다. 채소류는 가스저장법과 냉장법을 병용하면 영양소의 보호효과가 향상된다.

(5) 과일류

과일류의 저장에 적당한 온도는 0℃ 부근이며 상대습도는 80~85%이다. 딸기, 앵두, 오렌지 등은 실온에서 수일간 저장이 되나 바나나는 후숙 후에 작은 상처로도 급격히 부패되므로 주의해야 한다. 귤, 딸기, 복숭아, 파인애플, 사과, 감 등은 날것 그대로 설탕이나 설탕시럽과 함께 봉지에 포장하고 동결저장하면 후숙작용을 정지시키므로 신선한 풍미를 유지하며 미생물 활동도 억제된다. 사과, 살구, 복숭아, 배, 오얏, 포도, 무화과, 앵두, 감 등은 건조되어 저장성이 높아질 수 있다. 사과, 서양배, 바나나 등은 기체저장으로 품질이 유지된다.

(6) 조미식품류

장독은 수시로 뚜껑을 열어 햇빛에 쪼인다. 장독의 입구는 그물망을 씌워 곤충의 침입을 막는다. 간장에 곰팡이가 발생하였을 경우, 그 부분을 제거하고 한번 더 끓여 보관한다. 된장 및 고추장에 곰팡이가 발생하였을 경우, 그 부분을 걷어내고 소금을 적당히 뿌려서 저장한다.

고춧가루는 깨끗한 용기에 넣어 건조하고 서늘한 곳에 보관한다. 식초는 신맛 성분이 소실되지 않도록 사용 후에는 마개를 꼭 닫아 보관해야 한다.

젓갈은 서늘하고 그늘진 곳에 뚜껑을 잘 닫아 보관한다. 사용할 때에는 물 또는 이물질이 들어가지 않도록 주의해야 한다.

(7) 차류 및 커피

습기와 온도가 차류 및 커피의 보존성에 가장 큰 영향을 미친다. 차의 고유 향기성분은 높은 온도에서 잘 휘발되므로 0~5℃의 냉장고에 보관하는 것이 합리적이다. 커피는 흡습성이 강하여 여름철에 습기로 인해 굳어질 수 있으므로 수분를 차단할 수 있는 용기에 담아 서늘한 곳에 보관하는 것이 바람직하다.

3. 식품 첨가물

식품 본래의 목적을 손상하지 않은 범위에서 식품에 인위적으로 첨가되는 여러 가지 화학 합성품들이 식품의 상품적 가치 향상, 식욕증진, 식품의 보존, 영양강화 등의 목적으로 사용된다. 이와 같이 식품 첨가물은 식품 공업에서 그 사용이 필요 불가결한 존재이다. 식품 첨가물은 식품 본래의 성분이 아니고 화학적 합성품이므로 그 안전성이 가장 큰 문제점이다. 그러므로 식품 첨가물은 각 나라마다 법으로 규제되며, 또 철저하게 관리되고 있다. 우리나라는 식품 및 식품첨가물을 규제하는 근거가 된 식품위생법이 1962년 처음으로 제정되었고, 식품첨가물 공전은 1966년에 제정되어 약 200여종의 화학 합성품만을 수록하였다. 1977년에는 화학합성품과 화학합성품 이 외의 첨가물을 정리해서 "식품첨가물의 규격과 기준"이 고시되고 현재 공전의 기본이 되었다. 그 이후 개정 보완작업을 하여 2002년 12월 현재는 600여종이 수록되어 있다.

❶ 식품 첨가물의 정의

식품 첨가물이란 식품의 상품적 가치 향상, 식욕증진, 보존, 영양강화 등의 여러 가지 목적으로 사용되는 물질을 말하며, 또 여러가지로 정의되고 있다. 식품 첨가물에 대한 국제식량농업기구(FAO)와 세계보건기구(WHO)의 합동전문위원회에서는 "식품 첨가물이란 식품의 외관, 향미, 조직, 또는 저장성을 향상시키기 위한 목적으로 보통 적은 양이 식품에 첨가되는 비영양물질"이라고 정의한다. 따라서 미국의 학술원 및 국가연구심의회 산하 식품보호위원회에서는 "식품첨가물이란 생산, 가공, 저장, 또는 포장의 어떤 국면에서 식품 속에 들어오게 되는 기본적인 식량 이외의 물질, 또는 물질의 혼합물로써, 여기에는 우발적인 오염물은 포함되지 않는다"고 정의하고 있다.

　우리나라 식품위생법 제 1장 제 2조 2항에서 식품첨가물이라 함은 "식품의 제조, 가공, 또는 보존함에 있어서 식품에 첨가, 혼합, 침윤, 기타의 방법에 의하여 사용되는 물질을 말한다"고 정의한다. 식품 첨가물은 식품과 공존함으로써 그 의의를 가지며, 단독으로는 식생활과 관계가 없는 비식품으로써 화공약품, 또는 의약품으로 명명된다.

　식품 첨가물은 우리나라 식품위생법에 따라 규제받는 물질의 범위를 규정하고 있다. 즉 어떤 물질을 식품에 사용할 때 그것을 식품 첨가물로 취급하느냐, 그렇지 않느냐의 여부는 식품 첨가물의 정의에 따라 판단할 수 있다. 어떤 물질이 식품 첨가물로서 취급받는 것은 다음과 같은 두 가지 조건을 만족시키는 경우이다.

　① 어떤 물질이 식품의 제조, 가공, 또는 보존을 위하여 사용될 것.
　② 식품에 첨가, 혼합, 침윤, 훈증 등이 방법으로 사용될 것.

　위의 두 가지 조건을 충족시키기만 하면 그 물질이 천연물이든 합성물이든 관계 없이 식품에 사용되는 한, 또 그것이 최종 제품인 식품에 잔존하든 잔존하지 않든 관계없이 모두 식품 첨가물로 취급된다.

❷ 식품 첨가물의 종류와 분류

　식품 첨가물은 크게 천연물과 화학적 합성물의 두 종류로 나눌 수 있다. 천연물은 동·식물, 광물 등과 그의 추출물을 원료로 하여 화학반응을 일으켜 얻는 것도 포함된다. 그리고 화학적 합성품이란 식품위생법 제2조에 "화학적 수단에 의하여 원소, 또는 화합물에 분해반응 이 외의 화학반응을 일으켜 얻는 물질"을 말한다.

　식품 첨가물은 그 화학적 구조나 용도로 보아 그 종류가 매우 다양하여 분류하기 곤란하나 Desrosier의 식품 공학상의 기능에 따른 분류는 다음과 같다.

　· 보존제 - 미생물에 의한 부패를 억제하는 물질, 화학적 품질저하를 억제하는 물질, 곤충이나 설치류를 방지하는 화학물질

· 영양 보충제 - 비타민, 아미노산, 무기염류

· 착색제 - 자연착색제, 보증 식품 색소, 자연 색소의 유도체들

· 향미료 - 합성 향미료, 자연 향미료, 향미 증진제

· 식품의 기능적 성질에 영향을 주는 화학물질 - 교질 성질의 조절제, 경화제

· 식품 가공에 사용되는 화학물질 - 위생, 공중보건, 미관상 사용되는 물질, 불필요한 피복막(예 : 껍질, 생피, 털 등)의 제거를 용이하게 할 물질, 거품을 안 나오게 하는 물질, 킬레이트제, 효모 영양소

첨가물 중 현재 국내 식품위생법에서 지정, 사용되고 있는 품목수는 2001년 12월 587종으로 화학적 · 합성품이 397종 천연물이 180종 혼합제제가 7종이다.

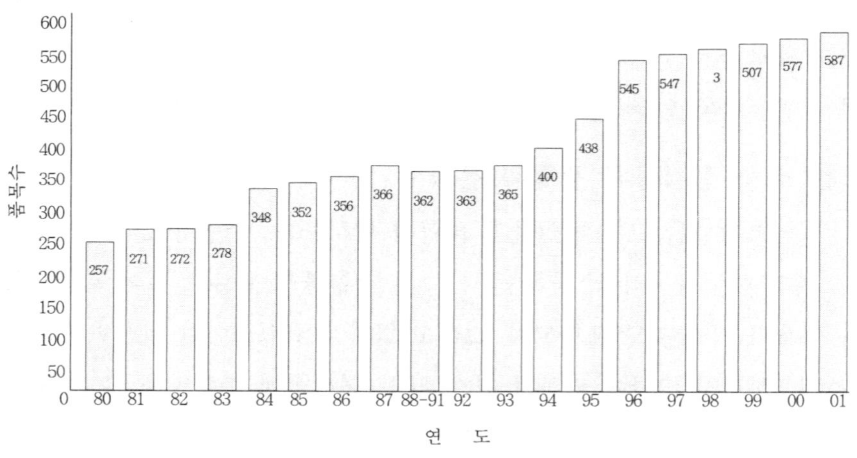

그림 6-6 식품첨가물 지정 품목수의 연차별 변천 추이(1980~2001)

그림 6-6은 1980년부터 2001년까지 식품첨가물 지정 품목수의 연도별 추이를 나타낸 것이다. 80년도 초만해도 국내 식품첨가물로 270여종이 허가 지정되었으나 84년~87년까지 식품가공 산업의 급성장과 함께 첨가물

제조의 재정비가 이루어져 그간 자가 규격품목으로 사용하던 첨가물 중 연구실험을 통해 안전성이 입증된 것을 식품공전상에 등록 348 품목으로 첨가물의 허가, 지정 품목을 크게 늘려 주었다가 88년~91년까지는 증감이 없었다. 91년부터 지정 품목수가 점점 증가하다가 96년에 대폭 증가하여 545품목에서 2001년에 587종으로 되었으며, 1998년 5월에 식품의약품안전청의 고시제로 변경되면서 첨가물의 안정성, 제제 등에 많은 보완이 이루어져 가고 있다.

(3) 식품첨가물의 규격기준

식품위생법 제7조 1항과 제18조 규정의 제1항은 식품첨가물의 제조, 가공, 사용 및 보존에 관한 기준을 정하는 것을 목적으로 하고 있다. 즉 2000. 11. 28 식품의약품안정형 고시 제 2000-57호 "식품첨가물의 기준 및 규격 중 개정"에 의거하여 현재 사용할 수 있는 식품첨가물은 877종으로 그 중 375 품목에 대하여 사용기준을 정하였고, 또 26 품목에 대하여 보존기준이 설정되었다. 그리고 2001년 12월 현재에는 587종이 지정되었다.

① 성분규격은 식품첨가물의 순도 혹은 그에 함유한 불순물의 한도 등에 대해 시험법을 정한 것이다.

② 식품첨가물 중에는 무제한 사용을 인정한다면 위험한 것도 있어 사용상의 제한을 설정하고 있다. 이것이 사용기준으로 현재 다음과 같은 방법이 행해지고 있다.

· 대상식품을 제한한다.(예 소르빈산 등)

· 사용량을 제한한다.(예 계피산 등 착향료)

· 사용목적을 제한한다.(예 과산화수소 등)

· 잔존량을 제한한다.(예 아질산나트륨 등)

③ 보존기준은 비타민 D_3, 비타민 D_2, 분말 비타민 A 및 효모 등과 같이 보통 상태로 보존할 때 분해해서 효과가 손실되는 물질에 대하여 그의 보존방법을 규정한 것이다.

④ 화학적 합성품 이외의 첨가물 (천연 식품첨가물)의 취급: 식품위생법 제7조 제2항에서 "기준과 규격이 정하여지지 아니한 판매를 목적으로 하는 식품 또는 첨가물(화학적 합성품인 첨가물을 제외한다)은 국민보건상 필요하다고 인정하는 것에 대하여는 그 제조 가공업자로 하여금 제조, 가공, 사용, 조리 및 보존의 방법에 관한 자가기준과 그 성분에 관한 자가규격을 제출토록 하여 보건복지부장관이 지정한 식품위생 검사기관의 검사를 거쳐 이를 당해 식품 또는 첨가물의 기준과 규격으로 인정할 수 있다"라고 정하고 있다.

(4) 식품첨가물 제품의 표시

이는 식품첨가물 제품에 대한 표시와 식품첨가물을 식품에 사용하였을 때의 표시로 나눌 수 있다. 이중 식품첨가물 제품에 표시하여야할 항목에는 제품명(화학적 합성품에는 식품첨가물 공전상 명칭을 표시하여야 함. 단, 고급 케톤류, 락톤류 등 18종의 착향료 원료에는, 원료에는, 원료명칭 대신 다른 제품명을 사용할 수 있음), 업소명, 제조년월일, 영업허가번호 및 품목제조허가번호, 중량·용량 또는 개수, 원료명 및 함량(착향의 목적으로 사용되는 것을 제외한 화학적 합성품을 혼합한 혼합제제인 첨가물에 있어서는 혼합된 화학적 합성품의 명칭 및 함량(백분율)을 표시하여야 하며, 천연색소류 제제, 효소, 비타민 제제에는 색가 또는 역가를 표시하여야 함), 보관상 주의 사항 반품 또는 교환장소, 사용 또는 보존기준, 자가기준 및 규격인정(자가기준 및 규격이 인정된 제품에 한함) 번호가 있다. 또한 식품첨가물, 표시된 중량과 실제 중량이 일치하여야 하나, 표시된 양과 실제량의 허용오차(부족)는 중량이 100g 이하인 제품에는 2g 이하, 100g 초과 1000g에는 2% 이하, 1000g 초과에는 1% 이하이다.

(5) 식품첨가물을 사용한 식품의 표시

식품첨가물은 식품에 사용된 원료의 하나이므로 식품 등의 표시(보건복지부 고시 제 95-67) 기준 중 원료명 및 함량 표시기준에 따라야 한다.

표 6-3 용도 및 명칭을 표시하여야 하는 식품첨가물

첨가물의 명칭	용 도	첨가물의 명칭	용 도
삭카린 나트륨 아스파탐 글리실리친산2 나트륨 글리실리친산3 나트륨	합성감미료	안식향산나트륨 파라옥시안식향산부칠 파라옥시안식향산에칠 파라옥시안식향산프로필 파라옥시안식향산이소부칠 파라옥시안식향산이소프로필 프로피온산나트륨 프로피온산칼슘	합성보존료
식용색소 녹색 제3호 식용색소 녹색 제3호 알루미늄레이크 식용색소 적색 제2호 식용색소 적색 제2호 알루미늄레이크 식용색소 적색 제3호 식용색소 적색 제40호 식용색소 청색 제1호 식용색소 청색 제1호 알루미늄레이크 식용색소 청색 제2호 식용색소 청색 제2호 알루미늄레이크 식용색소 황색 제4호 식용색소 황색 제4호 알루미늄레이크 식용색소 황색 제5호 식용색소 황색 제5호 알루미늄레이크 동클로로휘린나트륨 철클로로휘린나트륨 삼이산화철 이산화티타늄 노르빅산나트륨 노르빅산칼륨	합성착색료	디부칠히드록시톨루엔 부칠히드록시아니졸 몰식자산프로필 에리소르빈산 에리소르빈산나트륨 아스코르빌파르미테이트 이디에이2-나트륨 이디티에이칼슘2나트륨 터셔리부틸히드로퀴논	산화방지제
		산성아황산나트륨 아황산나트륨 차아황산나트륨 무수아황산 메타중아황산칼륨	표백제
		고도표백분 차아염소산나트륨 표백분 이염화이소시아눌산 나트륨	살균용은 "합성살균제"로 표 백용은 "표백제"로 표시
데히드로초산 데히드로초산나트륨 소르빈산 소르빈산칼륨 안식향산	합성보존료	아질산나트륨 질산나트륨 질산칼륨	발색제

식품의 원료명 및 함량 표시기준에 의하면, 유가공품, 식육제품, 어육연제품, 통조림 또는 병조림제품, 다류식품, 인스턴트식품, 건강보조식품, 특수영양식품, 인삼제품에는 원료 함량 순위에 따라 5가지 원료명과 이중 3가지 이상의 주요성분의 함량(백분율)을 표시하도록 하고 있고, 이 외의 식품은 원료 함량 순위에 따라 5가지 이상의 원료명을 표시하도록 하고 있으므로 사용한 식품첨가물이 상기 기준에 해당되면, 이에 따라 표시하여야 한다. 예를 들어 건강보조식품에 구연산을 23%를 사용하였고, 구연산이 그 제품에 3번째로 많은 원료라면, 원료명란에 "구연산(23%)"로 표시하여야 하나, 구연산을 4% 사용하였으나 원료명 함량 순위로 7번째라면 구연산을 표시하지 않아도 된다. 또한 빵에 카제인나트륨을 사용하였을 경우, 원료명 함량 순위가 5번째 이내이면 원료명 란에 카제인나트륨을 표시하여야 하나, 6번째 이후라면 이를 표시하지 아니하여도 된다. 그러나 다음의 첨가물을 사용하였을 때에는 사용함량에 관계없이 첨가물의 명칭 및 용도를 같이 원료명란에 표시하여야 한다(예 : 아스파르탐을 사용시는 "아스파르탐(합성감미료)"로 표시하여야 함 : 표 6-3 참조). 그러나 합성착색료에는 식용색소 황색 제5호와 그 알루미늄레이크 이외에는 첨가물의 명칭을 표시하지 않고, 합성착색료라고만 표시하면 된다. 또한 예를 들어 산화방지제가 들어있는 대두유로 튀긴 과자에 원료인 대두유에서 유래된 산화방지제가 있다고 하여도 이를 표시할 필요는 없다.

(6) 식품첨가물의 제품관리

식품첨가물은 식품첨가물 공전상 기준·규격에 일치하도록 제조되어야 하며, 일반적으로는 국가가 제품을 시중에서 수거하여 기준·규격에 일치하는가를 검사한다.

(7) 식품첨가물의 감시

식품위생법 제 20조에는 "① 제 17조 제1항의 규정에 의한 관계공무원의 직무, 기타 식품위생에 관한 지도 등을 행하기 위하여 보건복지부, 서

울특별시, 광역시, 도 또는 시, 군, 구에 식품위생 감시원을 둔다. ② 제 1항의 규정에 의한 식품위생 감시원의 자격, 임명, 직무범위와 기타 필요한 사항은 대통령령으로 정한다."라고 정하고 있다. 식품첨가물에 관한 감시업무는 그의 제조 및 가공시설의 지도, 표시 및 사용에 관한 감시가 주된 것이다. 식품위생법을 위반한 식품첨가물이 발견되었을 때, 그 식품첨가물에 대하여는 폐기 또는 기타 필요한 조치가 취해진다. 위생법 위반 정도에 따라서는 영업을 정지 또는 금지의 조치가 취해진다.

토의주제

1. 가공식품의 장점 및 단점에 대해서 생각해 보시오.
2. 식품의 변질을 막기 위한 방법에 관해서 토론하시오.
3. 식품의 변질 여부를 확인할 수 있는 방법들에 대하여 알아보시오.
4. 식품첨가물의 과용 및 남용이 인체에 미치는 영향을 다각적으로 생각해 보시오.

제 7 장

미생물과 발효식품

미생물은 그 종류가 대단히 많을 뿐 아니라 없는 곳이 없을 정도로 널리 분포하고 있다. 미생물은 식품을 오염시켜 부패하게 하지만 먼 옛날부터 미생물에 대한 지식이 없는 상태에서도 세계 각국에서 발효 식품의 제조에 널리 사용되어 왔다. 미생물에 대해서는 17세기 후반에야 그 실체가 알려지게 되었으며 본격적으로 연구된 것은 100여년 밖에 되지 않는다. 그후 식품의 가공과 생산에 미생물의 이용이 과학화되어 오늘에 이르고 있다. 따라서 본 장에서는 이러한 미생물에 대한 간단한 소개와 함께 이 미생물이 우리 주위의 식품 생산(발효)에 어떻게 이용되고 있는지를 검토하고자 한다.

1. 미생물이란?

미생물이란 그 크기가 작아서 맨눈으로는 관찰할 수 없는 생물을 말한다. 미생물에는 세균, 곰팡이, 효모가 있으며 바이러스도 포함시킨다. 크기는 세균, 곰팡이, 효모가 각각 0.5~3µm, 5~15µm×50~500µm(지름×길이), 5~10µm 정도이다. 바이러스의 크기는 세균의 약 50분의 1이다. 바이러스는 살아있는 세포내에서만 생육을 하기 때문에 분류를 하자면 생물과 무생물의 중간에 위치한다. 세균은 막으로 둘러싸인 핵이라는 독립적인 소기관을 갖지 않으므로 효모나 곰팡이와는 달리 가장 원시적이며 따라서 원핵세포라 부른다. 효모와 곰팡이는 식물이나 동물처럼 진핵세포로 이루어져 있다.

2. 미생물의 형태와 번식

세균은 공모양(구균)이나 막대모양(간균), 회오리모양(나선균) 등 그 종류에 따라 일정한 형태를 갖는다(그림 7-1).

그림 7-1 세균의 형태

예를 들면 대장균은 간균이며, 황색포도상구균은 구균이 포도송이 모양으로 배열되어 있다. 운동성이 있는 미생물도 있으며 이들의 운동은 편모에 의해서 이루어진다. 편모는 부착위치와 양상에 있어서 다양하다(그림 7-2).

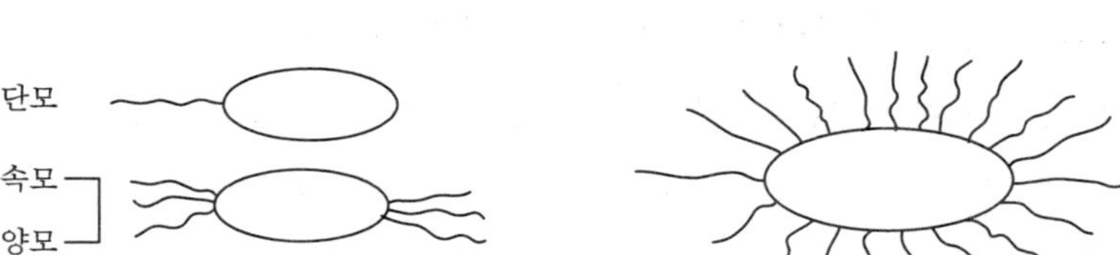

그림 7-2 세균의 편모

미생물의 생육에는 적당한 조건의 수분, 온도, 산도, 영양분을 필요로 한다. 생육최적 조건은 미생물에 따라 다르다. 이들 조건의 최적상태에서 미생물은 기하급수적으로 번식하게 된다. 세균은 분열에 의하여 번식하며 효모는 출아, 곰팡이는 길이 생장에 의하여 번식한다. 또한 이들 미생물 중에는 포자를 형성하는 것도 있다. 대표적인 세균인 대장균은 약 20분마다 1회씩 분열한다. 따라서 최적 생육조건이 지속된다면 미생물 한 마리가 하루만에 $4.7×10^{21}$마리로 늘어나는 셈이다. 대장균의 무게는 약 1조분의 1그램이므로 24시간 후에는 $4.7×10^{9}$그램(4,700톤)이 된다. 이처럼 미생물의 생육이 빠르므로 이러한 성질을 식품의 발효 생산에 응용할 수 있다. 그러나 미생물의 빠른 생육은 식품을 잘못 저장하는 경우 급속한 식품의 변질이나 독소의 생산을 허용하는 원인이 되기도 한다. 각종 미생물의 생육조건은 다음과 같다.

1 곰팡이

곰팡이는 세균 및 효모와 비교할 때 가장 건조한 조건에서 생육이 가능하다. 즉 일반적인 식품의 부패 곰팡이는 수분활성 0.8 이상에서 생육한다. 그러나 어떤 것은 대단히 심한 건조환경에서도 생육한다. 이를 내건성 곰팡이라고 하며, 수분활성이 0.6 정도에서도 생육한다. 그러나 수분활성 0.6 미만에서는 곰팡이를 포함하여 어떠한 미생물도 생육할 수 없다. 곰팡이는 대개 중온성 미생물로서 25~30℃에서 잘 생육한다. 대부분의 곰팡이는 생장하는 데 있어 산소를 필요로 한다. 이러한 미생물의 성질을 호기성이라고 한다. 곰팡이를 배양하는 배지의 적당한 산도는 보통 산성 조건이다. 곰팡이는 일반적으로 탄수화물이 다량 함유되어 있는 식품에서 잘 생육한다. 따라서 주로 곡류, 빵, 과일류에서 잘 자란다. 그러나 탄수화물 이외에 단백질과 지방질도 잘 분해하여 이용한다. 곰팡이의 생육을 억제하는 식품첨가물로는 소르빈산, 프로피온산, 초산 등이 사용된다. 메주나 누룩은 쌀이나 보리, 콩 등을 삶은 후 반죽한 것에 곰팡이가 자란 것으로 이는 간장, 된장, 술 등의 생산에 중요하다.

② 효모

일반적으로 식품에 관계하는 효모는 수분활성 0.88 이상에서 자란다. 가장 잘 자라는 온도와 pH의 조건은 각각 20~25℃, pH4~4.5이다. 효모는 알칼리성에서는 자라지 못한다. 곰팡이와 달리 효모는 산소를 반드시 필요로 하지는 않는다. 이러한 미생물의 성질을 통성혐기성이라고 한다. 효모는 산소가 없는 상태에서는 발효에 의해서 에너지를 얻고 호기적 상태에서는 산화에 의해서 에너지를 얻어 생육한다. 효모가 주로 에너지원으로 이용하는 식품성분은 당류이다. 특히 포도당이나 과당, 맥아당 등이 효모의 생육에 좋다. 효모가 주로 잘 이용하는 질소 화합물은 암모니아, 요소, 단백질 분해산물 등이다. 효모의 생육에는 이러한 탄소 및 질소원 외에 각종 무기염류, 성장인자 등이 필요하다.

③ 세 균

생육에 있어서 수분을 가장 많이 요구하는 미생물군은 곰팡이, 효모, 세균 중에서 세균이다. 대부분의 세균은 적어도 수분활성도가 0.91 이상의 조건을 요구한다. 세균에는 호기성인 것도 있고 혐기성인 것, 그리고 통성혐기성인 것 등 다양하다. 호기성균으로는 고초균, 결핵균, 초산균 등이 잘 알려진 것들이며, 혐기성균으로는 클로스트리디움이 있다. 따라서 이 클로스트리디움은 통조림통 내부나 땅속 깊은 곳 등 산소가 없거나 대단히 적은 곳에서만 생육한다. 대장균, 유산균 등은 통성혐기성인 미생물이다.

세균이 잘 자라기 위해서는 탄소원, 질소원, 무기염류, 비타민 등을 요구한다. 따라서 이들 영양분이 골고루 함유되어 있는 육류 식품에서 세균이 잘 생육한다. 특히 유산균은 생육하기 위하여 비타민 B군과 핵산 합성용 염기 및 몇몇 아미노산을 요구한다. 세균은 그 종류가 다양하기 때문에 그들이 잘 자라는 온도범위도 다양하므로 최적온도에 따라서 저온균, 중온균, 고온균으로 나눌 수 있다. 병원균과 대장균은 25~45℃에서 잘 자라는 중온성이지만 포자를 만드는 세균 중 몇몇은 50~60℃에서 가장 잘 자라는 고온성이다. *Pseudomonas, Alcaligenes, Flavobacterium* 등은 10℃ 근처의 온도에서 생육하고 냉장고 내에서도 자라므로 저온균이라고 한다.

표 7-1과 표 7-2는 몇몇 식품의 산도와 수분활성도를 나타낸다. 이들 자료로부터 식품에 각종 미생물의 생육 가능성 여부를 예상할 수 있다.

표 7-1 몇 종류 식품의 산도(pH)

식 품	pH
우 유	6.5
쇠고기, 또는 돼지고기	5.3~6.4
배 추	5.2~6.3
바 나 나	4.5~5.2
포 도	3.3~4.5
사 과	2.9~3.5
레 몬	2.2~2.4

표 7-2 식품의 수분활성도(Aw)

식 품	수분활성도
육류, 생선, 우유, 채소, 과일	0.98 이상
빵, 가공치즈	0.93~0.98
햄, 소시지	0.85~0.93
밀가루, 잼, 곡류	0.60~0.85
초콜릿, 꿀, 분유, 크래커	0.60 이하

3. 미생물의 사멸

식품에 오염된 미생물은 생육에 알맞는 조건하에서 급속히 자라서 식품을 변패시킨다. 따라서 식품을 장기간 저장하기 위해서는 오염된 미생물을 사멸시켜야 한다. 미생물을 사멸하는 방법으로는 물리적 및 화학적 방법이 있다.

열처리는 물리적인 미생물 사멸방법 중 가장 대표적인 것이다. 미생물이 뜨거운 온도에서 사멸되는 것은 미생물 생육에 필수적인 세포내의 단백질이 변성되기 때문이다. 미생물의 열저항성은 그 종류에 따라 다르다. 병원성 미생물은 65℃에서 30분이면 사멸한다. 병원성 미생물까지만을 사멸시키는 처리를 살균(pasteurization)이라고 하며, 그 기준이 되는 미생물은 큐(Q)열을 일으키는 *Coxiella burnetti*로써 병균 중에서 가장 내열성인 것이다.

미생물 중에는 포자를 형성하는 것이 있는데 포자는 열에 대한 저항성이 대단히 강하다. 이러한 포자까지 사멸하기 위해서는 121℃ 수증기 조건에서 15분을 가열하여야 하며, 이를 습열멸균이라고 한다. 단순히 뜨거운 공기에 의한 멸균을 건열멸균이라고 하며 그 조건은 160~170℃에서 1~2시간을 가열하는 것이다. 과일이나 채소, 생선통조림 등은 습열멸균처리를 거쳤기 때문에 실온에 장기간 보관할 수 있다. 살균처리만을 한 시판 우유는 소비되기 전까지 냉장고에 보관해야 한다.

미생물을 사멸시키는 또 다른 방법으로 자외선을 쬐는 방법이 있다. 자외선은 가시광선보다 에너지가 큰 빛으로써 핵산에 흡수되어 핵산을 파괴하므로써 미생물을 사멸시킨다. 미생물 사멸에 가장 효과적인 자외선은 파장이 260㎚의 것이다. 자외선은 그 빛이 직접 닿는 부분에만 강한 사멸효과를 낸다. 이러한 살균장치는 식당에서의 그릇 살균에 이용되고 있다.

방사선은 자외선보다도 에너지가 훨씬 큰 빛으로 알파, 베타, 감마선이 있다. 이 중에서 식품의 살균에는 감마선이 사용된다. 감마선은 화학물질을 이온화시키며, 특히 식품중 물을 파괴하여 자유라디칼을 생성한다. 이렇게 생성된 라디칼이 미생물에 작용하여 세포를 사멸시킨다. 방사선 조사에 의한 식품저장법이 우리나라에도 허용되어 있다. 방사선의 조사는 미생물의 사멸 목적 외에 식품효소의 파괴, 발아방지, 과숙방지, 해충이나

기생충 파괴를 위해 사용한다. 현재 방사선조사가 허용된 식품으로는 감자, 양파, 마늘, 밤, 버섯, 건조 향신료, 건조 식육 및 어패류 분말, 된장·고추장·간장분말, 전분(조미식품용), 건조채소류, 효모, 효소식품, 알로에 분말, 인삼제품, 환자식 등이 있다. 우리나라 방사선 조사 시설(상업용)은 1987년에 처음 건설되었다.

미생물을 죽이는 화학적인 방법으로는 에틸렌옥사이드, 포름알데하이드, 프로필렌옥사이드 등의 약품을 사용하는 것들이 이용되고 있다. 이러한 물질들은 대개 끓는점이 낮아 휘발성이 강하며 반응성이 대단히 크다. 알데하이드기는 생체내 단백질의 아미노기를 변형하여 기능하지 못하게 함으로써 미생물의 사멸을 야기한다.

미생물의 사멸에 항생물질이 이용되기도 한다. 그런데 항생물질의 남용은 사람에게 병원균에 대한 내성을 약화시킬 뿐 아니라 미생물에게는 항생물질 내성균의 출현을 허락하여 더욱 큰 문제가 야기될 수 있다. 따라서 우리가 일상적으로 섭취하는 식품에는 항생물질이 들어 있지 않도록 규정되어 있다.

1995년 우유 생산업체들의 고름우유 논쟁과 함께 보건복지부에서 확인한 시판 우유 중의 항생물질 검출은 큰 충격이 아닐 수 없다. 항생물질 중 단백질로 된 것은 최근 식품첨가물로서 허용이 되었는데, 이는 항생물질 처리 후 가열조리를 하게 되면 항생물질이 파괴되어 그 기능을 잃게 되기 때문이다. 단백질 항생물질로써 잘 알려진 것이 니신(nisin)이다. 니신은 젖산균의 일종인 *Lactococcus lactis*가 생산하며, 특히 그람양성의 세균과 그 포자의 생육 억제에 효과적이다.

4. 분변 오염지표균

사람의 이름을 성과 이름을 붙여 쓰듯이 미생물의 이름도 속의 명칭과 종의 명칭을 붙여서 부른다. 대장균이라는 세균은 *Escherichia coli*라고 하는데 줄여서 *E. coli*라고도 한다. 대장균은 주로 동물의 대장 속에서 살며 해로운 종류도 있지만 대부분은 사람을 비롯한 동물에 해롭지 않다. 따라서 정상적인 음식물 중에는 이러한 미생물이 다량 발견될 수 없다. 만약 이 세균이 음식물 중에서 기준치 이상으로 발견되면 이는 어떤 경로에 의하든지 동물의 배설물이 그 식품과 접촉을 했었다는 것을 의미한다. 그렇다면 그 음식 중에는 콜레라균이나 이질균 등 인체에 대단히 유해한 소화기계 전염병균도 들어 있을 수 있다는 말이 된다. 이러한 이유로 대장균 그 자체는 무해하지만 음식물의 위생상태를 판단하는 데 사용되는 것이다. 따라서 대장균 같은 세균을 "분변 오염지표균"이라고 한다. 분변 오염지표균으로서 잘 알려진 것이 대장균군(coliforms)으로 대장균을 포함하여 *Enterobacter, Citrobacter, Klebsiella* 등을 말한다.

5. 발효식품

미생물이 식품에 이용된 것은 아주 오랜 옛날부터일 것이다. 기원전 5,000~7,000년경 고대 바빌로니아에서는 이미 맥주를 생산하고 있었으며, 버터나 치즈는 기원전 3,000년경 이집트에서 이용되고 있었다. 미생물을 이용하여 식품을 변질시켜 맛과 영양, 그리고 저장성을 향상시킨 새로운 형태의 식품을 발효식품이라 한다. 전통적인 발효식품으로는 빵, 술 등 곡류로부터 생산되는 것과 김치, 식초, 된장, 간장, 치즈, 요구르트, 버터, 소시지, 젓갈 등이 있다.

■ 요구르트

*Lactobacillus bulgaricus*나 *Streptococcus thermophilus, Bifidobacterium longum* 등의 세균은 젖산균으로 젖당으로부터 젖산을 생성한다. 이들은 요구르트의 제조에 각각 또는 혼합되어 사용된다. 이렇게 우유를 요구르트로 만들면 첫째, 식품을 보다 더 장기간 저장할 수 있으며(우유는 냉장하지 않

으면 빠르게 부패된다.) 둘째, 요구르트 제조시 각종 첨가제를 넣어서 독특한 향과 맛을 갖는 다양한 식품의 생산이 가능하다. 또한 요구르트는 젖당 함량이 낮으므로 우유를 섭취하면 설사를 하는 등 장이 불편한 사람들(유당 불내증)에게 좋은 식품으로 이용된다.

❷ 술

전분이 당화과정을 거쳐 당분이 되고 이것이 다시 발효과정을 거쳐 알코올이 된다. 이러한 알코올이 1% 이상 함유된 식품을 술이라고 한다. 곰팡이는 전분의 당화과정을 담당하며 발효과정에는 효모가 이용된다. 이러한 발효식품의 생산에 미생물을 사용하려면 미생물을 충분량 배양하여 사용하는데, 예를 들면 누룩이나 메주 같은 것이다. 발효식품의 생산을 위해 순수한 미생물을 배양시켜 둔 것을 코오지(koji)라고 한다. 코오지는 쌀, 보리, 또는 콩 등을 이용하며 쌀코오지 등으로 부른다. 또한 사용처에 따라 청주코오지, 소주코오지, 간장코오지, 식초코오지, 제빵용 코오지 등으로 부른다. 알코올 코오지용 곰팡이에는 *Aspergillus oryzae* 가 사용된다. 이 미생물은 전분을 분해하는 아밀라아제를 대량으로 분비하여 당화가 효과적으로 이루어지게 한다. 발효과정에 이용되는 효모는 주로 *Saccharomyces cerevisiae* 라는 것이다. 이 미생물은 포도당이나 엿당을 에탄올로 변화시킨다.

포도주, 사과주를 비롯한 과일주의 발효에는 과일 중의 당분이 그대로 이용되므로 당화과정을 담당하는 곰팡이가 사용되지 않는다. 따라서 효모만이 사용된다.

맥주는 곰팡이 대신 맥아효소가 이용되어 전분이 당화된 후 효모로 알코올 발효를 일으켜 생산되는 술로서 호프유가 첨가되어 독특한 쓴맛을 낸다.

맥주나 포도주를 증류하여 알코올 함량을 높인 다음 이것을 불에 그을린 참나무통에 넣고 장기간 숙성시켜 제조한 술을 각각 위스키와 브랜디라고 한다.

소주제조에는 쌀, 보리, 또는 고구마를 전분원료로 이용하며 사용되는 곰팡이는 *Aspergillus oryzae*나 *A. niger*이다.

3 김 치

김치는 우리나라의 대표적인 침채류 발효식품이다. 배추김치는 주원료인 배추를 소금에 절인 후 고추, 마늘, 생강, 젓갈 등을 넣어 실온이나 냉장고 내에서 자연발효시켜 제조한다. 이때 마늘은 발효초기에 잡균류의 생육을 억제하는 중요한 역할을 한다. 발효과정 중 여러 종류의 젖산균이 생육하는데 대표적인 것은 *Leuconostoc mesenteroides*이며 *Lactobacillus plantarum*이 잘 생육하게 되면 젖산이 너무 많아져 신맛을 느끼게 된다. *L. mesenteroides*는 설탕으로부터 덱스트란이라는 점질물을 합성한다. 이것은 깍두기에서 흔히 볼 수 있는 현상이다. 오래된 김치에는 생산된 젖산을 이용하며 막을 형성하는 효모가 생육하기도 한다. 배추김치를 비롯한 침채류는 독특한 향미와 소금의 짠맛 등의 어우러짐으로 인하여 미각을 자극하고 식욕을 증진시키며, 무기염류나 각종 비타민의 공급원으로서의 역할을 한다. 또한 생육된 젖산균은 정장작용을 담당한다.

피클은 서양의 김치라 할 수 있다. 우리나라 김치와 마찬가지로 젖산균이 발효에 있어서 주된 역할을 한다. 김치는 발효 후 김치국물과 함께 섭취되지만 피클은 국물을 제거한 후 건더기만 이용된다. 오이피클이 잘 알려져 있다.

4 치 즈

치즈는 우유에 젖산균, 또는 응유효소를 작용시켜 우유단백질을 응고시킨 다음 유청을 제거하고 곰팡이, 세균 등으로 숙성한 고단백 식품이다. 치즈의 제조는 원료유를 살균한 후 치즈스타터라는 미생물을 첨가한다. 이 미생물은 주로 *Streptococcus cremoris*, *S. lactis*, *S. thermophilus*, *L. bulgaricus*, *L. casei* 등으로 보통 두세 종류를 혼합하여 사용한다. 곰팡이

스타터로는 *Penicillium camemberti, P. roqueforti, P. caseicolum* 등이 사용된다. 응유효소는 렌넷이라 하여 어린 송아지의 제4위의 렌닌이 많이 사용되어 왔다. 그러나 식물성 단백질효소인 피신이나 파파인 등도 사용되며 미생물이 만들어내는 렌넷도 이용된다. 즉 *Mucor pusilus, Mucor miehei* 등은 송아지 렌닌과 유사한 기능을 하는 단백질 분해효소를 생산한다. 치즈제조에 있어서 유산균의 작용은 우유단백질 응고 덩어리인 커드의 생성을 촉진하여 커드의 수축 및 유청의 분리를 용이하게 하며, 제조 및 숙성 중에 있어 유해미생물의 오염을 방지하여 제품의 조직을 양호하게 한다. 또한 균체 내외의 효소에 의해 카제인, 지방 등을 분해하여 치즈를 숙성한다.

5 빵

식빵 같은 발효빵을 만들 때에도 미생물을 이용한다. 식빵의 원료로는 밀가루, 설탕, 소금, 지방 등이다. 이들과 함께 효모를 넣고 반죽하여 발효과정을 거친 후 오븐에서 구워낸 것이 발효빵이다. 빵효모는 *Saccharomyces cerevisiae*로서 발효하는 동안 이산화탄소가스를 생성하여 빵을 부풀게 하며 부드러운 빵을 만들 수 있게 한다. 또한 알코올과 독특한 향기물질들을 생산하여 발효빵의 맛을 내는데 중요한 역할을 한다.

6 간장, 된장

간장을 발효하는 미생물은 *A. oryzae*나 *A. sojae*로서 국균(코오지)이라고 부른다. 이들 미생물은 전분을 분해하는 아밀라아제를 비롯하여, 단백질분해효소, 각종 산화효소를 생산하는데 아밀라아제와 프로테아제의 활성이 높은 균주가 가장 바람직하다. 간장의 원료는 콩, 밀, 소금이며 밀기울이나 쌀도 부재료로서 사용된다. 먼저 이들 전분재료를 분쇄하고 증자하여 혼합한 다음 국균을 접종한다. 이 과정을 제국이라고 한다. 이 과정이 대단히 중요하며 여러 방법이 있다. 그 다음은 간장코오지에 염수를 가해서 잘 혼합하고 저은 후 몇달에서 일년간 숙성시킨다. 이 과정을 담금과 숙성이라고 한다. 이 과정에서 코오지균으로 인한 아밀라아제, 단백질 분해효소의 작용이 일어나며, 그외에 효모나 젖산균의 증식도 일어나 간장에 풍미를 더해 준다. 이처럼 간장덧이 숙성되면 압착여과를 하여 생간장을 얻고 이것을 85℃까지 온도를 올려 간장을 달인다. 이때 미생물이나 효소의 파괴가 일어나고 보존료로 첨가하는 식품첨가물의 용해도 완전해진다.

된장을 만들기 위해서는 먼저 삶은 콩에 쌀이나 된장코오지(*A. oryzae, A. sojae*)를 섞은 후 여기에 소금을 넣고 담근다. 겨울이면 10여일, 봄가을이면 3~4일 동안 담근 다음 마쇄하고 이를 독에 담아 숙성시킨다. 여름에는 2주일, 겨울에는 약 한 달간을 후숙한 다음 이용한다. 종래에는 메주에서 간장을 빼낸 찌꺼기를 이용하여 된장을 만들기도 했다. 발효와 숙성 중에 당화, 알코올 발효, 산발효, 단백질 분해 등의 작용이 일어나 단맛, 신맛, 구수한 맛, 짠맛 및 방향물질이 어우러진 된장이 된다.

7 식 초

식초는 초산을 3~5% 함유한 것으로 세균인 *Acetobacter aceti*나 *Acetobacter schuetzenbachii*에 의하여 발효된다. 만드는 방법은 다양하며 속초법의 예를 들면 다음과 같다. 발효탑을 사용하며 탑아래 쪽에 선반을 만들어 이곳에서 식초를 모은다. 탑내부에는 대패밥 등 표면을 넓힐 수 있는 재료를 채운 후 아랫쪽에서 무균의 공기를 불어 넣어 준다. 이때 발효탑의 내부는 30~40℃를 유지하며 초산균을 접종하여 번식시킨 다음 윗쪽부터 알코올을 부어주면 이것이 흘러내리면서 초산으로 발효된다. 흘러내린 발효액을 다시 주입하는 반복과정을 거쳐 원하는 농도의 식초를 얻는다. 일주일이 경과하면 약 10%의 식초를 얻게 된다.

포도나 사과 등의 과일과 양파 등 채소로부터도 식초가 제조되고 있다. 이것은 이들 중에 함유된 단당을 그대로 활용하는 것이다. 원료를 파쇄한 후 약 65℃에서 가열살균하고 당액을 첨가하여 조정한 다음 알코올발효

를 시킨다. 여기에 종초를 넣어 발효시킨다. 가끔 저어주면서 약 이틀 후에 신맛이 생기면 짜낸다. 짜낸 액을 두 달 가량 방치하여 발효를 지속한 다음 여과하면 식초가 된다.

8 조미료

조미료는 식품의 맛을 내는 데 사용되는 것으로서 이것도 발효에 의하여 생산된다. 주로 아미노산과 핵산 조미료 두 가지이다. 조미료로 사용되는 아미노산은 글루타민산 나트륨(mono sodium glutamate)으로 따라서 엠.에스.지(MSG)라고 부르기도 한다. 이 아미노산을 생산하는 미생물은 *Corynebacterium glutamicum*과 *Brevibacterium divaricatum*이다. 글루타민산을 과량으로 생산하기 위해 발효액의 바이오틴 함량을 결핍시키거나 페니실린을 첨가는 등의 발효방법을 사용한다.

핵산조미료는 이노신산(IMP)과 구아닌산(GMP)이 있으며 MSG와 혼합하여 사용한다. IMP나 GMP는 직접발효법이나 간접발효법에 의하여 생산된다. *Brevibacterium ammoniagenes*는 IMP를 직접 발효생산하는 미생물이다. GMP는 전구물질로부터 핵산을 발효하거나 중간산물까지 발효한 후 합성에 의하여 제조한다. GMP생산에 사용되는 미생물은 *Bacillus megaterium, Brevibacterium flavum, B. subtilis, B. licheniformis* 등이 있다.

○ **토의주제**

1. 세균, 곰팡이, 효모의 포자는 각각 어떻게 만들어지며 다른 점은 무엇인가 알아보시오.
2. 우리나라 전통 발효식품(김치, 간장·된장 제조용 메주)에는 발효에 필수적인 미생물 외에 각종 미생물이 생육한다. 이들이 인체에 미칠 수 있는 영향에 대하여 조사하시오.
3. 화학조미료에는 어떤 것이 있는지 알아보고 발효조미료와 비교하시오.

제 8 장

기호식품, 건강보조식품 및 기능성 식품

기호식품이란 인간이 생활을 영위하는데 필수적으로 섭취해야 하는 영양소를 함유한 식품은 아니지만 즐기고 좋아하는 식품을 말하며, 차, 커피, 코코아, 청량음료, 이온음료, 전통음료, 술 등이 여기에 속한다. 본 장에서는 기호식품 및 알코올성 음료의 종류, 정의, 성분, 이용방법, 과잉섭취시의 부작용 등을 알아보도록 한다. 또한 최근 많은 사람들이 건강과 장수에 관한 지식과 관심이 높아지고 이를 반영하듯 방송, 서적, 강좌, 광고 등이 범람하고 있다. 식품산업계에도 이 추세에 맞추어 많은 종류의 식음료, 보충제 등을 개발, 판매하고 있다. 따라서 이 장에서는 건강과 관련된 이름으로 우리에게 다가온 식품류들과 보충제에 관하여 알아보고자 한다.

1. 기호식품

1 차

차나무는 동백나무과에 속하는 식물로서 중국, 일본, 인도, 티벳산맥 등이 원산지이다. 현재 세계적 차의 주산지는 인도, 파키스탄, 스리랑카, 인도네시아, 중국, 일본 등이며, 우리 나라에서는 하동, 산청, 함양, 남원, 구례, 보성, 강진, 해남지방, 지리산, 내장산, 무등산, 한라산 등지에서 주로 생산되고 있다. 고려시대까지만 해도 우리민족은 일상적으로 차를 많이 마셨으며, 문자 그대로 다반사(茶飯事)로 여겨지던 차문화는 조선시대이래 간신히 명맥만 유지하다가 최근에야 우리 차에 대한 관심이 높아지고 수요가 점차 늘어나고 있음은 다행스러운 일이라 하겠다.

차는 차나무에서 새잎을 따서 찧거나 연하게 한 다음 건조시켜 사용한다. 차는 제조과정에 따라 녹차(綠茶, green tea), 홍차(紅茶, black tea), 오룡차(烏龍茶, oolong tea) 등으로 분류된다. 녹차는 차의 어린잎이나 싹을 증기로 쪄서 효소를 파괴한 후 서서히 건조시켜 만든 것이다. 녹차는 찻잎의 채취시기에 따라 우전차, 첫물차, 두물차, 세작, 대작 등으로 분류되는데 어린잎일수록 향미가 좋으며 값은 비싸다. 홍차는 효소를 파괴시키지 않고 자체 내에 존재하는 산화효소에 의해 발효시킨 다음 건조시킨 것이며 색이 홍갈색으로 변화되고 맛도 증진된다. 홍차는 가장 어리고 작은 잎으로 만든 세작(orange pekoe)이 가장 고급이며, 다음이 조금 큰 잎으로 만든 중작(pekoe)이고 아주 큰 잎으로 만든 대작(souchong)이 가장 저급으로 분류된다. 오룡차는 중국의 특산물로 차잎을 어느 정도 발효(반발효)시킨 후에 건조시킨 것으로 향미는 홍차와 비슷하며 색은 까마귀처럼 검고 모양은 용처럼 꾸부러져 있으므로 이렇게 불리워지고 있다. 차에는 카테킨, 카페인(테인), 페놀성 화합물, 비타민, 사포닌, 무기질, 방향물

질 등이 함유되어 있는데 기능성 성분들의 함량과 특성들은 표 8-1에 제시된 바와 같다.

카페인은 다소(茶素)라고도 불리우며 쓴맛을 가지고 더운 물에 용해되며 이뇨와 강심작용이 있고 중추신경을 자극하여 흥분시키며 수면을 방해하는 경우도 있다. 수용성 질소 중 11%는 테아닌(theanine, glutamic ethylamide)이며 단맛과 감칠맛을 낸다. 차의 떫은 맛은 폴리페놀성 물질인 탄닌에 의한 것인데 녹차에는 대부분이 잔류하여 떫고 홍차의 경우는 산화되어 떫은 맛이 감소한다. 차의 향기는 헥산알, 알데히드, 에스테르류 등에 의하며 오래되면 감소한다. 녹차에는 비타민 A, 티아민, 리보플라빈, 비타민 C, E가 들어 있으나 홍차에는 비타민 C가 거의 없다.

표 8-1 차 기능성 성분의 특성

성 분	함 량	생 리 작 용	용 도
카 테 킨 (산화물 포함)	10~18%	항산화, 항돌연변이, 항암, 혈중 콜레스테롤 저하, 혈압상승 억제, 혈당상승 억제, 혈소판 응집작용, 항균, 항바이러스, 충치예방, 항궤양, 항알레르기	식품 산화방지제, 항균제, 탈취제, 항충치제
플라보놀	0.6~0.7%	모세혈관 저항성 증가, 항산화, 혈압강화	탈취제
카 페 인	2~4%	중추신경 흥분, 수면방지, 강심, 이뇨, 항천식 대사항진	수면방지제, 두통감기약, 강심제, 알레르기 경감제
다 당 류	약 0.6%	혈당상승 억제(항당뇨)	
비타민 C	150~250mg%	항괴혈병, 항산화, 암예방	
비타민 E	25~70mg%	항산화, 암예방, 항불임	산화방지제
베타-카로텐	13~29mg%	항산화, 암예방, 면역반응 증강	
감마-아미노 부티르산	100~200mg% (처리 후)	혈압상승 억제, 억제성 신경전달	가바론차
사 포 닌	약 0.1%	항암, 항염증	
불 소	90~350ppm	충치예방	
아 연	35~75ppm	미각 이상방지, 피부염 방지, 면역능 저하 억제	
셀 렌	1.0~1.8ppm	항산화, 암예방, 근장해 방지	

차는 종류에 따라 마시는 요령과 온도가 다르지만 일반적으로 70 ℃ 내외에서 마시는 경우에 제맛이 난다. 찻물은 약수와 수도물을 정수해 쓰며 끓인물로 찻주전자와 찻잔을 예열하고, 따를 때는 잔에 소량씩 돌려가며 2~3회에 나누어 따라 농도를 고르게 한다. 좋은 차는 2~3번 우려낼 때마다 새로운 맛을 내며, 다 우린 찻잎은 나물로 무쳐 먹거나 거름으로 쓴다. 다식, 약과 등 한과나 건과류를 곁들여 차를 마시면 좋다. 우리나라에서는 녹차 이외에도 옛부터 여러 가지 유익한 식물들의 열매, 잎, 뿌리 등을 이용하여 차를 만들어 마셔왔는데, 예를 들면 쌍화차, 결명자차, 생강차, 대추차, 쑥차, 율무차, 칡차, 감잎차, 유자차 등이다. 이 차들은 계절과 건강 및 정서상태에 따라 다양하게 음용될 수 있으며 건강증진을 위한 민간요법으로도 활용되어 왔다.

② 커 피

커피나무는 이디오피아 원산인 arabica품종과 콩고 원산인 robusta품종이 있다. 이것이 17세기 경부터 유럽에 알려졌고 현재 브라질, 콜럼비아, 베네수엘라, 멕시코 등 남미지역과 인도네시아, 아프리카, 아라비아 등지에서 생산되고 있으며, 아라비아종 커피가 주종을 이루는 것으로 알려져 있다. 음료로 쓰이는 커피는 커피나무의 종자(커피콩)를 250~300 ℃의 고온에서 볶아 건조시켜서 만든 원두커피와 성분의 참출을 쉽게 하기 위해 분쇄한 레귤러 커피로 분류되며, 기호에 따라 따로, 또는 혼합하여 음용된다.

커피 성분으로 중요한 것은 카페인, 탄닌, 탄산가스, 유기산, 향기성분 등이다. 카페인은 0.6~2.2% 함유되어 있는데, 쓴맛을 나타내고 기능은 차의 경우와 유사하다. 탄닌은 4~9% 함유되어 있으며 떫은맛을 나타낸다. 볶은 커피에는 caffeic acid, chlorogenic acid 등의 페놀성 산이 들어 있어 쓴맛과 신맛을 주며 그외에 구연산, 사과산, 주석산, 수산 등이 소량 존재한다. 커피콩은 볶음에 의해 특유한 빛깔과 향기가 생기는데, 그 성분

으로는 카페올, 에스테르, 아세톤, 페놀, 푸어푸랄 등이 알려져 있다.

커피는 적당히 마실 경우 심장과 근육의 이완작용으로 인하여 피로회복에 도움이 되고 이뇨와 각성작용 등의 긍정적 효과들이 있으나 과잉섭취시 개인에 따라서는 맥박의 불규칙, 불면증, 설사, 변비, 고혈압, 또는 동맥경화의 유발, 당뇨병의 악화 등 부작용도 야기될 수 있다. 어린이, 수유부, 위장병이 있는 사람 등은 커피를 마시지 않도록 하고, 임신부의 경우 조산, 기형아 분만 등의 위험이 있으므로 커피를 가급적이면 삼가하는 것이 바람직하다.

❸ 코코아

카카오(cacao) 나무 열매를 건조시켜 미세하게 분말화한 것이 코코아이다. 코코아의 주성분은 지방질로서 그 함량이 22~50% 정도인데, 이 지방질은 융점이 30℃ 부근으로써 카카오 버터라 하여 인조버터 또는 제과에 쓰이며 특유한 향기를 가지고 있다. 쓴맛 성분은 테오브로민이 주로 나타내고 약 1.5% 함유되어 있으며 카페인은 0.2 ~0.5%이다. 그외에 전분, 단백질, 섬유소, 회분, 색소성분, 유기산 등이 존재한다. 코코아는 분말화 된 것이 널리 이용되며 우유, 설탕 등과 혼합되어 독특한 향미를 갖는 초코렛 제조에 필수적으로 응용되고 있다.

❹ 콜 라

콜라나무는 남아프리카, 서인도 제도, 서아프리카, 수단 등지에서 야생하거나 재배되는 15~20m의 큰 수종이다. 이 나무의 열매를 cola nut라 하는데, 여기에는 약 2%의 카페인과 콜라닌이라는 배당체가 들어 있다. 의약용으로 쓰이는 코카인의 원료 및 코카인을 제거하여 콜라 형태의 탄산음료나 다른 제품의 향미료로 이용한다. 이 열매를 가루로 하여 소량의 물을 넣고 조금 끓인 후 음용한다. 잎 및 종실 추출액에 계피유, 레몬유, 오렌지유, 바닐라 등의 향신료와 정유를 가하여 향미를 복잡하게 한 것을 기본으로 사용한 탄산음료에 카라멜 등으로 착색한 콜라음료가 시판되고 있다. 이상에서 언급한 차, 커피, 코코아, 콜라 등에는 함량의 차이는 있지만 카페인이 함유되어 있는데 참고로 우리가 마시는 음료에 포함된 카페인 함량은 표 8-2와 같이 제시하였다.

표 8-2 몇가지 음료의 카페인 함량[㎎/컵(약 200㎖)]

차	카 페 인
차	60~75
커 피	68~100
코 코 아	1(+55㎎ 테오브로민)
초 콜 릿	8(+125㎎ 테오브로민)
코카콜라	37~56

하루에 한 두 잔 정도의 카페인 음료를 마시는 것은 건강에 거의 지장을 주지 않으나 양이 지나치거나 위장병 등 소화기 장애가 있는 사람, 신경성 질환자, 임산부, 어린이 등에게는 바람직하지 못하다.

⑤ 청량음료

청량음료의 사전적 의미는 맛이 시원하고 상쾌한 기분이 들도록 만든 음료수를 통틀어 일컫는데, 그 종류와 명칭은 매우 다양하다. 식품공전에 분류된 청량음료에는 과일·채소류 음료, 탄산음료류, 두유류, 발효음료, 혼합음료, 분말음료, 기타음료 등이 속해 있다.

(1) 과일·채소류 음료

과일·채소류 음료라 함은 과일, 또는 채소류를 주원료로 하여 가공한 것으로서 직접 음용하거나, 또는 희석하여 음용하는 시럽 및 농축액을 말한다. 주원료의 성분배합 및 종류에 따라 농축과즙, 천연과즙, 과일퓨레, 농축토마토, 과일음료, 채소음료, 토마토쥬스, 혼합음료, 비가열 과일 및 채소류즙 등 다양하며 성분배합기준과 가격의 차이가 많다. 과일·채소쥬스는 일반적으로 즙의 추출, 세정, 탈기, 살균, 충전, 포장 등의 과정을

거쳐 제조되는데, 원산지가 먼 곳에서 수입하는 경우에는 살균 후 농축시켜 냉동상태, 또는 분말상태로 운송되어 물을 첨가한 다음 판매하는 경우가 많다. 순수한 과즙, 또는 채소즙만으로 제조한 쥬스 이외에 감미료, 구연산, 과일정유, 비타민 C 등을 첨가하여 제조한 과일ㆍ채소 쥬스류 등이 시판되고 있다.

정상적인 공정으로 제조된 과일ㆍ채소쥬스에는 비타민 A와 비타민 C가 많이 함유되어 있다. 합성쥬스는 과즙의 모조품이라고 할 수 있는데 10~15%의 설탕물에 인공향료, 식용색소, 유화제, 산미료 등을 혼합하여 만든다. 권장 유통기한은 비가열 과일ㆍ채소류즙의 경우 3일간이며, 기타 제품의 경우 종이재 포장제품은 6개월, 병 및 합성수지재 포장제품은 12개월, 그리고 관 포장제품은 2년이다. 과일ㆍ채소쥬스는 개인적인 기호 및 식생활습관에 따라 차이가 많겠으나 여러 가지 첨가물을 넣은 인공적인 것보다는 천연상태에 가까운 즙액을 이용하는 것이 바람직하다.

(2) 탄산음료류

탄산음료류라 함은 음용수, 또는 이에 당류, 과일, 과채류, 곡류, 식품첨가물 등을 가한 후 탄산가스를 주입한 음료를 말한다. 탄산음료에는 여러 가지 종류가 있는데 사이다, 콜라, 레모네이드, 환타, 오란씨, 써니텐 등의 이름으로 시판되고 있다. 사이다와 콜라는 설탕(인공 감미료)물에 산미료, 향료, 착색료, 안정제 등을 넣고 가열살균한 다음 고압으로 0.05% 이상의 탄산가스를 불어 넣어 만든다. 권장 유통기한은 합성수지재에 포장된 제품은 12개월, 그리고 관 및 병에 포장된 제품의 경우는 2년으로 되어 있다.

외식산업의 확산과 편의 식품류의 이용증가와 더불어 탄산음료들이 청소년층에서 많이 소비되고 있는데 여러 가지 부작용들이 야기되고 있다. 시판되고 있는 탄산음료에는 많은 양의 설탕 성분들이 함유되어 있기 때문에 비만을 촉진, 또는 가속화시킬 수 있으며, pH 2~4 정도의 강한 산도를 가지고 있어 pH 5.5부터 탈화가 일어나는 치아표면을 쉽게 부식하여 충치를 일으키게 한다. 콜라류의 탄산음료를 과잉음용하면 카페인을 지나치게 많이 섭취하여 부작용들을 초래하고, 식욕감퇴로 인한 영양불균형 및 비타민류의 섭취부족이 생길 수도 있다. 또한 탄산음료의 원료인 물과 첨가물 등은 안전성과 품질관리 측면에서도 완벽하지 못할 수도 있으므로 이 음료들의 무분별한 과잉소비는 삼가는 것이 좋다.

(3) 두유류

두유류라 함은 대두 및 대두가공품의 추출물이거나 이것들에 다른 식품이나 첨가물들을 가하여 살균, 또는 멸균한 액상의 음료를 말한다. 두유류에는 제품의 유형에 따라 두유액, 두유, 조제두유, 분말두유, 기타, 두유 등으로 구분하여 표시하도록 규정하고 있다. 성분을 비교하면, 전고형분은 두유액, 두유, 조제두유에 각각 7.0% 이상, 9.0% 이상, 9.0% 이상 함유하며 조단백질은 각각 2.8% 이상, 2.8% 이상, 1.6% 이상 함유하도록 규정하고 있다. 권장 유통기한은 살균제품인 경우 4일(0~10℃ 보관시)이고, 멸균제품의 경우에는 4개월간이다.

(4) 발효 음료

발효 음료라 함은 유가공품, 또는 식물성 원료를 발효시켜 살균, 가공한 것으로서 유산균음료, 효모음료, 기타 발효 음료를 말한다. 유산균수, 또는 효모수는 1㎖당 1,000,000 이상이며 대장균군은 음성이라야 한다. 제품은 10℃ 이하에서 보관, 운반해야 하며 권장 유통기한은 7일로 되어 있다.

(5) 혼합음료

혼합음료라 함은 음용수에 식품, 또는 첨가물 등을 가한 것으로 기준 및 규격이 따로 제정되어 있지 않은 음료를 말한다. 유가공품을 원료로 하는 경우에는 무지 유고형분이 3% 미만 함유되도록 제조되어야 한다. 권장 유통기한은 종이재 포장제품은 6개월, 합성수지재 포장제품은 12개월, 그리고 관, 또는 병 포장제품은 2년으로 규정하고 있다.

(6) 분말 음료

분말 청량음료라 함은 식품, 또는 첨가물을 주원료로 하여 유리 탄산, 또는 유기산을 함유하도록 분말, 과립 등으로 가공한 것으로서 물에 용해하거나 희석하여 음용하는 기호성 식품을 말한다. 성분 배합기준을 보면 과일·채소를 과즙, 또는 과육으로 기준해서 30% 이상이며, 분말형태로는 고형분 90% 이상으로 기준해서 3% 이상 함유하여야 한다. 제품 중의 수분함량은 10.0% 이하로 규정하고 있다. 권장 유통기한은 12개월이다.

6 이온음료

이온음료는 운동선수들이나 땀을 많이 흘리는 사람들이 선호하는 음료로서 혈액, 체액 등과 유사한 삼투압을 유지한다. 또한 땀으로 손실되는 전해질들을 보충할 수 있도록 고안한 것이다. 일반적으로 음용수에 설탕(또는 감미료), 구연산, 향료, 그리고 Na^+, K^+, Cl^- 등의 전해질을 첨가하여 사람의 체액과 유사한 등장액(等漿液)으로 제조한다.

7 전통음료

최근 전통적으로 음용되어 온 식혜, 수정과 등이 기존 식품회사들의 주도로 대량 생산, 판매되어 수입 탄산음료를 압도하는 신장세를 보이고 있다. 고유한 맛의 창출, 지속적인 품질관리, 생산비 절감 등으로 국내시장뿐만 아니라 외국에 수출하여 세계의 음료가 될 수 있도록 노력하여야 할 것이다.

8 알코올 음료(술)

음료용 알코올은 주성분이 물과 에탄올이며, 합성에 의해 만들어지기도 하나 대개는 당질을 원료로 한 발효에 의해 제조된다.

탁주는 찹쌀, 멥쌀, 밀 등으로 만든 술이며, 에탄올 함량은 5~6%이다. 약주는 누룩을 이용한 술로 에탄올 함량은 12% 내외이다. 청주는 일본에서 발전시킨 술로 찐 쌀에 *Aspergillus oryzae*균을 번식시켜 당화한 후 효모로 발효시킨 것인데 약 16%의 에탄올을 함유한다. 소주는 쌀, 고구마 등을 발효시킨 후 증류하여 만든 것으로 에탄올이 약 25% 함유되어 있다. 맥주는 엿기름의 전분을 아밀라아제로 당화시키고 호프를 넣어 0~5℃의 저온에서 발효시켜 만든 것으로 에탄올 함량은 4~6%이며, 호프의 정유성분에 의해 향기를 가지며 휴물론에 의한 쓴맛, 탄산 및 젖산에 의한 신맛, 당분해물에 의한 단맛을 나타낸다.

포도주와 과실주는 과일에 설탕을 첨가하여 발효시킨 것으로 에탄올 함량은 11% 내외이며 그 종류는 매우 다양하다. 위스키는 엿기름을 연기 속에서 건조, 분쇄하여 효모로 발효시킨 후 증류하여 숙성시킨 술로 에탄올이 30~50% 들어 있다. 그외에도 고량주, 브랜디, 진, 보드카 등의 증류주가 있으며 합성주와 혼성주 등 많은 종류의 술이 있다.

예로부터 술은 식사시 반주 정도의 적당한 양은 체내에서 혈액순환과 기분전환을 좋게 해주어 몸에 유익할 수 있지만 무절제하고 지나친 음주는 독이 된다고 하였다. 에탄올은 위에서도 일부 흡수되지만 주로 십이지장과 공장에서 신속하게 흡수된다. 에탄올은 체내에서 알코올 분해효소인 알코올디하이드로제나제에 의해 아세트알데하이드로 분해되고 이것은 아세트알데하이드 디하이드로제나제라는 효소에 의해 초산으로 분해된다. 이 초산은 다시 산화되어 탄산개스와 물이 생기고 약 7.1kcal/g의 열량을 낸다. 이때 생긴 아세트알데하이드가 분해되지 않고 몸에 축적되면 두통증상이 나타난다.

술은 다른 영양소의 소화나 흡수과정에 영향을 주고 수용성 비타민들의 요구량에 변화를 일으킨다. 지속적으로 술을 마시게 되면 위, 간, 신장, 뇌 등 신체의 여러 장기에 손상을 초래할 수 있는데, 그중에서도 간의 손상이 가장 치명적이다. 간은 영양소 대사작용의 중심부이고 여러 영양소가 저장되는 곳이기 때문이다. 지속적으로 많은 술을 마시는 경우 간염에 걸리기 쉽고 심해지면 간경화증, 지방간, 간암 등의 간질환으로 이행되기도 한다. 에탄올이 단백질 대사의 이상을 야기시킬 경우 알부민의 합성을

방해하여 이 성분의 혈중 함량이 낮아지게 되며 혈중 아미노산의 함량도 감소한다. 술로 인해 지방질의 흡수가 저해되어 지용성 비타민 A, D, E, K 등의 결핍증을 보일 수 있는데 임산부가 만성적으로 음주를 할 경우 유산되거나 성장부진아, 또는 정신박약아를 분만하기도 한다. 음주로 인해 영양불량이 된 사람들의 40% 정도는 피리독신과 엽산의 함량이 비정상적으로 낮고 그로 인해 티아민의 부족, 빈혈증세와 함께 손발이 떨리며 몸을 균형있게 제대로 가누지 못하는 신경정신계 이상 증상을 일으킨다고 보고되었다.

이상에서 지적된 술의 해로운 점들을 감안한다면 음주는 가급적이면 삼가하는 것이 좋고, 치아질환, 위염, 위궤양, 간질환, 치질, 혈관염, 협심증, 고혈압, 당뇨병, 정신병 등이 있거나 운전을 해야 할 경우와 약물을 복용해야 할 경우 등에는 음주를 금해야 한다. 또한 간질환이나 알코올 중독증상이 생기면 술을 금하고 지속적으로 치료에 전념해야 한다. 일상생활에서 여러 가지 사정으로 인해 술을 마셔야 할 경우에는 다음의 사항들을 숙지하고 실천하는 것이 바람직하다.

① 매일 과음하지 말아야 하고 음주한 다음날부터 최소한 3일간은 절제하여 간기능이 원상대로 회복되도록 쉬어야 한다.

② 음주량은 개인차가 있겠으나 한 시간에 맥주 2병, 또는 소주 3잔 정도를 넘지 않도록 될 수 있으면 천천히 마시는 것이 좋다.

③ 공복시에는 음주를 피하고 술을 마실 때에는 국물이나 안주를 충분히 먹는다.

④ 여러 종류의 술을 마시거나 여러번 자리를 옮겨 음주할 경우에는 에탄올 농도가 낮은 것으로부터 높은 순서로 마시고, 한꺼번에 섞어서 마시지 않도록 한다.

⑤ 소주, 또는 에탄올 농도가 높은 술에 위장약, 간장약, 드링크류를 타서 마시는 것은 술을 덜 취하게 하거나 내장기관의 보호에 별 효과가 없다.

⑥ 음주시에는 가급적 흡연을 삼가해야 숙취 및 위장, 소화기관, 기관

지, 폐 등의 질환들을 막을 수 있다.

⑦ 술 깨는 약은 두통, 메스꺼움, 속쓰림 등 숙취의 일반적 증상을 완화시키는 성분과 진통제, 위산 분비 억제제, 위장운동 촉진제, 비타민제 등을 적절히 배합한 것일 뿐 술 깨는 데 특효가 있는 것은 아니다. 술을 깨게 하는 가장 확실한 방법은 물, 꿀물, 설탕물, 북어국, 해조류국, 콩나물국 등을 많이 마셔 에탄올 및 분해성분들을 희석, 해독, 배출시키며 충분한 휴식을 취하는 것이다. 어떤 사람들은 술 마신 다음날 아침에 이른바 해장술로 숙취를 풀려고 하는 경우가 있는데, 이것은 아무런 도움이 되지 않을 뿐더러 오히려 더 악화시킬 수 있으므로 삼가야 한다.

2. 건강보조식품

1 정의 및 현황

건강보조식품이란 신체의 육체적, 생리적 측면에서 유용성을 기대하여 섭취할 목적으로 식품소재에 함유된 성분을 그대로 원료로 하거나 이들에 들어 있는 특정 성분을 분리 또는 추출, 농출, 정제, 혼합 등의 방법으로 제조·가공한 식품을 말한다. 어떤 나라에서는 건강보조식품 이외에도 건강식품, 영양보조식품, 또는 특이성분식품 등으로 부르고 있다.

사회가 급격히 산업화되어 가면서 국민소득이 증가되고 이에 따라 육류, 유지류, 편의식품, 케이크류 등의 소비가 늘어나 영양의 과잉과 불균형에 의한 성인병의 발생빈도가 많아졌다. 한편, 사람들의 건강에 대한 관심도가 커지고 성인병의 예방 및 치료에 적극적이 되면서 건강보조식품류를 선호하는 경향이 증가되었다. 우리나라의 건강보조식품은 1981년도에 영양식품으로 품목이 허가된 이후 매년 크게 증가하여 왔는데, 정제어유 가공식품을 비롯한 로얄제리 가공식품, 효모식품, 화분가공 식품, 스쿠알렌식품, 효소식품, 유산균 식품, 조류식품, 달맞이꽃 종자유 식품, 배아 가공식품, 대두레시틴 가공식품, 옥타코사놀 식품, 알콕시글리세롤 식품, 포도씨유 식품, 식물추출물 발효 식품, 단백질 식품, 엽록소 함유식품, 버섯 가공식품, 알로에 식품, 매실추출물 식품, 자라 가공식품, 베타카로틴식품, 키토산 가공식품, 프로폴리스 가공식품 등이 있다(표 8-3 참조).

표 8-3 건강보조식품의 종류와 특징

식 품	성분과 작용
· 스쿠알렌	상어 간에 함유된 기름의 주성분. 신진대사 촉진, 피부노화방지
· 알로에	항균작용, 소화기질환 및 성인병의 치료, 미용효과, 피로회복
· 알콕시글리세롤	상어 간에서 채취. 모유가 우유보다 10배 이상 함유. 면역인자 생성
· 효모	단백질, 식이섬유, 비타민 B군, 무기질 함유. 맥주효모는 변비 위험
· 효소	각종 식물이 주원료. 발진, 설사 등 부작용이 있으면 감량 복용
· 뮤코다당 단백	두류, 유류, 알류 등에서 분리. 신체 주요 구성성분이며 에너지원
· 식물추출물 발효	채소, 과일, 해조류 등의 추출물을 유산균이나 효모균으로 발효
· 자라 가공	인공 양식한 식용자라가 원료. 단백질, 비타민, 무기질 풍부, 강장제
· 조류	단백질, 엽록소, 무기질, 비타민 풍부.
· 베타카로틴	시각기능 촉진, 세포분화 및 발달, 항산화 작용, 항암 작용
· 화분 가공	꽃가루가 원료. 유럽에서는 완전식품으로 인정
· 레시틴 가공	대두유가 원료. 신진대사 촉진, 비만방지, 노인성 치매 방지
· 엽록소 함유	녹색식물의 잎이나 해조류에서 추출. 콜레스테롤 감소
· 감마 리놀레산	필수지방산으로 생체막의 구성, 프로스타클란딘의 전구물질, 성장촉진, 피부보호
· 로얄제리 가공	일벌의 인두선에서 분비되는 분비물을 수집한 것. 강장제, 피부미용제
· 매실추출물	유기산을 많이 함유. 피로회복, 노화방지, 피부미용제
· 버섯 가공	혈압 정상화, 혈액순환 촉진, 장기능 회복
· 배아유 가공	비타민 E 복합체 함유. 혈액순환 촉진, 지구력 향상에 좋음
· 옥타코사놀	소맥, 배아유, 양파, 당근 껍질, 포도 껍질 등에 있는 성분, 강장제
· 유산균	식욕부진, 설사, 변비, 간장병, 피부염, 화상 등에 좋음
· 정제어유 가공	뱀장어유 가공식품과 등푸른 생선의 기름성분인 DHA 및 EPA 함유
· 포도씨 기름	포도주용 포도씨에서 채취한 기름. 비타민 E 함유, 강장제
· 키토산 가공	갑각류의 껍질, 연체류의 뼈 등에 함유, 항균활성, 상처치유, 콜레스테롤치 저하
· 프로폴리스 가공	꿀벌의 집에서 왁스를 제거한 성분, 세균오염방지, 감염증 치료

❷ 성분규격, 범위, 효능

보건복지부는 건강보조식품의 종류, 정의, 제조기준, 성분배합기준, 성분규격, 표시기준, 보존 및 유통기준, 시험방법 등에 관하여 공시하였는데 식품공전에 상세히 기술되어 있다.

❸ 문제점

건강보조식품의 생산, 품질관리, 유통, 광고 등에는 다음과 같은 문제점들이 제기되고 있는데 좀더 구체적으로 살펴보면 다음과 같다.

① 건강보조식품이란 용어가 불확실하다.

건강보조식품이란 명칭에서 받는 이미지는 이 식품을 섭취만 하면 건강해질 수 있고 그외의 일반 식품들은 건강에 별로 필요치 않은 것으로 오해를 불러일으킬 소지가 많다. 또한 건강보조식품이란 어떤 특정한 유효성분을 많이 함유하고 있으므로 그 성분만을 공급하고자 할 때에는 우수한 식품이라 할 수 있으나 건강의 균형 유지라는 측면에서 보면 결함식품이라고도 할 수 있다.

② 제품의 허가 및 관리에 전문성이 결여되어 있다.

보건복지부에서 직접 관리하는 방안은 통일성이나 철저함은 기할 수 있으나 업계의 자율화라는 식품관리행정의 기본방향에 위배되고 이 식품류의 특성상 사제품이 많고 종류가 대단히 다양할 뿐만 아니라 관리에 전문적인 지식이 필요하다.

③ 표시 및 광고에 약사법과의 마찰이 가능하다.

최근의 분석기술과 동물실험의 발달에 따라 식품 중의 특정성분들이 질병 예방과 치료에 효능이 있다는 사실이 많이 밝혀지고 있다. 즉 식품과 약품은 정의상으로는 확연히 구별되나 그 개념 및 영역에서는 많은 부분이 서로 중복된다고 할 수 있다. 앞으로도 이와같은 식품과 약품의 혼동이 예상된다.

④ 품질 및 위생관리의 어려움이 많다.

건강보조식품은 품질 및 위생관리가 철저히 이루어져야 하는데 제품의 종류가 다양하여 특정성분들의 분석은 매우 어려울 뿐만 아니라 유통과정 중 야기될 수 있는 변질을 추적하는 데에 곤란한 점들이 많다. 제품의 규격에는 성분에 관한 것만 명시되었을 뿐, 유독성분에 관해서는 아무런 규정이 없어 안전성에 문제가 제기될 수 있다.

⑤ 과대광고가 많고 소비자 가격이 지나치게 비싸다.

건강보조식품들은 대부분 점조직, 또는 전문점의 형태로 판매되고 있는데, 중간 유통이익이 과다하여 결과적으로 소비자의 가격부담이 너무 크다고 할 수 있다. 건강보조식품의 소비가 증가하고 시장의 규모가 커지는 것은 건강에 대한 국민의 관심이 증대된 때문이기도 하지만, 식품 생산업자들간의 치열한 판촉경쟁과 효능에 대한 과대선전도 큰 영향을 끼친다고 할 수 있다.

⑥ 소비자들의 과신으로 인하여 피해가 증가되고 있다.

우리 나라 사람들의 건강보조식품 선호경향은 비싼 가격에도 불구하고 날로 증가하고 있고, 한편으로는 변질된 제품으로 인한 부작용과 이러한 식품에만 의존하여 균형 잃은 식생활을 지속, 결과적으로 영양결핍과 질병에 대한 면역성 결핍 등으로 인해 오히려 건강을 해칠 수 있다. 어떤 악덕 제조업자들과 판매업자들은 유통기간이 지난 제품들의 제조일자, 또는 유통기간을 임의로 수정하여 소비자들을 우롱하는 사례들이 고발되고 있다.

❹ 해결 방안

우리 나라 건강보조식품류의 특성들을 선진국들과 비교해 보면 전통적인 식품재료들을 많이 이용하고, 영양적인 배경보다는 효능을 표방할 수 있는 제품들이 상당 비율 점유하고 있다는 점을 들 수 있다. 또한 생약재로 효력을 나타낼 수 있는 재료를 사용한 제품들이 많고, 균형식이 아니면서 배합성분은 다양하여 기호에 혼동을 일으킬 수 있는 점 등이다. 앞서 언급된 건강보조식품에 대한 문제점들의 시정, 또는 보완하는 방안을 다음과 같이 요약할 수 있다.

① 관계당국에서는 건강보조식품의 규격 및 품목허가에 따른 일관성을 유지하고 조성성분을 분석, 공시해야 한다.

② 관계당국은 표시 및 광고기준에 보다 엄격한 내용들을 제조업자들에게 전달하고 철저히 감독해야 한다.

③ 중금속, 농약, 독성물질 등에 대한 철저한 규제와 안전성 여부가 명시되어야 한다.

④ 가열 조리하여 섭취하는 경우가 적으므로 오염 미생물 등에 대한 엄격한 관리가 요망된다.

⑤ 제조업자들은 철저한 품질관리를 통하여 소비자에게 발생될지도 모르는 위해 가능성을 배제해야 한다.

⑥ 건강보조식품 제조업자, 판매업자, 판매원 등은 국민보건에 대한 윤리의식 및 상도덕을 높이도록 노력해야 한다.

⑦ 각종 언론매체와 교육기관은 소비자 교육을 통해 건강보조식품이 다른 식품들과 균형을 이루는 범위 내에서 섭취할 것과 과신하지 말 것을 숙지시켜야 한다. 또한 "특정 질병에 잘 듣는다", "성인병이 치료된다", "키가 커진다", "몸이 날씬해진다" 등과 같은 과대선전이나 허위광고에 의한 피해가 없도록 계몽해야 한다. 한편, 소비자들은 비싼 돈을 들이면 건강도 살 수 있다는 생각을 하지 말아야 하며, 구입 전에 건강보조식품의 원료, 효능, 사용방법, 부작용, 유해물질, 부패, 변질, 파손, 제품검사 합격, 과민성 여부 등을 철저히 확인하는 것이 바람직하다.

3. 특수영양식품

특수영양식품이라 함은 영·유아, 병약자, 노약자, 비만자 또는 임산부 등을 위한 용도에 제공할 목적으로 식품원료에 영양소를 가감시키거나 식품과 영양소를 배합하는 등의 방법으로 제조·가공한 영아용 조제식,

기타 영·유아식, 영양보충용 식품, 성장기용 조제식, 영·유아용 곡류조
제식, 환자용 등식품, 식사대용 식품을 말한다. 식품 중의 영양소 함량은
본래부터 부족한 경우가 있고 가공, 저장, 조리 등의 과정에서 일부의 성
분들이 파괴되거나 손실되는 경우가 있다.

표 8-4 영양보충용 식품

1) 구연산 철	25) 비타민 B_{12}	49) 수용성비타민 P
2) 구연산 철 암모늄	26) 비타민 C	50) 유성비타민 A지방산에스테르
3) 구연산 칼륨	27) 비타민 D_2	51) 이노시톨
4) 니코틴산	28) 비타민 D_3	52) L-이소로이신
5) 니코틴산 아미드	29) 비타민 E	53) 인산철
6) 디벤조일 티아민	30) 비타민 E 초산에스테르	54) 전해철
7) 디벤조일 티아민염산염	31) L-시스테인 염산염	55) 젖산철
8) L-라이신 염산염	32) L-시스틴	56) DL-트레오닌
9) DL-메티오닌	33) 구연산 칼슘	57) L-트레오닌
10) L-메티오닌	34) 글루콘산 칼슘	58) DL-트립토판
11) L-발린	35) 수산화 칼슘	59) L-트립토판
12) 분말 비타민 A	36) 염화칼슘	60) 판토텐산 나트륨
13) 비오틴	37) 젖산칼슘	61) L-페닐알라닌
14) 비타민 A유	38) 제삼 인산칼슘	62) 황산제일철(결정)
15) 비타민 B_1 나프탈린-1,5-디설폰산염	39) 제이 인산칼슘	63) L-히스티딘 염산염
16) 비타민 B_2 나프탈린-2,6-디설폰산염	40) 제일 인산칼슘	64) 황산제일철(건조)
17) 비타민 B_1 라우릴황산염	41) 탄산칼슘	65) 환원철
18) 비타민 B_1 로단산염	42) 판토텐산 칼슘	66) 글리신
19) 비타민 B_1 염산염	43) 황산칼슘	67) 황산구리
20) 비타민 B_1 질산염	44) 산화아연	68) δ-토코페롤(혼합형)
21) 비타민 B_1 프탈린염	45) 요오드칼륨	69) δ-α-토코페롤
22) 비타민 B_2	46) 황산아연	70) 푸마르산 제일철
23) 비타민 B_2 인산에스테르나트륨	47) L-아스코르브산나트륨	
24) 비타민 B_6 염산염	48) 엽산	

식품의 외관과 풍미를 변화시키지 않는 상태에서 이러한 특정성분들이 보충, 또는 강화된 제품을 영양보충제, 영양강화제, 또는 강화식품이라 한다. 영양보충제로는 아미노산류, 비타민류, 무기질류 등이 있으며 각각의 식품에 결핍된 성분이 있거나 병약자, 노인, 임산부, 영양결핍자 등의 식사에 강화가 필요할 때 첨가된다. 현재 시판되고 있는 영양보충제로는 종합 비타민, 센트룸, 비콤씨, 다보타민, 제텐씨, 하노백, 훼로바, 헤모콘틴 등 상당히 많다. 어떤 영양보충제들은 1일 소요량에 맞는 균형식을 위하여 아침식사용 곡류, 빵, 과자, 반죽식품, 우유, 저칼로리 음료 등에 첨가되고 지역에 따라서는 밀가루, 또는 식수에 첨가하는 경우도 있다.

현재 우리 나라의 여러 제약회사에서 제조한 영양강화제들을 대부분 약국에서 판매하고 있으며 주로 정제 형태로 복용하는 사람들이 많다. 일부 제품들은 너무 많이 먹을 경우 체내에 과잉 축적되어 두통, 메스꺼움, 구역질, 현기증, 탈모, 골절통, 식욕감퇴, 변비, 피부의 가려움증 등 다양한 부작용을 야기시킬 수 있으므로 유의해야 한다. 보건복지부에서 허용하고 있는 영양보충용 식품의 예는 표 8-4에 나타낸 바와 같다.

4. 기능성 식품

❶ 정 의

건강기능식품이라 함은 인체에 유용한 기능성을 가진 원료나 성분을 사용하여 정제 · 캅셀 · 분말 · 과립 · 액상 · 환 등의 형태로 제조 · 가공한 식품을 말한다.

❷ 식품 중의 생체조절인자

식품 중에 존재하는 생체조절인자를 영양소군과 이들 체내에서의 작용부위별로 나누어 보면 표 8-5와 같다.

표 8-5 식품 중의 생체 조절인자

작용부위	단백질·펩티드	당 질	지방질	기 타
소화흡수계	프로테아제, 아밀라아제, 리파아제, 소화효소 저해물질, 칼슘 흡수촉진 펩티드, 위액분비 억제 펩티드, 담즙산 흡수저해 펩티드	비피더스 활성 올리고당, 식이성 섬유질	대두스테롤	대두사포닌
순 환 계	안지오텐신, 전환효소 저해 펩티드, 혈소판응집 저해 펩티드, 모세혈관 투과성 양질 펩티드		리놀렌산, EPA, 팔미토올레산, 레시틴	식물 플라보노이드, 타우린, S-알킬시스틴, 술포옥사이드, 렌티신, 메틸아릴트리설파이드
생체방어 면 역 계	면역글로불린, 트란스페린류, 리소짐, 과산화효소, 카타라아제, 프로타민, 각종 레시틴, 식균작용 촉진 펩티드, 오리자시스타민	항종양다당류, 트리오즈레덕톤	항엔테로톡신 강글리오시드, 리놀렌산,	알리신, 리그닌, 탄닌
내분비계	젖중의 각종 호르몬(TSH, TRH, CRH, PRL, ACTH, 봄베신 등) 식물유래의 동물호르몬상활성(LH-RH, TRH, 소마토스타틴상활성), 인슐린 증강 펩티드, 글루카닐상 펩티드			
세포분화 증 식 계	상피증식인자, 혈소판 유래 증식인자, 신경 증식인자, 콜로니 자극인자, 트립신 저해인자		비타민 A 비타민 D	니코틴산아미드, 플라보노이드
신 경 계			α리놀렌산	카페인, 디오피린, 테오브로민, 캅사이신

TSH ： Thyroid-stimulating hormone(thyrotropin),

TRH ： Thyrotropin-releasing hormone(thyroliberin),

CRH ： Corticotropin-releasing hormone(corticoliberin),

PRL ： Prolactin,

ACTH ： Adrenocorticotropic hormone(corticotropin),

LH ： Luteinizing hormone(luteotropin)

❸ 기능성 식품의 조건

기능성 식품이 갖추어야 할 조건은 다음과 같다.

① 명확한 제조목표를 가져야 한다. 즉 체내의 어느 부위에서 어떤 조절인자로 작용하게 할 것 인지의 목표가 있어야 하는 것이다.

② 입을 통해 먹음으로써 효과가 나타나야 한다.

③ 화학구조가 해명되어 있는 기능성 인자를 함유하고 있어야 한다.

④ 식품 중에서 결합형인지, 또는 유리형인지 그 존재형태가 명확해야 한다.

⑤ 기능성 인자의 작용기전이 해명되어 있어야 한다.

⑥ 안전해야 한다.

⑦ 식품 중에 안정하게 존재할 수 있어야 한다.

⑧ 식품으로써 누구에게라도 받아 들여져야 한다.

❹ 기능성 식품 소재의 종류와 생리적 효과

지금까지 알려진 기능성 식품 소재의 종류와 생리적 효과들은 상당히 다양한데 그 중 대표적인 것들은 표 8-6에 나타낸 바와 같다.

기능성 식품이 몸에 좋다고 해서 과잉으로 섭취하면 오히려 해롭다. 이것은 유효성분을 첨가하거나 농축하였으므로 자연식품에서는 드러나지 않는 성분들이 체내에 지나치게 많이 유입될 수 있기 때문이다. 영양적 측면에서 보면 건강을 의약품, 건강보조식품, 기능성 식품 등에만 의존하기보다는 이들 영양소나 기능성 물질들이 함유된 식품들이 균형있게 조합된 음식을 규칙적으로 섭취하는 것이 바람직하다. 가장 좋은 건강식은 정성껏 만든 일상의 가정음식이라 할 수 있다.

표 8-6 기능성 식품 소재의 종류와 생리적 효과

주요 기능성 식품 소재	성 분 물 질	생리적 효과
올리고당 　갈락토올리고당, 올리고과당 　이소말토올리고당, 자일로올리고당	탄수화물 (복합소당류)	장내 비피더스균 증식, 정장작용, 부패균 발육억제, 간장기능 보호, 유기산 생성 증대, 변의 완충작용, 장암예방, 유해물질 감소, 당뇨병 환자 혈당 개선, 저칼로리 당원, 노화방지
EPA(Eicosapentaenoic산) DHA(Docosahexaenoic산) 아라키돈산 오메가 3계 리놀렌산 오메가 6계 리놀렌산	다가불포화 지방산	중성지방과 콜레스테롤치 저하, 심근경색, 뇌경색 예방, 혈소판 응집예방, 동맥경화 예방, 혈전증 예방
식이섬유소(Dietary fiber) 셀룰로오스, 헤미셀룰로오스 알긴산, 폴리덱스트로스 등	식물성 섬유소	변비 예방, 방내압 저하, 지질대사 조절, 유해물질(중금속) 흡수저지, 장기능 강화, 장내 세균총 개선, 장암예방, 장게실증 예방
레시틴(Lecithin) 콜린(Choline)	복합지질	뇌의 기능 촉진, 뇌혈전 및 동맥경화 예방, 신경계 발달 촉진
타우린(Taurine) 글루타치온(Glutathione)	함유황아미노산	담즙산 대사기능 강화, 신경전달계 피로회복, 망막조직 발달 촉진, 뇌발육 촉진, 순환계 질병예방
비피더스균, 유산균 유산균종(Lactic acid균)	장내유익세균	장내 유해물질 감소, 부패세균 발육저지, 변의 완충작용, 장내 pH저하, 장암예방
우유카제인분해물(CPP, OAP, PP, ACEIP, GMP 등) 유청단백질(알부민, 글로블린, 면역물질, 락토페린 등)	우유 성분	칼슘흡수 촉진, 진통·진정작용, 인슐린 분비 촉진, 장관유동 촉진, 혈압저하, 호르몬 분비조절, 면역기능 증진, 평활근 수축촉진, 정균작용, 철 흡수 촉진

CPP : Calcium phosphopeptides,　　　　OAP : Opioid agonist peptides,
PP : Phagocytic peptides,　　　　　　　ACEIP : Angiotensin converting enzyme inhibiting peptides,
GMP : Glycomacropeptides

○─ **토의주제**

1. 서양식 탄산음료와 우리 전통음료의 성분, 맛, 가격 등을 비교하고 우리 전통음료의 국제음료로서의 가능성에 관하여 토론해 보시오.
2. 최근 우리나라의 알코올 중독자는 인구의 약 11%에 달한다고 하는데 이것이 개인의 건강, 가정, 경제, 사회에 미치는 부정적인 영향들과 개선책을 알아보시오.
3. 대중 매체에 보도되고 있는 건강보조식품의 부작용 사례를 들고 소비자들이 유의해야할 점들에 관하여 토의하시오.

제 9 장

식중독과 식품 알레르기

위생적인 식품의 섭취는 식품 생산에 못지 않게 중요하다. 그것은 비위생적인 식품의 섭취가 인간의 생명을 직접적으로 위협하기 때문이다. 식품위생상의 문제점은 크게 환경적인 요인과 인간의 부주의로 나눌 수 있다. 환경적인 요인은 유해한 물질이 식품취급자나 소비자의 노력과는 관계없이 식품에 혼입되는 경우를 말하며, 물질문명의 발달에 따라 그 정도가 심해지고 있다. 환경오염물질은 날로 증가하고 있으며 이들은 생산초기 단계부터 식품을 오염시키고 있는 실정이다. 한편, 식품에 대한 지식부족으로 식품을 잘못 취급할 때에도 식품에 유해한 물질의 혼입을 허용할 수 있다. 예를 들면 식품을 적절하게 보존하지 않음으로 인하여 인체에 유해한 미생물이 식품에 번식하는 경우를 들 수 있다. 이러한 유독한 화학물질이나 미생물을 함유한 식품을 섭취하면 질병이 발생하게 된다. 이러한 현상을 식중독이라고 하며 보편적인 증상은 복통, 설사, 구토, 발열 등이다. 본 장에서는 이러한 식사로 인한 위해요소를 다루고자 한다.

1. 식중독의 분류

식중독은 크게 ① 세균성, ② 자연독성, ③ 화학성의 세 가지로 나눈다. 세균성 식중독은 미생물 가운데서 특히 세균(bacteria)이 일으키는 식중독을 말한다. 이는 다시 장내에서 번식하는 유해균이 식품에 오염되어서 발생하는 식중독인 감염형과 식품 중에서 생장한 미생물이 이미 생산한 독소에 의하여 발생하는 식중독인 독소형으로 분류된다. 감염형과 독소형의 대표적인 것으로는 장염비브리오 미생물과 황색포도상구균독소를 들 수 있다. 자연독에 의한 식중독은 식품 원재료의 생산단계부터 오염된 자연독소에 의한 식중독을 말한다. 이들 자연독소는 일종의 화학물질로서 생산자에 따라 곰팡이독소, 동물성 자연독소, 식물성 자연독소로 세분된다. 대표적인 곰팡이 독소로는 아플라톡신이 있으며, 동물성 및 식물성 독소로는 각각 복어독소와 감자독소의 예가 있다.

화학성 식중독에는 ① 수은, 카드뮴, 농약 등의 공해 오염물질이 여러 경로를 통하여 식품에 오염되어 발생하는 경우, ② 사용이 허용되지 않은 유해 식품첨가물이 방부제나 착색료, 또는 감미료로서 사용되는 경우, ③ 식품 조리기구나 포장재료 중에 함유된 중금속 등 유해한 화학물질이 식품으로 이행되어 발생하는 경우 등이 있다.

2. 우리나라의 식중독 발생현황

최근(1995년~2000년) 우리나라의 식중독 발생현황은 다음과 같다.

1 연도별 식중독발생현황

표 9-1 우리나라의 연도별 식중독 발생현황

연도별	1995	1996	1997	1998	1999	2000
건수(건)	55	81	94	119	174	104
환자수(명)	1,584	2,797	2,942	4,577	7,764	7,269
환자수/건(명)	28.8	34.5	31.3	38.5	44.6	69.8

2 월별 발생현황

1997년 이전에는 5월~9월에 식중독환자가 집중적으로(80% 이상) 발생되었으나, 1998년 이후에는 연중 지속적으로 발생하고 있다.

3 원인별 발생현황

2000년 식중독발생 건수로는 살모넬라균에 의한 식중독이 전체 104건 중 30건(28.8%)발생되어 가장 많이 발생하였다. 그 다음은 장염비브리오균에 의한 식중독으로 14건(13.5%)이 발생되었다. 매년 살모넬라균에 의한 식중독환자가 가장 많이 발생하였으며, 2000년 전체 환자 7,269명중 살모넬라균에 의한 환자가 2,591명(35.6%)으로 가장 많이 발생하였으며 다음으로는 824명의 환자를 발생한 포도상구균에 의한 식중독이었다.

4 섭취장소별 발생현황

1999년 식품접객업소(음식점)에서 71건(40.8%)이 발생하여 가장 많았으나 2000년에는 집단급식소에서 43건(41.3%), 환자 5,670명(78%)으로 가장 많았다.

5 원인식품별 발생현황

1999년 "어패류 및 가공품" 섭취로 인한 식중독이 69건(2,278명)으로 가장 많이 발생하였으나 2000년에는 "육류 및 가공품"의 의하여 29건(3,571명)으로 가장 많이 발생되었으며, 김밥, 도시락 등 복합 조리식품에 의하여도 다수 발생하였다. 1999년도에는 사망환자가 8명 발생하였으나 2000년도에는 사망자가 2명이었다.

6 규모별 발생현황

1997년 300명 이상의 대규모 식중독환자가 발생되지 않았으나, 1998년 학교급식소에서 2건(675명), 1999년 3건(1,752명), 2000년 5건(2,669명)으로 식중독사고가 대형화되고 있다. 학교급식 등 집단급식의 증가로 식중독사고가 대형화되고 있다. 즉, 1995년에는 식중독건당 28.8명의 환자였으나 2000년에는 발생건당 69.8명으로 증가하였다.

3. 식중독의 잠복기

어떤 음식물로 인하여 식중독이 일어났을 때 그 음식물을 섭취한 후 발병까지의 기간을 식중독의 잠복기라 하며, 이러한 식중독의 잠복기는 일정치 않으며 식중독의 종류나 식중독 환자의 건강상태 등에 따라 상당한 차이를 나타낸다. 그러나 일반적인 잠복기는 대략 다음과 같다. 화학물질(유독물질)에 의한 식중독은 비교적 빠른 시간 안에 복통, 구토 등의 식중독 증세가 나타나며 보통 30분 이내이다. 세균에 의한 식중독은 독소형과 감염형으로 나뉘는데 이중 독소형 식중독은 비교적 잠복기가 짧아 약 12시간 정도이다. 그러나 독소형 식중독 중 황색포도상구균에 의한 식중독은 예외적으로 약 2시간 정도면 증상이 나타난다. 한편, 감염형 식중독의 경우에는 장내에서 식중독 미생물이 충분량 자라는데 시간이 소요되므로 약 20시간 이상의 긴 잠복기를 거치게 된다.

4. 감염형 식중독

살아있는 세균 자체가 대량 장내로 섭취되면 이들이 장내에서 생육하게 된다. 이들이 대사산물로서 가스를 생산하며, 균이 죽어 분해되면서 균체중의 독소가 소화관으로 빠져나와 건강장해를 일으키는데, 이것을 감염형 식중독이라고 한다. 감염형 식중독으로 살모넬라증, 장염비브리오 식중독, 비브리오 패혈증, 병원성대장균 식중독, 리스테리아증, 캄필로박터 제주니 식중독, 여시니아 식중독 등이 있다.

1 살모넬라 식중독

원인균은 *Salmonella enteritidis*, *Salmonella typhimurium* 등 10여종의 미생물이며 식중독균을 섭취한 후 약 12~48시간 사이에 발생한다. 오염원은 동물의 분뇨로서 이들이 원인식품인 식육(예 ; 돼지고기), 계란 및 그 가공품, 이들과의 복합조리 식품에 오염되어 식중독을 일으킨다. 살모넬라의 최적 생육온도는 37℃, 최적 생육 수소이온 농도는 pH 7~8이다. 이들 미생물 100만 마리 이상이 식품을 통하여 섭취될 때 발생한다. 살모넬라균이 작은 창자에 도달하면 내강(lumen)에서 증식한다. 이것이 회장(ileum)과 결장(colon)에 침투하게 되면 염증이 생기며 이 과정에서 림프주머니가 확장되고 궤양이 생긴다. 이 균이 혈류에 침입하게 되면 패혈증이 일어난다. 주된 증상은 급성위장염, 발열(38~40℃), 두통이며 초기에 구토가 있는 경우도 있다. 보통 2~3일이 지나면 회복되고 치사율은 1% 미만이다.

살모넬라 식중독의 예방을 위해서는 먼저 식품이 오염되지 않도록 해야 한다. 파리, 바퀴, 쥐 등이 식품에 접근하지 않도록 해야 하며 조리한 식품과 원료 식품이 직접적, 또는 간접적인 수단에 의하여 접촉(교차오염)되지 않도록 해야 한다. 또한 조리된 식품은 냉장고에 보관함으로써 미생물의 증식이 일어나지 않게 한다. 이 미생물은 60℃에서 30분, 끓는 온도에서는 잠깐이면 사멸되므로 음식을 섭취하기 전에 식품을 가열하는 것이 좋은 예방법이 된다.

② 비브리오 패혈증

1980년대 초반 우리나라에서 많이 발생한 세균성 식중독으로 1985년에 비브리오패혈증으로 명명되었다. 원인균은 호염균인 *Vibrio vulnificus*로써 3~6%의 염분조건에서 잘 자란다. 60℃ 이상에서 사멸하고, 알칼리성 용액에서 증식한다. 우리나라 해안의 갯벌에 분포한다. 원인식품은 바지락, 고막조개, 낙지, 홍어, 피조개, 서대 등 근해 어패류이다.

발병경로는 식품과 함께 섭취된 원인균이 위장벽을 지나 혈관으로 들어가서 혈류를 타고 각 조직으로 이동하여 조직을 괴사(necrosis)시키는 것으로 알려져 있다. 이 병균은 헤모라이신을 과량으로 분비하고 페놀레이트 사이드로포아(phenolate siderophore)를 생산하며 트랜스페린(transferrin)에 결합되어 있는 철분을 사용한다. 지금까지 비브리오 패혈증에 걸린 사람들에 대한 조사결과 알코올중독자나 간염, 간경화증 환자 등 간질환 환자, 그리고 당뇨 환자의 경우 발병이 많았다.

비브리오 패혈증에 걸리게 되면 1~2일의 잠복기를 거쳐(피부감염의 경우는 12시간)피부가 붓고 발적(피부의 아미노산 및 단백질 분해, 혈색소의 변질, 지방변성 등으로 생긴 흑갈색 반점) 및 피부괴저(궤양)가 발생한다. 이러한 상태는 다리부분으로부터 시작하여 엉덩이, 허리, 그리고 어깨부분으로 발전되며 권태감, 미열, 오한, 두통이 반복되다가 2~3일 후 쇼크로 사망하게 된다. 발병초기의 신속한 치료가 대단히 중요하다. 치사율은 약 70%(86~87년)에 이른다. 비브리오 패혈증을 방지하기 위해서는 무엇보다도 여름철에 어패류의 생식을 삼가하고 반드시 가열 후 섭취해야 할 것이다. 이.디.티.에이(EDTA) 수용액으로 병균을 완전히 사멸할 수 있다는 연구도 발표되었다.

5. 감염형 식중독과 전염병의 차이

감염형 식중독은 전염병과 비교할 때 미생물에 의하여 발생된다는 점에서는 유사하다. 그러나 다음의 몇가지 점에서 구별된다. ① 감염형 식중독은 전염되지 않는다. 경구 전염병이 숙주와 병원체간에 감염환이 있어 감염이 되풀이되는데 반하여 식중독은 발생환자가 종말숙주가 되어 2차 감염이 거의 없다. ② 섭취균량이 대단히 많다. 전염병은 약 10여 마리 정도의 극미량 병원균에 의해서도 발병하지만 식중독의 경우에는 100만 마리 이상의 균체를 섭취할 때 발생한다. ③ 식중독의 잠복기는 경구 전염병에 비하면 아주 짧다. 살모넬라에 의해 발생하는 전염병인 장티푸스는 잠복기가 약 1~2주일이지만 같은 속의 다른 살모넬라에 의하여 발생되는 식중독은 식중독균을 섭취한 후 하루 정도면 발병한다.

6. 독소형 식중독

세포 외독소(exotoxin)를 생산하는 미생물이 식품 중에서 생육하면 이 독소가 다량 만들어져 식품 중에 존재하게 된다. 이렇게 생산된 독소에 의한 식중독을 독소형이라고 한다. 독소형 식중독의 원인이 장내에서 독작용을 일으키는 독소 자체에 있기 때문에 식품 섭취시 원인 미생물이 모두 사멸되어 있는 경우에도 발생할 수 있다(황색포도상구균 식중독). 그러나 이러한 세포 외독소가 식품 중에서는 분비되지 않고 소화관내에서 생육 중에 분비되는 유형의 독소형도 있다(클로스트리디움 퍼프린젠스 식중독). 이러한 경우에는 다량의 생균이 섭취될 때 발증한다.

■ 황색포도상구균 식중독

원인균은 황색포도상구균(*Staphylococcus aureus*)으로 콧구멍, 상처 등에서 발견된다. 이 세균은 25~40℃(최적온도 35~37℃)에서 자라며 최적 수소이온 농도는 pH 7.0~7.5이다. 이 미생물이 식품에서 자라면서 만들어진 장관독소(enterotoxin)에 의한 식중독을 황색포도상구균 식중독이라고 한다. 알려진 독소로는 장관독소 -A, -B, -C, -D, -E형의 5가지이며, 장관에 작용하여 염증을 발생시킨다. 최소 200ng의 독소이면 증상을 일으킨다. 이들 독소는 단백질로서 분자량은 26,400~28,400(유전자로부터 계산) 정도이며, 내열성으로 끓여도 파괴되지 않는 독특한 성질을 갖고 있다. 따라서 장관독소가 일단 식품 중에 생성된 후에는 가열하여도 식중독을 예방할 수 없다. 또한 단백질 분해 효소에 의해서도 파괴되지 않기 때문에 섭취하면 장관에 도달하게 된다. 이들 황색포도상구균 독소는 강력한 세포분열 촉진물질(mitogen)로도 알려져 있다. 원인식품은 주로 유제품, 빵류, 햄버거, 닭고기, 김밥 등이다.

섭취 후 약 2시간 정도(1~6시간)에 발병하며 심한 구역질, 구토, 복통, 설사 등의 증상과 함께 땀을 흘리거나 허탈, 쇠약, 체온강하 등의 증상이 동반되기도 한다. 이러한 증상은 보통 24~48시간 지속되고 빠르게 회복되며 치사율은 낮다.

황색포도상구균에 의한 식중독을 예방하기 위해서는 다음의 발생요인, 즉 ① 부적절한 조건에서 냉장할 때, ② 음식을 너무 미리 마련할 때(오염된 미생물이 증식되지 않도록 조리 후에 바로 섭취하는 것이 좋다), ③ 개인위생이 좋지 않은 자(만성 축농증환자, 상처[고름]부위, 안염이 있는 식품취급자)가 식품 서비스에 종사할 때, ④ 부적절한 조리온도, 가열 온도, ⑤ 세균이 자랄 수 있는 따뜻한 곳에 음식을 둘 때 등을 적절히 제거하여야 할 것이다.

② 보툴리즘

치사율이 높은 식중독으로서 원인균은 *Clostridium botulinum*이다. 이 세균은 토양이나 동물의 분변에서 자주 발견되는 미생물로서 산소가 없는 조건에서 잘 자란다(혐기성). 최적생육온도는 20℃ 부근이며 그람양성균으로 열에 강한 포자를 생산한다.

이 미생물은 신경마비를 일으키는 신경독소를 생산한다. 독소의 유형이 A, B, C, D, E, F, G의 7가지이며 이중 사람에게 크게 문제되는 것은 A, B, E, F형이다. 맹독성인 이 독소는 1mg으로 1,500만 마리의 생쥐를 희생시킬 수 있다. 사람의 경우(체중 60kg)에는 반치사량(LD_{50})이 100만분의 60mg이다. 이 독소는 분자량이 150,000인 비교적 큰 단백질로써 열에 약해 80℃에서 10분, 100℃에서는 수분이면 파괴된다. 일반적으로 섭취 후 12시간 내지 36시간에 발병하며 그 증상은 구역질, 구토, 복통, 설사, 근육마비, 복시(double vision), 시력저하, 혀가 굳어짐, 호흡곤란, 사망 등이며, 30~65%의 사망률을 보인다. 원인식품은 pH가 4.6 이상인 통조림(옥수수, 버섯, 시금치, 소시지, 햄, 콩(green bean), 참치)으로 섭취전에 15분간 끓이면 식중독을 예방할 수 있다.

7. 누가 세균성 식중독에 큰 피해를 입는가?

식중독에 의하여 사망하는 사람은 대부분 면역체계에 문제가 있는 사람들이다. 이들 중에는 노인, 임산부, 어린아이, 만성질환자(암, 당뇨병 등)가 해당된다. 노인은 세균에 잘 대항할 수 없을 정도로 건강이 쇠약하다고 할 수 있다. 사람들은 나이가 들어감에 따라 위 내부의 산성도가 저하되며, 혈액으로부터 세균을 걸러주는 콩팥의 기능이 약화된다. 또한 맛이나 냄새에 대한 감각이 둔화되어 상한 음식을 잘 구별하지 못한다. 신생아나 유아는 아직 면역계가 완전히 발달되어 있지 않아 식품 중의 어떤 세균에 의해서도 큰 피해를 입을 수도 있다. 만성질환자들은 화학약품의 사용으로 인하여 신체의 방어기능이 크게 저하되어 있다. 예를 들어 에이즈 환자에 대한 식중독 피해는 보통 사람보다 300배나 더 위험하다고 한다.

8. 세균성 식중독의 예방법

① 식품을 날 것으로 먹지 않는다(육류, 닭고기, 생선, 계란 등).

② 식품을 해동할 때에는 냉장고 안이나 전자렌지에서 한다.

③ 손, 식기, 도마, 칼, 조리대 등으로 원료 식품을 다룬 후에는 반드시 씻는다.

④ 날 것은 철저하게 익힌다.

⑤ 조리한 식품은 적은 양씩 나누어 냉장한다.

⑥ 통조림 등 개봉한 식품은 즉시 소비한다.

⑦ 위장장애자, 화농성 질환자, 전염병 환자 및 보균자의 식품 취급을 금지한다.

⑧ 개인위생, 시설위생에 항상 신경을 쓰고 식품위생법규를 준수한다.

9. 곰팡이 독소

곰팡이는 발효식품 생산에 유용하게 쓰이고 있다. 간장, 술, 치즈 등의 발효에는 곰팡이가 필수적으로 사용된다. 그러나 어떤 곰팡이는 식품 중에 생육하면서 곰팡이 독소(mycotoxin)를 생산한다. 이들 독소는 간, 신장, 신경 등의 부위를 만성적으로 손상하며 나아가서 암을 일으키기도 한다. 아플라톡신은 누룩곰팡이와 아주 유사한 *Aspergillus flavus*, 또는 *Asp. parasiticus*에 의하여 생산되며 간암 등 간장해를 유발하는 것으로 확인되었다. 이 독소는 사료용 땅콩을 먹고 칠면조가 떼죽음을 당한, 영국에서 발생한 사건으로부터 알려졌다. 보관을 잘못한 땅콩에 독소를 생산하는 이들 곰팡이가 자랐던 것이다. 땅콩뿐만 아니라 쌀, 옥수수, 고추 등 여러 식품에서도 아플라톡신은 발견된다. 간장제조용 재래식 메주에

서도 발견된 적이 있다. 아플라톡신은 비(B), 지(G), 엠(M)형의 세 가지 형태가 있으며 B형이 가장 발암성이 강하다. 이 독소는 B형 간염바이러스처럼 간세포 중의 종양억제유전자를 파괴함으로써 암을 유발하는 것으로 알려져 있다. 곡류 중의 곰팡이 독소 혼입을 줄이기 위해서는, ① 곰팡이가 잘 자라지 못하는 곡류 품종을 개발하는 방법, ② 암모니아화를 통하여 화학적으로 아플라톡신을 파괴하는 방법, ③ 곡류에 방사선을 조사하여 곰팡이 포자가 발아하지 못하게 하는 방법 등이 있다.

오래된 쌀에도 페니실리움(*Penicillium*) 등의 곰팡이가 생육하게 된다. 이러한 곰팡이가 자라서 누렇게 변색된 쌀을 황변미라고 한다. 황변미 중에는 시트리닌, 또는 이슬란디톡신 등의 독소가 함유되기도 하며 신장(콩팥) 또는 간장을 파괴하는 것으로 알려졌다. 시트리닌을 수분이 있는 상태에서 가열하면(90℃~120℃) 파괴되어 다른 형태의 세포에 유독한 (cytotoxic) 분해산물이 생성된다. 식품의 가열조리 때 이러한 반응이 발생되므로 식품 중에 곰팡이 독소가 함유되지 않도록 해야 할 것이다.

10. 독버섯

▇ 독버섯이란?

수천 종의 버섯 가운데는 송이, 표고, 느타리, 싸리 등의 식용버섯도 있지만 약 100여 종은 식중독을 일으키는 것으로 알려져 있다. 이 독버섯은 보통 색깔이 선명하고 악취가 나며, 줄기가 세로로 쪼개지지 않고 버섯 끓는 물에 은수저를 넣으면 검게 변색시키는 특징을 갖는다. 그러나 이것이 결정적인 근거는 못되므로 항상 주의해야 할 것이다. 알려진 독버섯으로는 외대버섯, 화경버섯, 미치광이버섯, 광대버섯, 노란 다발 버섯, 무당버섯, 굴털이버섯, 큰 붉은젖버섯, 땀버섯, 애광대버섯, 독청버섯 등이 있다.

❷ 버섯 중독의 분류

버섯에 의한 중독은 ① 위장통을 일으키는 것, ② 간, 신장을 손상시키는 것, ③ 신경계를 손상시키는 것으로 나눈다.

광대버섯에 속하는 버섯 중에는 구토와 설사와 함께 위장에 통증을 일으키는 것이 있다. 독소에 대하여는 아직 잘 알려져 있지 않으나 섭취 후 약 2시간만에 중독 증상이 나타난다.

간과 신장을 파괴하는 독소는 광대버섯이나 마귀곰보버섯에서 발견되는데, 이들에 의한 중독은 약 10시간 정도이다. 이들 독소는 대단히 치명적이며 아마니틴(*amanitin*)과 자이로미트린(*gyromitrin*)이 알려져 있다.

신경계 중독 증상은 약 1시간만에 나타난다. 자율신경계에 이상을 주는 것으로는 메스꺼움과 구토 증세를 일으키는 코프린(coprine)과 땀, 침, 눈물을 흘리게 하고 근육경련, 혈압 및 맥박수의 감소를 가져오는 머스카린(muscarine)이 있다. 중추신경을 중독시켜 깊은 잠이나 정신 착란, 또는 광란을 일으키는 독소(ibotenic acid, psilocybin)를 함유하는 버섯은 광대버섯이나 미치광이 버섯에 속하는 것들이다.

❸ 버섯 중독 예방방법

버섯이 유독할 수 있다는 사실을 잘 모르는 사람이나 독버섯에 대한 경험이 미숙한 사람들(청소년)이 버섯 중독에 걸리게 된다. 또한 버섯을 채취하는 사람의 실수에 의하여 식용 버섯에 독버섯이 섞여 문제를 일으키기도 한다. 버섯은 그 종류가 대단히 많아서 식용 버섯과 유사하게 생긴 것도 유독할 수 있으므로, 특히 다른 나라에 이민을 가는 경우에 주의하여야 한다. 버섯중독을 예방하는 요령은, ① 식용버섯만을 섭취할 것, 조금이라도 의심나는 경우에는 버릴 것, ② 소량만을 시험적으로 섭취하고 하루를 기다려 볼 것, ③ 벌레, 곰팡이가 자랐거나 부패된 버섯은 버릴 것, ④ 대부분의 야생 버섯은 소화가 어려우므로 충분히 익힌 후 적당량만을 섭취할 것, 등을 들 수 있다.

11. 복어 독소

복어에는 테트로도톡신(tetrodotoxin)이라는 치명적인 독소가 함유되어 있다. 따라서 그 함량이 높은 것은 식용할 수 없는데, 이 독소는 주로 간, 알집, 생식선, 내장, 껍질에 존재하며 그 함량은 기록한 순서대로이다. 이 독소는 열저항성이 강해 끓여도 불활성화 되지 않으며 물에는 용해되지 않는다. 반치사량(LD_{50})은 12ng/kg이며 치사율은 61%이다. 신경독소로서, 섭취한 후 2~8시간 안에 경련을 일으키며 호흡마비로 인하여 사망하게 되는데 해독제는 없다. 우리나라에서는 가을에서 겨울, 봄에 걸쳐 복어 중독이 발생하고 있다. 복어요리 전문가가 독소부분을 잘 제거하여 조리한 것만을 섭취한다면 식중독을 줄일 수 있을 것이다. 최근에는 이 독소가 복어에 의하여 생산되는 것이 아니고 미생물이 복어에 기생하며 생산하는 것으로 알려졌다. 즉 복어에서 분리한 *Vibrio nereis*와 유사한 세균이 테트로도톡신을 생산하는 것으로 보고되었다.

12. 조개 독소

홍합의 일종인 섭조개와 대합조개는 근육마비를 거쳐 사망까지도 이르게 하는 무서운 독소를 지니고 있다. 이 독소를 마비성 패독(paralytic shellfish poison)이라고도 한다. 이는 조개가 만들어 내는 것이 아니고 *Alexandrium*이라는 플랑크톤이 합성한 것인데 이 물질이 조개의 체내에 쌓여서 독작용을 한다. 이 플랑크톤이 많이 자라게 되면 바다가 붉게 변하는 이른바 적조현상이 일어나는데, 특히 이때의 조개를 섭취하는 것은 위험하다. 독소는 색다른 구아니딘기를 가진 알칼로이드의 일종으로서 색시톡신(saxitoxin)과 17종의 유사체로 알려졌다. 이 독소에 중독되면 체내의 전류전달을 제어하는 Na^+-, K^+-의 펌프 작용이 저해되어 신경마비가 생긴다. 따라서 가벼운 중독의 경우에는 입술, 얼굴, 목이 따끔거리고 두통과 현기증과 메스꺼움이 발생한다. 심한 중독이면 팔다리가 저리고 근육마비와 호흡곤란을 거쳐 24시간 내에 사망하게 된다. 이 독소는 해독제가 없으므로 첩보원들이 자살용으로 지녔다고도 한다. 이 독소는 끓이면 약 75%가 파괴되고, 115℃에서 40분간 멸균으로 90% 정도 파괴된다.

13. 식물성 화합물

◼1 알칼로이드 배당체

감자에 들어 있는 알칼로이드 배당체 중 대표적인 것이 솔라닌(solanine)인데, 이것은 감자가 햇빛을 받아 발아하여 생기는 녹색 부위에 0.2~0.4%의 농도로 함유되어 있다. 또한 감자에 상처가 생기면 그 부위에도 이 독소가 생성된다. 사람과 동물 모두에 독성을 나타내며 사망케 하기도 한다. 이 화합물은 콜린에스테라제(choline esterase)의 작용을 억제하므로 중추신경 장해를 일으키며 위장에도 이상을 초래한다. 체중 1kg당 2.8mg의 솔라닌을 섭취하면 졸음이 오거나 호흡곤란, 감각과민 증상이 나타난다. 더 많은 양이면 구토와 설사를 하게 된다. 솔라닌은 감자 외에도 가지와 토마토에도 함유되어 있으므로 중독을 주의하여야 한다. 최근에는 감자를 재배할 때 토양 중에 몰리브덴(Na_2MoO_4)을 1.25~3.75ppm되게 사용함으로써 감자 중의 솔라닌양을 크게 줄일 수 있다는 연구가 발표되었다.

◼2 시안(cyan) 배당체

식물체에는 청산을 함유하을 는 것이 있는데, 알데하이드나 케톤 형태로써 존재하며 이것은 다시 당과 결합되어 있다. 덜 익은 매실이나 살구

의 아미그달린과 리마콩의 리나마린, 수수의 더린이 청산을 가진 화합물
이다. 덜 익은 은행도 청산을 함유한다.

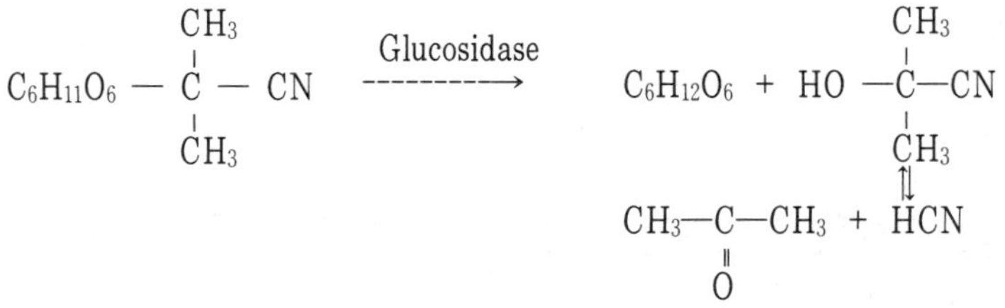

$$C_6H_{11}O_6 - \underset{\underset{CH_3}{|}}{\overset{\overset{CH_3}{|}}{C}} - CN \xrightarrow{\text{Glucosidase}} C_6H_{12}O_6 + HO - \underset{\underset{CH_3}{|}}{\overset{\overset{CH_3}{|}}{C}} - CN$$

$$CH_3 - \underset{\overset{\|}{O}}{C} - CH_3 + HCN$$

그림 9-1 시안 배당체로부터 청산의 생성

이러한 식물들은 조직이 파괴됨에 따라 효소의 작용을 받아 청산배당
체 화합물이 분해되고 따라서 청산이 유리된다(그림 9-1). 청산이 인체의
혈액 내에 흡수되면 호흡에 관계하는 시토크롬(cytochrome c)의 작용이
마비되므로 순식간에 사람을 사망케 하는데 치사량은 아미그달린의 양으
로 약 1g 정도이다.

❸ 헤마글루티닌(hemagglutinin)

단백질은 영양소로서 쓰이지만 그 중의 어떤 것은 적혈구를 응집시키
는 것도 있다. 이것을 렉틴(lectin)이라고도 하는데, 주로 식물체의 것이
문제가 되며 강낭콩이나 피마자를 예로 들 수 있다. 리신(ricin)은 피마자
렉틴으로 독성이 대단히 강하여 복통, 설사를 거쳐 사망케도 한다. 다행
스럽게도 이러한 유독물질은 조리과정에서 열에 의하여 파괴되므로 일상
적으로는 크게 문제가 되지는 않는다.

❹ 폴리페놀(polyphenol) 색소

목화씨의 주된 색소는 고시폴(gossypol)이라는 폴리페놀 화합물인데,
약 1% 정도 함유되어 있다. 고시폴은 화학반응성이 강하여 목화씨에서
추출되어 이용되는 단백질의 영양가를 떨어뜨리고 목화씨기름(면실유)

을 검게 착색시키는 작용이 있다. 생리적인 면에서도 독성이 인정되고 있는데, 실험동물에 대한 만성독성증상으로 식욕감퇴, 설사, 성장지연, 사망을 나타내었다. 또한 동물실험에 의하면 이 독소는 젖을 통하여 새끼에게로 전달된다.

14. 식품의 조리, 가공 중에 생성되는 독소

식품의 조리, 가공 중에도 독소 화합물질이 생산된다. 식품을 태우게 되면 벤조파이렌(benzopyrene)이라는 방향족 독성물질이 생성된다. 이 물질은 DNA와 결합하거나 간세포, 적혈구 등 세포의 작용을 받아 유전자에 이상을 초래하는 퀴논물질로 변하게 된다. 또한 이 물질은 대단히 낮은 농도(10^{-8}M)에서도 면역반응에 관여하는 B세포의 림프구 생성을 억제한다. 벤조파이렌은 동물실험 결과 발암물질로 확인되었다. 연기에도 이 물질이 함유되어 있으며 훈연하는 식품(특히 훈제 소시지)에도 벤조파이렌이 발견된다.

단백질(이급아민을 함유)과 아질산염을 산성조건에서 가열하면 니트로사민(nitrosamine)이라는 물질이 생성되는데(그림 9-2), 이것도 동물실험에 의하여 발암물질(위암, 간암)로 판명되었다. 아질산염은 식육, 경육, 어육, 어육 소시지 등의 발색제로써 식품에 첨가되고 있으며, 1994년부터는 명란젓이나 연어알젓에도 사용되고 있다. 아민은 오징어, 양배추, 당근, 셀러리, 비츠(red beet)에 많다. 오징어와 아질산염을 각각 10%와 0.3% 함유한 식이로 흰쥐를 10개월간 사육했을 때 12마리 중 4마리가 간암을 나타냈다.

트리할로메탄은 수도물의 염소소독에 의하여 생산되는 화학물질로서 탄화수소의 염화물질을 말한다. 특히 유기물질이 많은 더러운 수원지물을 소독하는 경우에는 그 함량이 많다. 이 물질도 발암물질이다. 이러한 트리할로메탄은 63℃에서 휘발하므로 수돗물을 끓이면 제거된다.

$$NO_2 + H^+ \rightleftharpoons HONO \rightleftharpoons NO^+ + H_2O$$

$$\downarrow R_2NH$$

$$H^+ + R_2N - NO$$

그림 9-2 니트로사민의 생성

15. 식품 알레르기

어른 세명 중 한명 꼴로 자신이 어떤 식품에 대해 알레르기가 있다고 생각한다고 한다. 그러나 실제로는 겨우 2% 이하만이 식품 알레르기를 갖고 있다. 어린아이의 경우 약 5%가 식품 알레르기 진단력이 있는데, 이것도 한 살 정도였을 때가 대부분이다. 식품 알레르기에 대한 몰이해가 쓸데 없이 음식을 금지하는 결과를 낳게 되어 결과적으로 건전한 식생활에 방해가 된다.

누구든지 음식에 대한 알레르기가 있을 수 있지만 이러한 반응은 유전적이라고 생각된다. 부모 중 한편이 알레르기성이면 그렇지 않은 부모를 둔 아이에 비하여 두 배나 더 알레르기성이 된다. 물론 부모 모두가 알레르기성인 경우에는 그 가능성이 네 배가된다. 음식에 대한 알레르기가 있는 아이는 대체로 먼지나 꽃가루 등 알레르기 유발물질에 대하여 민감하며, 이에 대하여 평생동안 알레르기성이 될 수도 있다. 게다가 음식 알레르기가 있는 성인 중에는 천식(asthma)같은 호흡기 알레르기 경험이 있는 경우가 흔히 있다.

❶ 식품 알레르기의 정의

식품 알레르기는 음식으로 인하여 발생하는 인체의 면역체계에 국한한 부작용을 말한다. 음식으로 인한 다른 부작용과 혼동하지 않기 위해 음식 알레르기, 또는 음식 과민반응이라 하며, 항상 그 반응을 일으키는데 면역체계가 관여하는 경우에 한한다. 면역체계는 인체가 질병을 견디는 것을 돕는다. 면역체계에 관한 여러 유형의 부작용이 있으며, 그중에서도 식품 알레르기가 가장 잘 알려져 있다. 이 반응에는 알레르기 항원, 면역글로불린(IgE)과 비만세포(mast cell)와 호염기구세포(basophils)가 관여한다. 알레르기 항원은 식품 알레르기가 있는 개인의 면역반응을 자극하는 식품성분을 말한다. 한 가지 식품이 여러 항원을 함유하기도 한다. 이러한 알레르기 항원 성분은 대부분 단백질이며, 탄수화물이나 지방질은 아니다. 알레르기 성질이 유전된 사람은 면역계의 특정 항체인 면역글로불린 E를 다량 생산한다. 이러한 사람이 어떤 음식을 섭취하면 이 음식의 알레르기 항원에 의하여 면역체계가 자극되어 그 식품에만 해당되는 면역글로불린이 만들어진다.

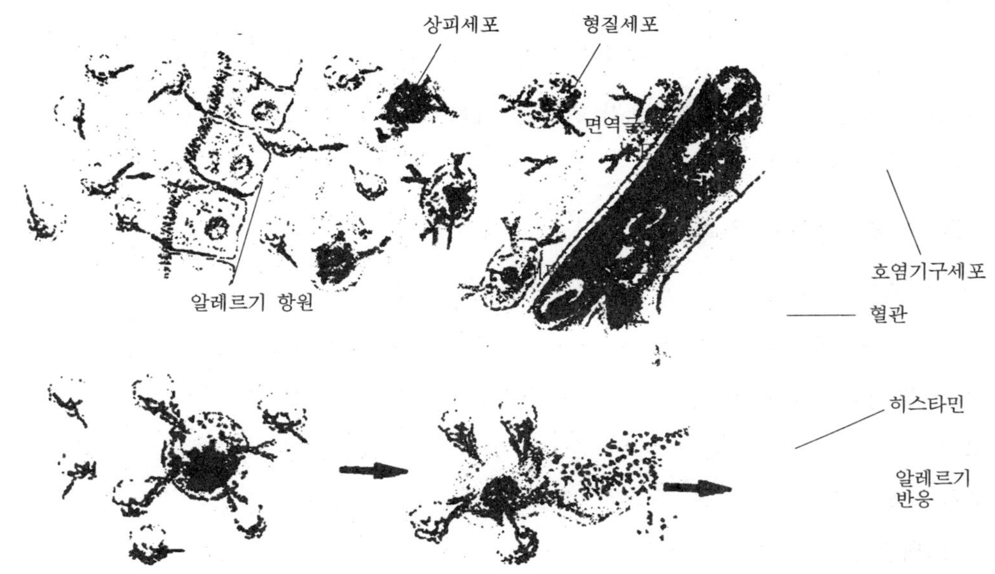

그림 9-3 알레르기 항원에 의한 히스타민의 방출 과정

수백만의 면역글로불린 분자들이 피돌기를 따라 순환하다가 혈액세포인 호염기구세포에 결합하여 체조직으로 들어가고, 이윽고 비만세포와 결합하게 된다. 호염기구세포와 비만세포는 면역계의 특별한 세포로서 알레르기 반응을 일으키는데 대단히 중요한 역할을 한다. 비만세포는 피부, 허파, 소화관 등 외부환경과 접촉하는 신체부위의 조직에 존재한다. 두 세포는 알레르기 증세를 일으키는 히스타민 같은 여러 종류의 물질을 생산하고 저장한다. 호염기구세포와 비만세포 표면의 면역글로불린이 식품 알레르기 항원과 접촉하게 되면 이러한 세포들이 알레르기를 일으키는 강력한 물질들을 방출하게 된다(그림 9-3).

임신 중인 엄마의 식사가 태아의 식품 알레르기에 영향을 줄까? 대부분의 연구는 임신 중인 엄마의 음식이 태아의 식품 알레르기(감작: sensitization)에 거의 영향을 미치지 않는다고 말한다. 자궁 내의 태아의 감작은 특별한 경우를 제외하고는 드물다. 따라서 예비 엄마들은 아기의 식사 알레르기를 걱정하여 음식을 가리지 않아도 될 것이다.

갓 태어난 아이가 처음 몇달 동안 모유를 먹어야 할 이유가 많다. 그러나 모유수유가 알레르기를 막는가에 대하여는 아직도 논란 중이다. 알레르기를 막는다는 주장에 대하여 알레르기의 시작을 다만 연장시킬 뿐이라는 주장이 있다. 모체가 섭취한 식품 알레르기 항원은 비록 소량이지만 모유를 통하여 유아에게 전달된다.

❷ 식품 알레르기 증상

대부분의 알레르기 반응은 몇가지 식품, 즉 돼지고기, 우유, 달걀, 생선, 게, 조개, 콩, 밀, 땅콩, 호두, 복숭아, 바나나, 파인애플, 초콜릿 등에 국한된다. 알레르기 반응은 음식을 섭취한 후 수분에서 몇시간만에 일어난다. 그러나 아주 민감한 사람은 이들 식품을 만지거나 냄새를 맡기만 해도 반응을 나타낸다. 가장 흔한 증상은 입술, 입, 목이 부풀거나 가렵기 시작하여 소화관을 자극하고 메스껍거나, 구토, 복통, 설사 등의 증상이 나타날 수 있다. 피부의 가려움증, 두드러기, 습진, 홍반 등이 나타나기도 한다. 재채기가 나거나 콧물이 계속 흐르거나, 또는 숨이 차거나 하는 사람도 있다. 식품 알레르기로 인한 천식으로 죽을 수도 있다. 또한 과민반응이 심해지면 심한 가려움증, 두드러기, 발한, 호흡곤란, 혈압강하, 의식불명, 사망으로 진행되기도 한다. 식품 알레르기를 피하는 방법은 원인이 되는 음식을 섭취하지 않는 방법 밖에 없다.

❸ 알레르기 항원에 대하여

알레르기 항원(allergen)의 분석은 아토피 피부질환자의 혈장(면역글로불린 E)과의 반응을 이용한다. 땅콩에 있는 알레르기 항원중 한 가지는 분자량이 17,000이며, 탄수화물의 함량이 20%인 당단백질인 것으로 알려졌다. 아몬드 중의 두 항원에 대해서도 연구되었는데 분자량이 각각 50,000과 70,000인 단백질로서 그중 분자량이 작은 것은 열에 의하여 쉽게 파괴되지 않는다. 개암(hazelnut)에 있는 알레르기 항원은 두 가지가 밝혀졌다. 그중 하나는 분자량 14,000의 프로필린(profilin)이라는 단백질로 확인되었다. 그런데 이 단백질은 꽃가루를 비롯해 셀러리, 감자 등 채소에 함유되어 있다.

❹ 알레르기성 식중독

상한 음식을 섭취하면 알레르기적 체질이 아닌데도 알레르기 반응이 나타나는 경우가 있다. 이는 식중독의 일종으로서 알레르기 반응을 직접적으로 유발하는 히스타민 등의 화학물질이 음식의 부패과정에서 생성되었기 때문이다. 이들 히스타민은 아미노산의 하나인 히스티딘의 탈탄산 효소 반응에 의하여 만들어진다. 따라서 단백질 식품으로서 탈탄산 효소를 다량 함유하는 식품이 알레르기성 식중독을 일으키기 쉽다. 그 예로써 고등어, 전갱어 등 붉은살 생선이 있다. 그람음성 세균인 *Proteus morganii*가 생육하여 생선 중에 히스타민을 대량 생산한다. 따라서 잘못 보관한 고등어를 먹으면 두드러기와 붉은 반점 등의 알레르기 증세가 나타난다. 그러나 어육 100g당 5mg 이하의 히스타민을 함유하는 경우에는 식용이 가능하다.

토의주제

1. 국제화, 세계화로 인하여 외국 식품이 대량으로 수입되고 있다. 이러한 상황을 식품위생적 관점에서 평가하고 그 대책을 설명하시오.
2. 방사선을 조사한 식품 사용이 점점 늘어가고 있다. 그 실태를 조사하고 위생상 문제점을 토의하시오.
3. 사회의 변화와 외식산업의 발전에 따라 가정 이외의 장소에서 음식을 섭취하는 기회가 많아지고 있다. 안심하고 음식을 섭취하기 위한 방안들을 논의하시오.
4. 1996년 7월 일본에서 발생한 대형식중독사건의 원인균인 대장균 0-157에 대하여 조사하고 이 사건에 대한 일본의 수습과정을 논의하시오.

제10장

환경오염과 식품

　최근 우리나라는 50년 동안에 전통적으로 농업사회에서 산업사회로 급속히 탈바꿈하면서 농촌사회의 사회적인 환경도 크게 변모하였다. 농촌은 도시 및 공업지역의 확산에 의해, 또 이곳으로부터 발생하는 환경오염과 자연파괴의 영향을 받고 있으며 농촌지역 뿐만 아니라 도시지역까지도 환경오염의 영향이 미치고 있다. 농업 즉 식품 생산은 자연 속에서 이루어지면 환경과 가장 밀접한 산업이다. 즉 농업은 자연 생태계를 식량생산에 적합하도록 개조된 일종의 길들여진 생태계이다. 따라서 이러한 생태계는 계속 관리되어져야 하고 에너지가 투입되어야만 유지가 가능하다. 우리 나라의 농업이 환경적으로 긍정적인 측면을 극대화하고 부정적인 면을 극소화하기 위하여 농업을 둘러싸고 있는 경제·사회적 여건도 개선되어야 할 것이다.

　그런데 농업 생산의 극대화만 꾀하기 때문에 농약과 화학비료 등을 과용함으로 인하여 환경적으로 건전하지 못하게 된다. 즉 토양, 대기, 수질 등이 오염된다. 이 바탕 위에 생산된 식품은 안전을 기할 수 없고 또 생산량에도 한계가 있게 된다. 그래서 외국에서 식품을 수입하여 이용하고 있다. 수입 식품은 국내산과 품질, 가격 및 안전성 등을 비교하게 된다. 국가는 환경과 식품정책을 수립하고 국민은 슬기롭게 대처할 능력을 갖추게 해야 할 것이다.

1. 환경의 정의

환경이란 자연의 상태인 자연 환경과 사람의 일상생활과 밀접한 관계가 있는 재산의 보호 및 동·식물의 생육에 필요한 생활 환경을 말한다. 즉 인간을 주체로하여 둘러싸고 있는 주위의 일체인 유형 및 무형의 객체를 말한다. 넓게는 자연을 통하여 진화 과정에서 나온 여러 가지 요소와 문화를 가지고 인간이 만들어 낸 모든 요소들의 행렬을 인간 환경이라 할 수 있고, 좁게는 물리적 환경만을 국한하여 인간이 생존을 영위하고 있을 뿐만 아니라 인간의 건강과 삶의 향유에 필요하고 인간의 개성과 삶의 목표를 개발시키는 데 긴요한 물리적 사항의 결합이라고 정의할 수 있다.

2. 환경오염

환경오염은 인간 활동에 의하여 필연적으로 발생하는 여러가지 폐기물로부터의 각종 부작용이 환경을 파괴시키는 현상이다.

환경오염의 역사는 인류사와 함께 진행되어 왔다고 볼 수 있다. 예전에는 폐기물의 장소적 이동으로 오염의 피해를 생활권에서 격리시킴으로써 해결해 왔다. 그러나 현대에 와서는 이러한 해결이 효력을 잃게 되어 오염이 환경문제를 대표할 만큼 심각한 상황에 처하게 되었는데, 이는 선진 공업국에 특히 심각하다. 더욱이 산업화 과정에서 있거나 탈 농업화 단계에 있는 사회에서는 그 동안의 공업화와 도시화로 인해 대량으로 오염 물질을 배출하고 있다. 질적으로 생태계의 순환 체계 속에서 정화되지 못한 상태로 악화된 오염 물질은 생태계의 무생물적 구성 요소인 대기, 물, 토양 등을 오염시키게 되어 생태계의 순환 체계를 교란시키고, 더 나아가서 생물의 서식 환경을 변화, 파괴함으로써 생태계 전체의 존속을 위협하고 있다. 이러한 환경오염 문제는 다음과 같은 특징을 갖고 있다.

① 환경오염은 전체적 순환 체계 안에서 각 구성 인자가 동적으로 작용하여 발생하므로 그 인과관계를 시간적, 공간적으로 명확히 제시하기가 어렵다.

② 환경오염은 배출되는 오염 물질을 수용, 자정할 수 있는 주어진 공간의 환경 용 량을 초과하면 누적적 효과가 나타나고 각종 오염 물질이 복합적으로 작용하면 상승작용에 의하여 피해가 대형화, 가속화된다.

③ 환경오염은 시간적, 공간적으로 피해가 광범위하고 불특정다수인에 피해를 유발한다.

④ 환경오염은 물량적 투자만으로는 제거하기 어려워 고도의 과학기술, 제도적 장치, 전국민의 참여 등이 필수적 요건이다.

① 농토와 농업용수의 오염

매일 되풀이되는 상수도 파동, 대기오염의 악화로 인한 호흡기 질환자의 증가, 토양의 산성화 현상이 더욱 가속화되고 있다. 식품 생산에 있어서 가장 기본 요소인 토양과 수질, 그 중에서도 농토와 농업용수의 오염에 대해서 언급하고자 한다. 토양은 물, 대기와 더불어, 인간은 물론 전체 동·식물에 있어서 생명의 근원이다. 특히 인간의 생명을 유지하는데 필수적인 각종 식품과 산림 자원과 같은 일상생활에 필요한 원자재를 생산할 수 있는 모태가 된다.

토양 속에는 광물과 같은 무기물과 동·식물의 사체 및 낙엽으로부터 생성되는 유기물이 포함되어 있다. 이러한 토양에 각종 식물들이 뿌리를 내려 살아감으로써 물과 대기를 정화시키고 홍수 및 토양침식을 방지해

준다. 그래서 인간을 비롯한 모든 생물체가 그 위에 근거하여 삶을 영위하는 기본적인 자원의 토양이다. 따라서 토양은 주로 기후, 식생, 풍화작용을 받은 기간, 풍력이나 수력 등에 의해 지역 별로 특성을 이루게 된다.

토양은 생육에 필요한 탄소, 수소, 질소, 유황, 산소, 인, 칼륨, 칼슘, 마그네슘, 철 등 10개 필수 원소를 함유하고 있으며 적당한 양의 공기와 물이 공급되면 스스로 양분의 일부를 보존하면서 식물체를 길러 주는 곳이라 할 수 있다. 토양 중에서도 가장 비옥한 곳이 우리의 식품을 생산하는 농토 즉 논과 밭이다. 그런데 최근에는 농약과 비료의 과다 사용과 공장 폐수, 산성비, 무분별한 개발 등으로 토양이 점차 오염되어 가고 있다. 이러한 토양의 황폐화 현상을 과학적인 측정 수치를 인용하여 토양 오염 실태를 논한다.

1993년 환경부가 강원, 전남, 제주, 3개 지역을 대상으로 토양 오염 실태 조사 결과 도심과 근교 농업 지역의 토양은 pH4~5로 중성 상태 보다 산성도가 100~1,000배와 강한 것으로 나타났다. 토양의 산성화 현상은 대기오염으로 인한 산성비, 농약, 화학비료의 남용에서 기인된 것으로 판명되었다.

토양이 산성화되면 토양 미생물 가운데 유익한 미생물은 제거되고 곰팡이류 만이 번식, 병충해를 늘리며 생태계를 파괴, 식물에 각종 질병이 만연되는 원인이 되고 있다. 따라서 토양의 산성화는 식물의 성장에 피해를 주게 되고 농작물의 작황에 악영향을 미치는 것은 물론 국토를 황폐화시키기도 한다. 토양 오염은 인간에게 직접 위해를 끼치지는 않는다. 그러나 토양 오염으로 인하여 일차적으로 토양에 기반을 두고 살아가는 농작물의 생육을 저하시킬 뿐만 아니라 농작물을 섭취하는 인간에게 커다란 위해를 끼치는 간접 오염이라는 점에서 수질오염이나 대기오염과는 그 차이가 있다. 일단 오염된 토양은 자연적인 정화가 거의 불가능하여 계속적으로 오염이 가중되는 축적성 오염이란 점에서 더욱 심각한 문제로 대두된다. 토양 오염은 물론 농업용수의 오염은 심각한 수준에 이른 것은 마찬가지로 1993년 농업 진흥 공사가 주관하여 충남 삽교호와 사용되는 69곳의 표본 조사 결과 33.5%가 중금속에 오염되어 농업용수로써 부적 판정을 내렸다. 또 화학적 산소 요구량(COD), 생화학적 산소 요구량(BOD) 이 환경 기준치 보다 8~15 배나 초과한 곳이 27개소였다.

전국 38개의 공단 배수로를 조사 결과 공단 주변의 하천이 납, 카드뮴, 구리 등 중금속으로 심각하게 오염된 것으로 나타났다.

❷ 환경오염이 식품에 미치는 영향

동물과 식물 등 지구상에 존재하는 모든 생명체는 하나로 이어지는 생태학적 연결 고리를 지니고 있다. 다른 생명체와 고립되고 단절된 생명체는 존재할 수 없다.

오염된 물 속에서 물고기가 정상적으로 살 수 없는 것과 같이 오염된 농토와 농업용수에서 건강한 식품 재료가 생산될 수 없다. 특히 식품의 생산은 흙과 물, 공기와 햇볕의 합성체이다. 따라서 어느 것 하나 소홀히 할 수 없는 요소들이다. 그런데 이 식품 재료의 생산 요소들이 온전하지 못하면 여기서 생산된 식품도 온전하지 못하고 또 이것을 섭취한 인간도 온전하지 못할 것이다. 토양이나 농업용수 속에 포함된 중금속과 농약 성분은 농작물로 흡수되고 이 농작물은 인체에 영향을 미친다. 이러한 영향으로 식품의 직접 생산자인 농민들이 매년 농약 중독으로 인하여 사망자가 늘어나고 있다.

해마다 농약과 비료 사용량은 늘어나고 있지만 전체 농산물의 생산량은 오히려 줄어들고 식품에 잔류하는 농약과 중금속은 인간의 생명을 위협하고 있다. 식품에 잔류하는 농약과 중금속은 미량이기 때문에 짧은 기간에는 증상을 느낄 수 없으나 미량이라도 장기간 섭취할 경우 치명적인 위험이 된다.

3. 공해와 식품

❶ 식품의 오염

(1) 식품 오염물질의 정의

기술 혁신은 고도 산업 사회의 원동력이며 급속한 산업 발전과 더불어 경제 성장을 가져 왔지만 한편으로는 환경오염 또한 급속히 진행되어 우리의 건강과 일상생활을 저해하는 등 커다란 사회문제로 대두되고 있다.

환경오염 현상은 인간의 정당한 사회적 행위에 의해 수반된 것이나 그것이 불특정 다수인에게 영향을 미치고 인과 관계를 명확하게 규정하기 어려워 더욱 심각한 과제라 아니할 수 없다.

식품 오염의 원인 물질, 즉 식품 오염 물질을 한마디로 정의하기는 어려우나, FDA나 WHO 합동의 식품 오염물위원회에 의하면 "식품 중에 어떤 양 이상 존재하면 부적당하다고 생각되는 물질이며 일반적 상태로 동식물체에서 자연히 만들어진 것과 의도적인 식품 첨가물은 제외된다. 그렇다고 해서 식품의 생산과 가공에 관련되는 약물과 농약의 사용이 부적당하다는 의미는 아니며 미량으로 사람의 영양상 필수적인 물질, 예를 들면 셀렌(Se)과 같은 것은 고농도로 식품 중에 존재하면 오염물이다." 라고 기술하였다.

오염 물질에는 폐수 즉 공장 폐수와 광산 폐수 등의 오염물, 생활 폐기물에서 유래되는 오염물질, 농약, 방사선 물질, 기타 환경오염 물질 등을 들 수 있으며 이들은 직접 또는 식물 연쇄를 통해서 점차로 농축되고 최종적으로 인체에 고도로 축적되어 건강 장해, 특히 만성 중독을 일으킬 수 있다.

(2) 식물 연쇄와 물질의 농축

물질의 흐름은 자연계에서 식물 연쇄(food chain)를 통하여 안정한 동

적 평형 상태 아래서 이루어진다. 최초 단계에 환경오염 물질의 농도는 특별한 경우를 제외하고는 생체에 영향을 미치지 못할 정도의 극미량인 것이 점차 식물 연쇄에 몇 단계의 생물체를 거치는 동안 축적, 농축되어 이것을 오랜 기간 사람이 섭취하면 인체내에 축적되어 중독량에 달하게 되는데 이러한 현상을 생물 농축(biological concentration)이라 한다. 화학 물질 중에는 세포 내에 들어가면 배설되지 않고 특정한 세포나 조직에 친화성을 나타내어 축적되는데 세계 제 2차 대전 후 혁명적인 살충제로서 DDT(dichlorodi phenyl-trichloroethane)나 BHC(benzenehexachloride), HCH(hexachloro-cyclo-hexane), 또는 목적은 다르나 이들과 유사한 PCB(polychlorobiphenyl) 등의 유기염소계 화합물은 체내 지방조직에 강한 친화성을 가지고 있어서 일단 섭취되면 조직에 침착, 축적되어 쉽게 배설되지 않는다.

메틸수은은 생체 단백질의 -SH기와 결합하기 쉽고 또 지용성이므로 여러 가지 경로에서 체내에 흡수되며 일단 흡수된 것은 배설되지 않는다. 유기염소제는 수중에 유출된 것이 미량이라 하더라도 쉽게 뻘이나 플랑크톤 등의 고형물에 흡착되므로, 그것이 소동물의 먹이를 섭취되면 먼저 그 단계에서 농축이 일어난다. 농축된 식물 연쇄를 거듭할 때마다 농도가 점차 높아지게 된다. 실제로 미국 미시간호에서 DDT의 생물 농축에 관하여 조사한 것을 보면 ppm 단위로 뻘 0.014, 새우·잉어 4.5, 송어 5.6, 갈매기 98.8로 엄청난 농축 계수를 나타냈다. 그러나 오염 물질은 동물이나 미생물에 의해 부분적인 수식을 받아 포함체의 형성 등에 의해 수용성이 증대되어 배설이 촉진되거나 독성이 감소되는 경우도 있으나 수식적 대사로 인하여 드디어 독성이 증대될 때도 있다. 어떻든 식물 연쇄가 오염을 확대시키고 오염의 영향을 보다 크게 파급시키고 있다는 것은 분명한 사실이다. 이와 같이 생물계에서 식물 연쇄는 불가피한 것이므로 비교적 눈에 띄지 않는 오염이나 국부적인 오염이 예상 외의 지역이나 시기에 나타날 때도 있다.

표 10-1 생물에 의한 중금속 오염물질의 농축

원 소	해수 중의 함유량(ppm)	해 조		어 류	
		원소함유량 (ppm)	농축 계수	원소 함유량 (ppm)	농축 계수
비소	0.002	0.4~12	200~6,500	1.8	900
카드뮴	0.0001	0.02~0.06	200~600	0.75	7,500
크롬	0.00005	0.08~2.4	16,000~50,000	0.035~0.68	20~14,000
구리	0.002	1.4~5.5	700~2,800	0.83~25	400~12,500
철	0.01	10~1,300	1,000~130,000	37~400	3,700~40,000
수은	0.0003	0.003~0.01	10~30	0.025~360	100~200,000
망간	0.002	3~52	1,500~26,000	0.2	100
납	0.00003	1.4~3.2	50,000~100,000	13	400,000
주석	0.0008	3.4~10	4,000~12,000		

오염물질의 생물 농축에서 비롯된 대표적인 사건으로 일본에서 일어난 1953년 구마모토 현 미나마타시의 미나마타병과 1964년 도야마 현 지역의 이타이 이타이병의 예를 들 수 있다. 해수생물에 의한 중금속의 농축계수를 표 10-1에 나타내었다.

❷ 식품의 안전성

(1) 식품의 안전성 인자

인간이 섭취하는 식품의 형태는 매우 다양하다. 그렇지만 크게 두 가지로 구분된다. 쌀이나 채소, 과일 등의 1차적 산물이며 주로 땅, 자연에서 생산된다. 2차적 산물에는 자연에서 얻어진 식품재료를 이용, 가공 생산하는 가공식품을 들 수 있다. 전에는 1차적 산물 즉 농산물을 직접 섭취하는 것이 대부분이었으나 최근 생활의 변화나 경제 수준의 향상에 따라 2차적 식품 즉 가공식품의 섭취 비율이 상승하고 있다. 그러나 1차적 산물이나 2차적 산물 어느 것도 안심하고 섭취할 수 없는데 이 식품을 재배, 보관, 운송, 가공, 조리 등 전과정에 각종 유해물질, 화학 첨가물, 조미료 등이 첨가되거나 생산되기도 하기 때문이다.

식품의 안전성을 해치는 요소는 첫번째 식품의 생산을 위해 재배와 수확 후 성장을 위한 농약 살포이다. 두번째는 식품의 변형, 수송, 가공, 보관 등에 사용되는 식품첨가물 등이다. 이 외에 방사능에 의한 오염이나 유통 및 보관상의 문제 등이 있다.

① 농약

인구의 증가에 따른 식량의 생산이 식량 증산에 여러 수단을 가하는데 첫째, 식품 증산을 위하여 병충해 방지용으로 농약을 사용하게 된다. 농약은 식량 생산에 불가피하게 사용되는 이른 바 "경제적 독약"(economic poison)이다. 그러나 농약의 무절제한 사용은 환경오염에 의한 자연 생태계의 파괴와 아울러 식품 오염에 의한 위협을 초래하고 있어 사회문제가 되고 있다. 둘째, 비료의 사용도 식량 증산을 위하여 부득이 증가되어야 했고 집약 농업을 지향하는 나라에서는 막대한 양에 이르고 있으나 환경 보전상 큰 문제를 일으키지 않고 있다. 그러나 비료에 전혀 문제가 없는 것은 아니다.

오늘날 농약 사용이 심각한 문제로 등장하고 있는 것은 농약의 생리적 활성이 특이할 뿐만 아니라 자연 환경 속에서 매우 안정하므로 잔류, 축적되어서 생태계를 순환하기 때문이다. 따라서 농약에 의하여 농경지나 산림의 생물상을 광범위하게 인공적으로 제어하려는 행위에는 한계점이 있음을 인식하여야 한다.

농약 오염은 첫째, 농약 살포 중에 일어나는 급성 중독의 사고이고, 둘째는 식품 중에 농약이 잔류 농축되어 인체에 영향을 미치는 잔류 농약 문제이다.

최근, 농약이나 화학비료를 사용하지 않는 자연농법 또는 가공을 거치지 않는 자연식품이라는 신조어가 있으며 현재까지 많은 사람이 식량 생산이나 식품 가공 분야에 축적된 과학기술에 대하여 도전하기에 이르렀다.

② 식품첨가물과 화학 합성품

사람이 섭취하는 음식의 형태도 점차 변화하고 있다. 전에는 곡류, 채소, 생선, 육류 등을 익히거나 삶거나 하여 섭취하였는데 식품 산업의 발달로 여러 종류의 가공식품들이 생산되었다. 이러한 가공식품의 가공 과정이나 보관에 사용되는 것이 식품첨가물, 화학 합성품, 조미료 등이다. 식품첨가물의 이용 이유는 더 맛있게, 더 보기 좋게 그리고 보다 오래 저장하기 위해서다. 따라서 이에 사용되는 식품첨가물의 종류 및 형태도 매우 다양하다.

화학 합성품이 인체에 미치는 영향에 관해서 논란이 있었는데 중국 음식점 증후군 유발, 뇌세포 손상 등 각종 질병의 원인일 것이다. 지속적 섭취로 인한 인체의 유해성은 중국 음식 증후군(syndrome)이 유발이고, 또 뇌세포의 손상이며 고온에서는 발암물질로 변한다는 것이다.

③ 방사능 오염

방사능 물질은 사람의 장기와 주요 체내 기관에 축적되어서 인체에 위험을 일으킬 수 있다. 따라서 방사능에 오염된 지역의 농산물, 축산물 등을 고려해야 할 것이다. 최근에는 방사능으로 오염된 식품들이 원산지를 밝히지 않고 다른 지역에서 생산된 것처럼 위장해 수출되는 사례도 늘어나고 있어 안전한 식품을 수입하려면 농업 기상과 환경이 안전한 지역에서 생산된 농수축산물을 수입해야 한다.

4. 수입 식품의 문제점

각종 농축산물을 수입함에 있어서는 각각 수입 식품의 생산 과정이 건전해야 할 것이다. 예를 들면 오렌지의 경우 미국과 브라질에서는 수확할 물량이 많기 때문에 일일이 수작업을 할 수 없어 낙과제를 살포하고 낙과된 것을 진공 흡입기로 모은다. 모아진 오렌지는 위생적으로 세척되지 않기 때문에 상당량의 잔류 농약이 주스 상태로 남게 된다. 또한 자몽의 경우는 자몽이 성숙되는 과정에서 잘 떨어지기 때문에 낙과 방지제인 알라

를 살포한다. 자몽에는 이러한 농약 성분인 알라라는 발암물질이 잔류되어 있다.

이 외에 수입 농산물은 재배 과정에서는 물론 수출을 위한 장기 보관, 수송, 유통되는 동안 농산물의 부패와 변형 방지를 위해 착색제, 방부제 등을 살포하지 않을 수 없게 된다. 원료 형태의 농수산물이 저렴한 가격으로 수입되면 그동안 국내산 원료를 가공용으로 사용하던 식품 가공 업체들이 수입산으로 전환하게 될 것이다. 그 결과 국내산 농산물의 판로가 위축되고 농어가의 소득 감소를 초래할 것이다. 특히 저장성이 높은 원료 농산물은 수입산의 사용이 보다 용이하여 이러한 농산물의 피해가 더욱 크게 될 것이다. 이 품목은 곡물, 두류, 유지 작물들이다. 한편 국내 농수산물을 가공 원료로 사용하는 가공 업체는 수입산 원료를 사용하는 업체와 원료 가격의 상대적 경쟁력 저하로 위축될 것이다. 특히 농민이 자체적으로 생산한 농수산물을 가공하는 농어가 또는 생산자 단체가 운영하는 가공 업체로 수입 원료 농수산물을 이용할 수도 없는 입장이기 때문에 업체를 유지하기 어려울 것이다. 이는 가공 사업에 참여하여 의해 가공 과정에서 창출되는 부가가치를 획득함으로 얻을 수 있는 농외소득 기반의 잠식을 의미한다. 또 가공식품의 수입 증가는 같은 업종 품목이나 유사 경쟁 품목을 생산하는 가공 업체의 위축을 가져오고 그에 따라 국내산 농수산물의 판로가 크게 축소되어 농어업 소득의 감소를 초래할 것이다. 또한 수입산과 동종의 가공식품을 생산하는 농어민 및 생산자 단체의 가공식품도 판매 부진으로 위축되거나 도산하게 될 것이다.

결국 수입 식품은 농어민들의 식품생산의욕을 위축시킬 뿐만 아니라 수입된 식품의 안전성에 많은 문제점을 가지고 있으므로 제한해야 하나 여러 정치, 경제적 상황으로 인해 수입 식품이 점차 증가되고 있어 이에 대처하는 방안이 모색되어야 할 것이다.

5. 수입 식품의 현황과 추이

매일 섭취하는 음식물의 대부분이 우리 땅에서 가꾸고 재배한 우리 농산물이 아닌 수입 식품이라는 사실을 얼마나 많은 사람들이 알고 있는가? 우리가 매일 식용하는 콩나물, 두부, 간장, 된장 등의 원료인 콩은 85%가 외국산이며 빵, 과자, 라면 등의 원료인 밀은 대부분이 수입 밀이다. 일부의 의식있는 사람중의 우리밀 심기와 먹기를 권장하고 있지만 극히 일부에 지나지 않는다. 앞으로 WTO의 개방에 의하여 그렇게 전망은 밝은 편이 아니다. 그리고 물엿 등 식품 원료로 사용된 옥수수 또한 98%를 수입하고 있다. 쌀 다음으로 우리 농민들의 수입원인 소는 88년 수입 개방된이후 증가하여 55% 이상이 수입되고 있다. 심지어 고사리, 고추, 마늘, 참깨 등은 수입되고 있는 실정이다. 이런 추세로 미루어 우리 식탁에 우리 음식이 거의 사라지고 외국 식품들로 가득찰 날이 멀지 않을 것으로 예상된다.

많은 농수산물의 수입 증가 추세는 더욱 확대되고 금액도 큰 폭으로 증가할 것이 분명하기 때문에 매우 심각하다. 80년대 초반에는 물가 안정을 빌미로 일부 농축산물의 무분별한 도입이 시작되었고, 80년대 후기에 본격적인 개방화 정책으로 인하여 농업 기반이 무너짐과 동시에 수입 농산물, 수입 식품의 전시장화 되어 가고 있다.

6. 수입 식품에 대한 방안

수입 식품이 우리의 일상생활에서 차지하는 비중이 크고 또 앞으로 계속 증가 추세이기 때문에 이에 대한 안정성 확보와 그 대안이 우선 시급하다.

수입 식품의 안전성을 확보하기 위하여 여러 가지 대책들이 수립되어야 한다.

① 대외 무역법, 식품위생법 등 개별 관리법에 의해 운용되고 있는 수입 식품 관련 안전 관계법은 '안전관리를 위한 단열법'이나 '소비자 안전법' 등의 제정이 필요하다.

② 외국에 비해 소홀히 하고 있는 안전 기준을 대폭 강화하고 농약이나 중금속 등 잔류 허용 기준을 설정하여 엄격히 시행해야 한다.

③ 수입 식품의 검역 인력과 장비를 보강하여 수입 식품의 안전성을 서류 검사나 관능 검사로 대신할 것이 아니라 이화학검사와 미생물학적 검사를 병행해야 한다.

④ 식품 안전에 관한 정보 수집과 조사, 분석, 평가, 전파 기능의 활성화와 세관과 검역소간의 정보 교환, 수입국으로부터 사전 정보 입수 등을 위해 정보망의 확립이 필요하다.

⑤ 수입 식품의 철저한 원산지 표시제가 실시되어야 한다.

⑥ 수입 식품에 대하여 아무리 검역을 철저히 하고 안전 기준을 강화하더라도 안전 할 수 없다. 따라서 수입식품의 위해성으로부터 안전하기 위하여 소비자 자신들의 수입 식품에 대한 인식 전환이 가장 절실하게 요구된다.

7. 수입 식품을 대하는 소비자의 바람직한 태도

일단 검역소를 통과하여 시중에 유통중인 수입 식품 등의 안전성은 국내 생산 식품 등과 같은 수준이라고 보아야 하나, 소비자가 수입 식품을 선택할 경우에는 수입 식품이 가지는 특성, 즉 장단점을 정확히 이해할 필요가 있고 품질 및 가격면의 우위를 따지지 않고 단순히 수입 식품이므로 선택하는 일은 없어야겠다. 즉 소비자 측면에서 본 식품 수입에 따른 장점으로는 첫째, 소비자의 식품선택 폭이 넓어진다. 국민소득의 증가와 식품소비의 기호성 추세에 따라 국민이 요구하는 식품의 종류도 대단히 다양해졌다. 그러나 이와 같은 국민의 다양한 요구는 농수축산물의 지역적 특이성 때문에 모두 국내제품만으로 만족시킬 수 없고 따라서 수입 식품으로 이와 같은 요구를 만족시키게 된다.

둘째, 값싼 식품을 구매할 수 있다. 기타 공산품과는 달리 식품의 제조원가 중 원료가 차지하는 비중은 대단히 높아 값싸게 원료를 생산할 수 있는 입지적, 자연적인 환경을 갖춘 나라에서는 다른 나라에 비해 값싼 제품을 생산할 수 있고, 이와 같은 식품을 수입하면 소비자에게 값싼 제품을 공급할 수 있다.

셋째, 국내 생산제품의 가격이 싸지고 품질이 향상된다. 수입된 식품과 동종의 제품을 생산하고 있는 국내 제조업체는 이와 대항하여 이겨 나가기 위하여 노력을 더욱 기울이게 되고 이에 따라 국내 제품의 품질이 향상되고 가격이 낮아지게 된다.

이와 같은 식품 수입에 따른 장점과 함께 단점도 적지 않은데 이를 열거하면 다음과 같다.

첫째, 상품에 대한 정확한 정보를 얻기 어렵다.

둘째, 일부 수입 식품의 경우 위생상 안전성이 낮다.

셋째, 피해가 발생했을 대 보상책이 미약하다.

일반적으로 식품을 선택할 때에는 그 식품의 위생적인 안전성, 영양적인 특성, 기호성 뿐만 아니라 가격적인 경제성을 고려해야 하며, 이 외에 유통·소비중 불만사항의 처리 가능성도 감안하여야 한다. 물론 수입 식품의 선택시에도 이와 같은 원칙에는 변함이 없다.

수입 식품 선택할 때의 요령을 쉽게 요약해 보면 다음과 같다.

첫째, 위생적인 안전성을 고려하자. 이에는 적절한 보관온도를 지켜지고 있는가, 부정 외래품이 아닌가 등을 확인하여야 한다.

둘째, 표시사항을 정확히 이해하자. 먼저 한글표시 사항을 정확히 읽어보고 정말 그 제품이 자기가 원하는 제품인가를 판단하여 구매하도록 하여야 한다.

　셋째, 가격 개념을 도입하자. 우리나라 식품의 품질수준도 이제 선진외
국에 비해 거의 손색이 없거나, 특히 위생적으로는 더 우수하다고 판정할
수 있으므로, 가격이 비싼데도 수입 식품이기 때문에 구입하는 것이 아닌,
경제적인 구매습관을 기르도록 하여야 할 것이다.

토의주제

1. 오염되지 않는 환경을 위하여 무엇을 어떻게 할 것인가 생각해 보시오.
2. 수입 식품에 대하여 우리들이 고려할 점은 무엇인가 알아보시오.

제 11 장

성인병과 식생활

식생활 인자들은 유전적 소인, 또는 기타 환경적 인자들과 상호작용하며, 개인의 건강상태에 영향을 끼치고 나아가 질병의 발생, 진전, 또는 회복과정에 작용한다. 특히 우리 나라에서도 최근에 높은 이환율을 보이는 성인병은 식생활과 깊은 관련성을 보이므로, 건강을 유지하고 질병을 예방하기 위한 바람직한 식생활에 많은 관심이 모아지고 있다. 본 장에서는 몇몇 주요 성인병의 발생과 관련있는 식생활 인자들을 고찰하고, 이들 질병을 예방할 수 있는 식생활에 대해 살펴보고자 한다.

1. 영양과 건강과의 관계

영양상태가 좋다고 해서 반드시 건강이 보장되는 것은 아니나 영양불량은 여러 가지 질병을 야기시키거나 악화시킬 수 있다. 영양불량은 그림

11-1과 같이 영양결핍과 영양과다의 두 가지 유형으로 나눌 수 있다. 20세기 초까지는 영양부족이 주로 발생하였는데, ① 에너지와 단백질의 섭취 부족으로 인한 단백질-열량 부족증과 소모증, ② 구순·구각염, 야맹증, 구루병, 각기병, 펠라그라 등 각종 비타민 결핍증과 ③ 구루병, 골연화증, 빈혈 등 여러 가지 무기질 결핍증이었다.

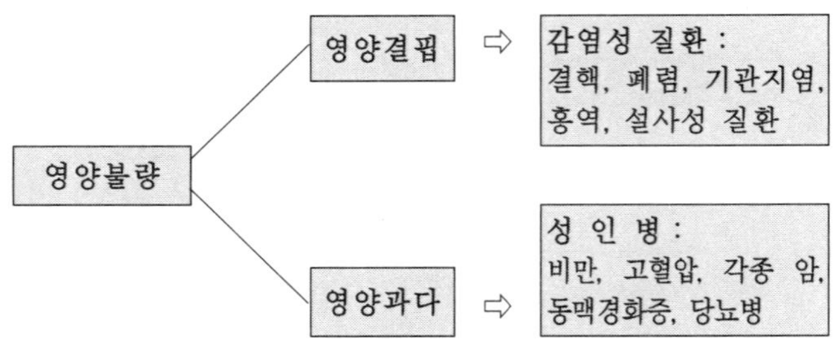

그림 11-1 영양불량과 질병

이러한 증상들은 섭취 식품의 양이 부족하고 질이 낮기 때문에 야기되는 현상들이며 현재에도 일부 빈곤지역에 남아있는 문제이다. 이러한 영양부족으로 인한 영양불량은 면역기능의 저하를 초래하여 이차적으로 결핵, 홍역, 콜레라 또는 장티푸스 등 감염성 질환에 대한 감수성을 높인다.

그러나 20세기 말의 영양불량은 영양과잉이 주종을 이루고 있다. 그 결과, ① 에너지 섭취과다로 인한 비만과 당뇨병, ② 지방, 특히 동물성 지방과 콜레스테롤의 과잉 섭취로 인한 동맥경화증과 암, ③ 소금의 과다 섭취로 인한 고혈압 및 ④ 알코올 섭취의 과잉으로 인한 간질환의 이환율이 높다. 이러한 증상들은 특정 영양소의 섭취량이 과다해서 나타나는 현상들로 서구의 개발국가들을 중심으로 확산되고 있다. 소위 성인병이라 불리우는 이들 질병들은 장기간에 걸친 영양소 대사의 부조화로 초래되는 까닭에 만성 퇴행성 질병이라 이른다.

2000년 우리나라의 사망원인은 그림 11-2와 같이 남자의 경우 순환기

질환과 악성신생물(암)이 전체 사망원인의 1/4씩을 차지하였으며 소화기 질환과 호흡기 질환이 각각 10%와 5% 수준이었다. 여자의 경우 순환기 질환이 35%로 가장 높았고 다음이 악성 신생물(암)로 18%이었으며 소화기 질환과 호흡기 질환이 각각 5% 수준이었다.

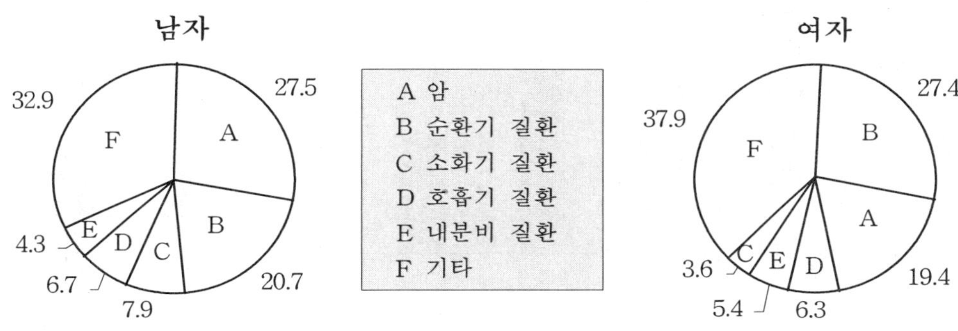

그림 11-2 2000년 한국인의 사인별 사망률(%)

남녀 모두 순환기 질환 중에서 뇌혈관 질환이 반 이상을 차지하였다. 감염성질환에 의한 사망률은 3% 이하로 1950년대에 결핵, 폐렴과 같은 감염성 질환이 주된 사망원인이었던 것과는 커다란 차이가 있다. 1985년 과 2000년의 사망원인을 비교해도(그림 11-3) 결핵이나 폐렴과 같은 감염 성 질환의 비율이 감소된 반면, 당뇨병, 허혈성 심질환 및 암 등의 만성 퇴행성 질환의 비율은 증가하였음을 알 수 있다. 이러한 변화, 즉 성인병 으로 인한 사망률이 높아진 현상은 우리나라의 영양문제가 후진국형의 영양부족으로부터 선진국형의 영양과잉으로 바뀌었음을 시사하여 주는 것이다. 그러나 아직도 잘못된 식습관으로 인한 특정 영양소의 섭취부족 또는 불균형에 따른 후진국형 질병도 상존하고 있어 국가적으로는 이중 부담이 되고 있다. 이와 같은 내용은 과·부족이 없는 식품섭취 즉, 균형 잡힌 영양섭취의 중요성을 강조해 준다.

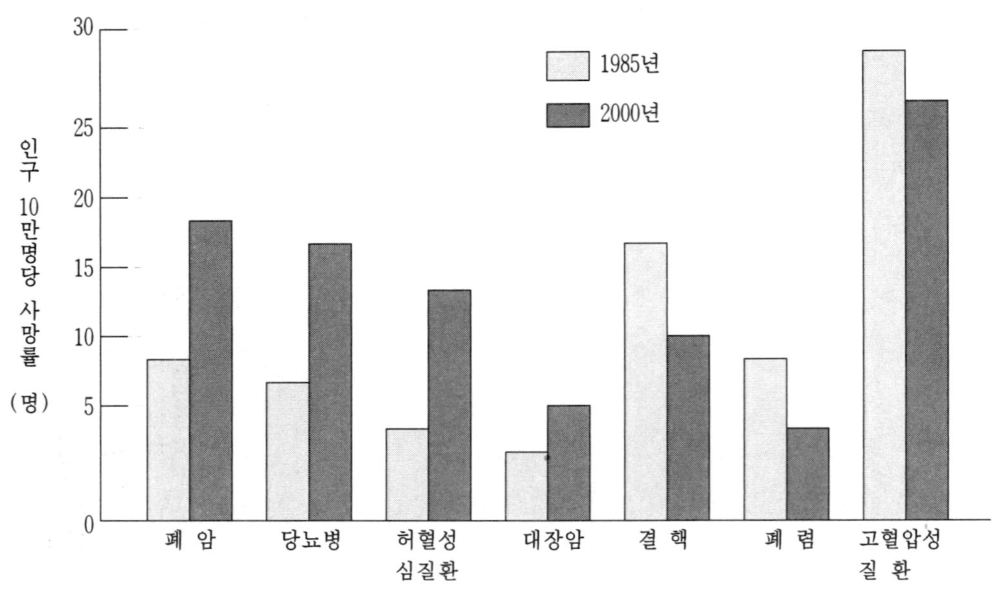

그림 11-3 한국인의 사망원인 변화

2. 성인병과 식생활에 대한 연구

영양과잉의 문제가 더 심각해진 20세기 후반에 영양학 분야의 연구는 영양소의 결핍에 대한 확인과 예방으로부터 확대되어 건강의 유지와 만성 퇴행성 질병의 감소에 대한 식생활의 역할에 대해 촛점을 모으게 되었다. 관상동맥 심질환이나 암과 같은 만성 질환의 발생과 진전 또는 예방에 식사가 어떠한 역할을 하는가에 대해 수많은 역학조사, 임상연구, 또는 실험연구들이 수행되었다. 영양적 인자들은 질병 발생에 유전적 소인 및 기타 환경적 인자와 복합적으로 상호작용하므로 아직 충분히 이해되지 못한 부분이 많다. 그러나 식사가 몇몇 만성 질환의 중요한 인자로 작용함이 밝혀짐에 따라 식사를 바람직한 방향으로 수정하면 이들 질병에 걸릴 위험률을 감소시킬 수 있음이 알려졌다. 따라서 정부의 공중보건정

책이나 영양계획은 물론 식품 산업체나 소비자 단체에서도 일반 대중에게 바람직한 식생활을 유도하기 위해 여러 가지 권고사항을 전하고 있다. 아직은 식생활 인자들의 효과를 양적으로 계산해 내기는 어려우나 총괄적인 결론은 다음과 같이 요약할 수 있다.

① 고혈압과 동맥경화증에 관한 증거는 매우 강력하다. ② 특정 부위의 암(식도, 위, 대장, 폐, 전립선 및 유방) 발생과 고도의 상관성을 나타낸다. ③ 충치와 만성 간질환은 특정의 식사 형태와 연관된다. ④ 양의 에너지 평형은 비만과 인슐린 비의존형 당뇨병에 걸리기 쉽게 한다. ⑤ 골다공증과 만성 신장질환에 관한 증거는 아직 불충분하다.

고혈압, 동맥경화증, 당뇨병 및 암에 대한 각각의 식생활 인자의 영향에 대해서 보다 자세히 설명하고자 한다.

3. 성인병의 최신 지견

최근 일부 학자들은 당뇨병, 고혈압 및 동맥경화증(고지혈증 포함)이 발생기전에 있어서 공통점을 갖는 질환군이라고 주장하고 있다. 즉, 이들 성인병은 유전, 비만, 운동부족, 노화, 음주 등 공통된 병인을 가지는데 이러한 인자는 모두 인슐린 저항성을 유발하여 혈당치를 상승시키며 따라서 인슐린 분비가 촉진되어 고인슐린혈증을 초래한다는 내분비 대사학적 설명이다. 고인슐린혈증 시에 신장에서는 ① 나트륨의 재흡수가 촉진되므로 체내에 나트륨 함량이 증가하고 그 결과 혈액량이 증가하며, ② 교감신경을 자극하므로 심박동수가 증가하고 혈관이 수축하고, ③ 또한 간에서 중성지방의 합성을 증가시켜 초저밀도 지단백(VLDL)의 혈중 농도가 상승하고 반대로 고밀도 지단백(HDL)의 농도는 감소한다. 이러한 일련의 변화는 동맥경화증의 발생에 중요한 역할을 하는 위험인자들이다. 이와같은 증후군을 X-증후군, 대사 일련의 증상 또는 인슐린 저항성 증후군이라 부른다.

임상에서도 비만한 당뇨병 환자의 40~50%는 고혈압을 보이며, 고혈압이 병발된 당뇨병 환자는 대부분 관상동맥경화성 심장질환이나 뇌혈관 질환으로 사망하는 사례를 볼 수 있다.

4. 고혈압

고혈압이란 혈관 내를 흐르는 혈액이 나타내는 압력이 정상 이상으로 높아진 상태를 이른다. 일반적으로 WHO 기준에 의해 고혈압을 진단하는데, 수축기 혈압이 140 mmHg 미만이고 확장기 혈압이 90 mmHg 미만인 경우를 정상 혈압으로 보며, 수축기 혈압이 141~159 mmHg이고 확장기 혈압이 91~94 mmHg 이상인 경우를 경계 고혈압으로 분류하고, 수축기와 확장기 혈압이 공히 160 mmHg와 95 mmHg 이상인 경우를 고혈압이라 한다. 그러나 임상에서는 경계역 고혈압에 대해서도 혈압에 대한 관리를 강화하고 있다. 우리 나라의 고혈압 발생률은 감소하는 추세를 보이고 있으나 전 인구의 약 10%가 고혈압 환자로 추정되고 있으며, 연령의 증가에 따라 발생률이 높아져 30대 이후의 고혈압 발생률은 98 국민건강·영양조사 결과에 의하면, 남녀 각각 17.5%와 16.2%이었다.

식생활 인자와 고혈압과의 관계에 대해서는 많은 연구가 수행되었다. 왜냐하면 전체 고혈압 환자의 90%를 차지하는 본태성 고혈압의 경우 그 원인이 아직 구체적으로 밝혀지지 않았기 때문이며, 혈압이 높은 경우 심장마비, 관상동맥 심질환, 말초혈관 병변, 신경화증 등의 위험이 증가되기 때문이다.

세계적으로 수행된 혈압에 관한 역학적 연구 결과들은 체질량지수(BMI)와 혈압, 또는 비만과 고혈압과의 강력한 상관관계를 보여주고 있다. 즉, 고혈압의 위험은 체중증가에 비례하며, 고혈압 환자에서 체중감소

는 혈압의 저하 효과를 나타낸다. 그러나 아직 체질량의 증가, 또는 비만이 혈압을 높이는 기전에 대하여는 잘 이해되지 않고 있다. 이외에 식사 인자로는 나트륨(Na), 칼륨(K), 칼슘(Ca), 알코올, 지방, 단백질, 식이섬유 등을 들 수 있다. 나트륨 섭취와 혈압은 그림 11-4와 같이 양의 상관관계를 뚜렷하게 보여준다.

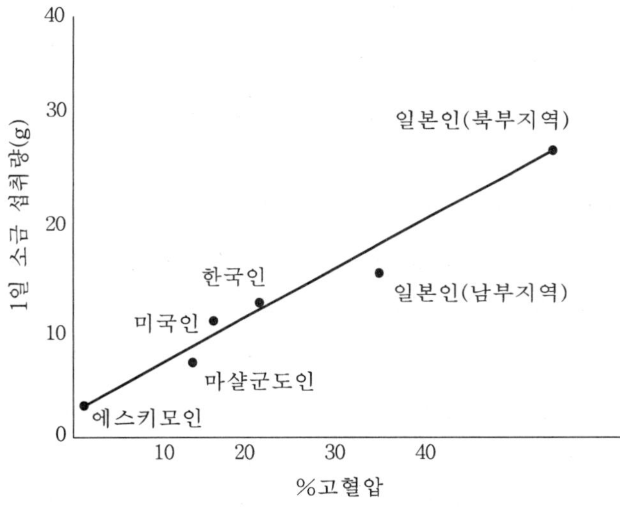

그림 11-4 소금섭취량과 고혈압 발생률

나트륨 섭취량이 하루 1,500 mg(소금 4 g 상당) 이하인 지역에 거주하는 사람들의 경우 고혈압 발생빈도가 현저히 낮으며, 연령의 증가에 따른 혈압 상승 현상을 보이지 않는다. 과량의 나트륨 섭취가 혈압을 상승시킨다는 점은 역학조사 뿐만 아니라 동물실험과 사람의 경우에서도 확인되었다. 그러나 그 기전은 아직 명확하지 않으며, 과잉의 나트륨 섭취 시에 고혈압이 유발되는 즉, 나트륨에 예민한 사람들을 확인하는 확실한 방법이 아직은 없는 실정이다. 또한 동일인에 있어서도 나트륨 섭취 수준이 혈압에 미치는 정도에 있어서 변이가 크다. 나트륨과는 달리 칼륨은 혈압을 낮추는 효과를 나타낸다. 칼륨 섭취가 심장마비로 인한 사망률과 음의 상관을 보인다는 증거나 고혈압 환자에게 칼륨을 보충급여하면 수축기와 확장기 혈압 모두 감소한다는 연구결과는 이를 뒷받침한다. 최근에는 나트륨과 칼륨의 절대적인 섭취량 뿐만 아니라 나트륨과 칼륨의 섭취 비율이 중요하다는 점도 주장되고 있다.

혈압 조절에 관여하는 칼슘의 작용은 명백한 결론에 이르지 못한 상태이나, 칼슘 섭취 수준의 감소는 고혈압 발생을 예견해 준다는 주장이 있다. 또한 하루 30 g 이상의 알코올 섭취는 평균 혈압을 증가시키며, 고혈압 발생빈도를 높인다. 불포화 지방산이 혈압을 낮추는 경향을 보인다는 점도 주장되었다.

정상 혈압자, 또는 가벼운 고혈압 환자의 식사에 고도불포화 지방산 대 포화 지방산(P/S) 비율을 높이거나, 총 지방 섭취량을 제한하면 혈압 강하 효과를 나타낸다. 동물실험에서는 리놀레산(C18:2)의 섭취가 부족하면 혈압이 상승하며 이를 보충하면 혈압이 감소한다고 밝혀졌다. 지방과는 달리 단백질 섭취와 혈압과의 관계에 관한 증거는 약하고 일정하지 않다. 그러나 채식을 하는 사람의 경우, 연령이나 체중에 관계없이 대체로 혈압이 낮은 특성을 보인다. 식이섬유소의 섭취도 단백질과 마찬가지로 채식주의자의 혈압이 낮다는 점에서 혈압과의 관련성이 주장된다. 임상 연구 결과도 정상인 또는 고혈압 환자에게 고식이섬유소 식사를 급여하면 혈압이 저하된다는 점을 증명하고 있다. 한편 카페인은 심장의 수축력을 강화시키고 혈관벽을 수축시키므로써 혈압 상승 효과를 나타내는 것으로 알려져 있다.

일반적으로 고혈압을 예방하기 위해서는 ① 소금 섭취량을 줄이고, ② 적정 체중을 유지하고, ③ 알코올을 과다하게 섭취하지 않도록 권장하고 있다. 고혈압의 경우 의사의 진단을 받아 적절한 조치를 취하여야 하며 아울러 알맞은 식사조절을 하여야 한다. 또한 고혈압은 동맥경화의 위험 인자이므로 동맥경화 예방을 위한 식생활도 동시에 실천하여야 한다.

5. 동맥경화증

　　동맥경화증은 대동맥이나 소동맥의 혈관 내벽에 지방성 죽상종이 생기면서 섬유화, 괴사 및 출혈 등이 발생해 혈관의 내강이 좁아진 상태를 이른다. 종말엔 혈관이 완전히 폐색되기도 한다. 이러한 병변의 발생과정을 보면, 어떠한 원인으로 인해 혈관 내피세포에 손상이 있었을 때 손상 부위에서 콜라겐이 노출되고, 이에 따라 혈소판이 부착·응집되면서 혈구세포들이 유인되고, 콜레스테롤을 비롯한 혈중 지질과 칼슘 등이 침착된다. 또한 평활근 세포가 증식해 결체조직의 두꺼운 섬유성 막으로 덮힌 축적물 즉, 죽상종을 형성하여 동맥벽이 비후되고 경화된다. 따라서 그림 11-5와 같이 혈관의 내강이 점차 좁아져 조직이 필요로 하는 혈액을 충분히 공급할 수 없게 된다.

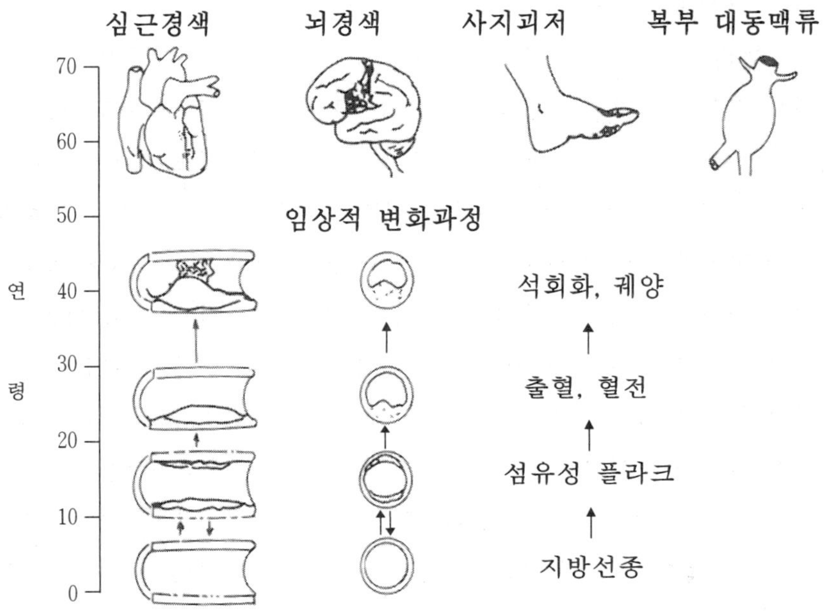

그림 11-5 동맥경화증의 경과

대동맥 부위의 경화는 혈류에 마찰 요인으로 작용하므로, 간혹 죽상종이 파열되어 혈류를 따라 흐르다가 혈전이 세동맥을 폐색시키기도 한다. 이 때 사지나 국소 부위에 괴저를 유발하기도 하나 직접적인 사망원인으로 작용하는 일은 드물다. 그러나 심장, 뇌 또는 신장 등 대사적으로 활발한 기관의 동맥이 경화되면, 이들 장기의 기능에 큰 영향을 끼치게 된다. 이중 심장에 분포된 동맥 즉, 관상동맥이 경화되어 혈관의 내강이 좁아지면 심근에 공급되는 혈액량이 부족해지므로 허혈성 심장질환이 야기된다. 협심증과 심근경색이 대표적인 허혈성 심장질환이다. 동맥벽에 발생되는 이러한 죽상종은 유아기에 나타나기도 하는 지방흔(fatty streak)이 수십년에 걸쳐 서서히 진행되어 발생한다는 설도 있다.

허혈성 심장질환의 위험인자로는 고콜레스테롤혈증, 고혈압 및 흡연이 중요한 영향을 끼치는 것으로 알려져 있으며, 비만과 운동부족도 원인으로 작용하는 것으로 보인다. 이들 중 식생활과 밀접한 관련을 보이는 인자는 고콜레스테롤혈증, 고혈압 및 비만이다.

콜레스테롤은 세포막의 구성성분으로 또한 담즙의 구성성분으로 체내에서 필수적인 기능을 수행하는 물질이지만, 혈액 중에 콜레스테롤 농도가 정상 이상으로 상승하는 경우 동맥 내벽에 죽상종을 발달시킨다. 고콜레스테롤혈증은 유전적 소인으로 인한 경우도 있으나, 콜레스테롤과 포화 지방산의 과다 섭취로도 발생할 수 있다. 혈장 콜레스테롤 농도는 30세 미만의 경우 180 mg/100 ㎖ 미만을, 30세 이후의 경우 200 mg/100 ㎖ 미만을 유지하도록 권장된다. 200 mg/100 ㎖를 넘는 경우 관상동맥 심장질환의 유발 위험이 높다고 판단된다. 혈장 콜레스테롤 농도가 1% 낮아지면 관상동맥 심장질환의 유발 예견율을 2% 낮춘다고 알려져 있다.

체내에서 지질은 지단백의 형태로 운반되는데, 이 중 저밀도 지단백(LDL)에 함유된 콜레스테롤의 증가는 동맥경화의 유발을 증가시키는 반면 HDL- 콜레스테롤은 보호 효과를 나타낸다. 따라서 LDL-콜레스테롤의 감소로 총 콜레스테롤 농도가 저하되어야 바람직하다. LDL-콜레스테롤을 높이는 식사인자는 총 지방, 포화 지방산 및 콜레스테롤의 과다 섭취이며 단일, 또는 고도불포화 지방산은 저하 효과를 나타낸다. 또한 비만은 LDL-콜레스테롤 농도를 상승시킨다고 알려져 있다.

따라서 LDL-콜레스테롤을 높이는 인자인 포화 지방산과 콜레스테롤의 섭취량을 줄이고 비만해지지 않도록 에너지 섭취를 적절하게 하고, 운동을 하는 것이 바람직하다. 또한 동맥경화의 위험인자인 고혈압을 예방하여야 한다.

6. 당뇨병

당뇨병은 인슐린의 분비가 부족하거나 분비량이 충분하더라도 그 작용이 원활하지 않아 당질 대사에 이상이 초래되어 고혈당과 당뇨를 나타내는 만성 대사성 질환이다. 당뇨병이 직접적인 사망원인으로 작용하는 경우는 많지 않으나 합병증으로 인한 사망률은 상당히 높다. 당뇨병은 임상적인 특징에 따라 인슐린 의존형(제 1형)과 인슐린 비의존형(제 2형)으로 분류된다. 최근에는 제 3형으로 영양실조형 당뇨병을 구분하기도 한다. 우리 나라의 경우 당뇨병 환자의 90% 정도가 인슐린 비의존형이며, 서구와 비교해 볼 때 인슐린 의존형이 적은 대신 소수의 영양실조형 환자가 있다는 점과 인슐린 비의존형 중 비비만형이 약 $\frac{3}{4}$ 정도로 다수이고 비만형이 적다는 점이 특징이다.

인슐린 의존형 당뇨병은 인슐린을 분비하는 췌장의 β-세포 기능이 전면 상실되어 일어난다. 그 원인에 대해서는 아직까지 확실하게 알려지지 않았으나 자가면역성 질환에 의해 β-세포가 파괴되어 나타나는 것으로 생각된다. 따라서 이 유형의 당뇨병 발생에 유전인자와 아울러 특정 바이러스의 감염과 관련된 환경인자의 영향이 거론되고 있으나 식사인자의 영향에 관한 연구는 거의 없다.

인슐린 비의존형 당뇨병의 원인으로는 β-세포의 노화로 인한 인슐린 생산성의 감소, 체세포, 특히 지방세포의 인슐린 저항성 증가로 인한 인슐린 작용력의 저하, 인슐린과 반대작용을 하는 호르몬의 분비 증가, 스트레스 또는 유전적 소인 등이 거론되고 있으나 역시 인슐린 작용 장애의 구체적 원인은 아직까지 분명하지 않다. 그러나 이 유형의 당뇨병 발생에 영향을 미치는 식사인자에 대해서는 일부 밝혀져 있다.

당뇨병 발생과 관련된 중요한 식사인자는 지방 및 탄수화물로부터의 열량 섭취 비율이다. 지방 에너지비는 양의 상관을 보이며 반대로 탄수화물 에너지비는 음의 상관을 보인다. 그러나 이보다 더 중요한 것은 절대적인 에너지 섭취량이다. 에너지 섭취과다로 인한 비만 발생은 당뇨병의 위험률을 크게 증가시키기 때문이다. 비만해지는 경우 인슐린 저항성이 커진다는 점은 동물실험을 통하여 확인되었다. 한편 동물실험에서 크롬(Cr) 결핍은 내당성의 장애를 초래하는 것으로 나타났으나 인체에서는 증명되지 않았다. 크롬 결핍은 원인이라기 보다는 결과로써 나타나는 현상으로 이해되고 있다. 과량의 알코올 섭취는 인슐린의 저항성을 증가시켜 혈당치를 상승시키나, 역시 직접적인 관련성은 없는 것으로 보인다. 수용성 식이섬유소는 혈당을 낮추나 당뇨병의 발생 위험률을 감소시키는 효과에 대하여는 아직 충분한 증거가 없다.

당뇨병의 예방을 위하여서는 비만해지지 않도록 하여야 한다. 당뇨병이 확인되면 모든 성인병과 마찬가지로 식사 조절과 아울러 의사의 진단과 그에 따른 적절한 조치가 필요하다.

7. 암

우리 몸을 구성하는 정상적인 세포는 유전인자에 함유된 정보에 따라 질서있게 분열하며 정상적인 형태와 성분을 가지고 정상적인 기능을 수

행한다. 그런데 어떤 원인에 의해 생물학적 조절력이 상실되면 세포분열
이 무제한 일어나며, 세포들이 비정상적인 형태와 조성을 갖게 되고, 정
상적인 기능을 수행하지 못하게 된다. 이러한 세포를 암(악성 종양) 세포
라고 하며, 이들은 정상 조직에 침윤하여 표면뿐만 아니라 심부까지 인접
조직을 파괴하며 증식한다. 또한 전이에 의해 전신에 확대되기도 한다.
암은 다양한데 암 조직의 해부학적 특징에 따라 구분하기도 하나 일반적
으로 발생 부위에 따라 식도암, 폐암, 유방암 등으로 분류한다.

이러한 암은 우리 나라에서 앞서 언급한 고혈압과 동맥경화증 등 순환
기계 질환과 함께 높은 사망률을 보이고 있다.

암 발생의 80~90%는 환경인자와 직·간접적으로 관련된다고 보고되
었으며, 모든 암 발생의 35% 정도는 식생활과 관련된다는 증거가 있다.
외인성 발암인자의 대부분이 자연환경 중의 화학물질이란 점을 생각할
때 위와 같은 보고는 신빙성이 있다. 또한 지역적으로 암 발생에 차이를
보이는 것도 식생활이나 환경인자의 차이로 설명할 수 있다.

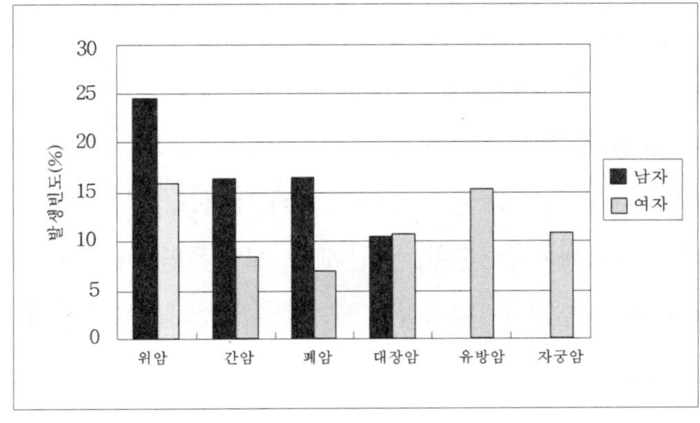

그림 11-6 한국인의 암 발생빈도(2002)

2002년도 한국인의 암 발생빈도를 보면, 남자는 위암(24.5%)이 가장 높
았고, 간암(16.3%)과 폐암(16.3%)이 같았으며, 다음으로 대장암(10.2%)

순이었다. 대장암의 증가가 현저하였다. 여자도 위암(15.8%)이 가장 높았고, 다음으로 유방암(15.1%), 자궁암(10.6%), 대장암(10.5%), 간암(8.1%), 폐암(6.8%)의 순이었고, 유방암과 대장암의 증가가 괄목할만하였다(그림 11-6).

여러 부위의 암 중에서 식생활 인자와 높은 관련성이 있다고 밝혀진 것으로는 위, 대장, 간, 췌장, 폐, 유방, 자궁, 난소, 방광, 전립선 등이다.

❶ 위 암

위암 발생과 정의 상관관계를 보이는 식사인자로는 말리거나 염장하거나 또는 훈연한 생선류와 염장한 채소류의 과다섭취이다. 이러한 식품은 고농도의 염을 함유하며 질산염 또는 아질산염 함량도 높다. (아)질산염은 트릴메틸아민과 반응하여 발암성이 강한 물질인 니트로스아민을 생성하는데, 이러한 반응이 위내에서 일어날 수 있다고 생각된다. 우리가 섭취하는 (아)질산염은 대부분 채소류에서 온다. 동물성 식품에는 그 함량이 매우 낮으나 육류제품, 치즈, 수산제품 등 일부 가공식품에 발색제 또는 보존제로 첨가되어 있다. 이외에 음용수를 통해서도 섭취된다. 그러나 실제로 섭취된 (아)질산염이 체내에서 어느 정도나 니트로스아민의 생성에 기여하는지는 확실하지 않다. 한편 신선한 채소와 과일, 비타민, 특히 비타민 C는 위암에 방어효과를 나타낸다. 비타민 C는 니트로스아민의 생성을 차단시킨다고 증명되었다. 비타민 A와 엽록소, 인돌 등의 보호 효과도 밝혀지고 있어 양배추, 순무, 꽃양배추, 모란채를 비롯한 녹황색 채소류의 섭취가 위암 발생을 감소시킬 수 있을 것으로 생각된다.

❷ 결·직장암

결·직장암의 위험은 지방 섭취량과는 정의 상관성을, 식이섬유소 섭취량과는 부의 상관성을 보인다. 식이섬유소의 효과가 그 자체에 의한 것인지 혹은 식이섬유소와 함께 섭취되는 비타민 C나 칼슘 같은 다른 성분에 의한 효과인지는 분명치 않다. 이외에 알코올 음료, 특히 맥주의 섭취

에 의해 결·직장암의 위험이 증가하는 것으로 알려져 있다. 단백질, 에너지 또는 콜레스테롤 섭취량도 정의 관련성을 갖는다는 보고도 있으나 아직 확실치 않다. 한편 단일불포화 지방산이 방어 효과를 나타낸다고 하나 이에 대해서 더 많은 연구가 필요하다. 결·직장암은 유방암, 자궁내막암 또는 난소암과 높은 상관성을 보인다.

❸ 간 암

B형 간염이 완전히 치유되지 않았을 때 서서히 암으로 진행되어 한국인에 간암 발생률이 높은 것으로 알려져 있다. 이외에 발암성 물질인 아플라톡신의 오염이 간암의 주요 원인으로 꼽히며, 알코올 섭취도 높은 상관성을 보인다. 알코올은 지방간, 알코올성 간염, 간경변 등을 야기시키며, 이들이 복합적으로 나타나기도 하는데, 이러한 상태가 암으로 발전할 수 있는 것으로 생각된다. 단백질 결핍도 문제가 되는데 알코올 중독자에서 보이는 단백질 영양불량이 복합적으로 간암 발생을 촉진하는 것으로 생각된다.

❹ 폐 암

폐암의 가장 중요한 원인은 흡연이며, 기타 직업적으로 석면, 니켈(Ni), 크롬, 감마선 등에 빈번하게 노출되는 경우 증가할 수 있다. 식사인자 중에서는 지방과 콜레스테롤 섭취량이 정의 상관성을 보이며, 베타 카로틴(β-carotene)과 비타민 A 및 C는 보호 효과를 나타낸다. 따라서 폐암은 녹황색 채소를 자주 섭취함으로써 어느 정도 예방할 수 있다.

❺ 유방암

유방암의 위험은 여성 호르몬의 활성과 밀접한 관련이 있으며, 식사인자 중 직접적인 정의 상관성을 보이는 에너지, 지방(특히 포화지방산) 및 알코올은 이들 호르몬의 분비나 대사에 영향을 끼치는 것으로 생각된다.

특히 폐경 이후의 유방암 발생률은 체질량지수와 정의 상관을 보이고 있어, 폐경기 여성에서 동물성 지방을 통한 에너지의 과다 섭취는 바람직하지 않다고 여겨진다. 한편 탄수화물과 식이섬유소 섭취는 예방 효과를 보인다는 증거가 있다.

❻ 전립선암

전립선암의 발생에 남성 호르몬이 어떠한 영향을 끼치는지에 대해서는 아직 많이 연구되지 않았다. 강력한 식사인자는 지방으로, 고지방 식품의 과다 섭취는 전립선암의 위험률을 증가시킨다. 비타민 A는 폐암이나 위암에서와는 달리 전립선암의 발생과 정의 상관을 갖는 것으로 알려졌다. 특히 70세 이상의 노인에서 비타민 A의 과다 섭취는 위험하다고 여겨진다. 이외에 식사나 직업적인 환경에서 카드뮴(Cd)에 노출되는 경우 전립선암 발생이 증가한다는 보고가 있으나 일관성을 나타내지 않고 있다.

❼ 암 예방을 위한 식생활

일반적으로 암을 예방하기 위하여는 ① 지방, 알코올 및 소금의 과다 섭취를 피하고, ② 채소류 및 과일류, 특히 녹황색 채소류와 감귤류를 주로 선택하고, ③ 식이섬유소를 많이 섭취하고, ④ 탄 음식이나 곰팡이 등 미생물에 의해 상한 음식을 먹지 말 것 등을 권장하고 있다. 이러한 식생활은 암의 위험인자를 가능한한 줄이고 예방인자를 늘임으로써 암의 발생빈도를 낮추고자 하는데 그 목적이 있다. 암 발생의 원인과 그 기전이 명확하게 규명되어 있지 않은 시점에서 특정 식생활이 모든 암을 예방할 수 있는 것처럼 광고하는 것에는 신중히 대처하여야 할 것이다. 특히 한 두가지 식품을 섭취하여 암을 치료한다는 견해는 매우 불합리한 것이다.

토의주제

1. 한국인의 전통적 식생활과 서구화되어 가는 식생활의 장·단점을 성인병의 발생측면에서 생각해 보시오.

2. 자신의 식생활 중 성인병 발생과 관련하여 문제되는 내용이 무엇인지 검토하고 수정 방안에 대해 토의하시오.

제12장 비만, 체중조절, 그리고 운동

　현대 생활은 작업 환경의 자동화 추세로 활동에 필요한 에너지가 현저하게 감소된 반면 경제사정의 전반적 향상과 식품산업의 발달은 과식의 여건을 높여 상대적으로 비만이 늘어나고 있다. 1979~1996년 사이 서울지역 초, 중, 고교생들의 비만 발생 증가 추세를 보면, 중·고등학생보다 초등학생에게서 더 높은 증가를 보였으며 전체적으로 남자(4.6배 증가)가 여자(3.2배 증가)보다 더 높은 발생빈도를 보이는 것으로 나타났다. 2001년 부산의 한 초등학교 6학년 아동을 대상으로 한 조사에서는 대상아동의 24.6%가 과체중이었다. 비만을 만드는 근본적인 원인들은 매우 많고 복잡하다. 그러나 그 원인이 무엇이라 하더라도 비만은 결국 과식, 즉 섭취한 에너지량과 매일의 활동을 유지하는데 소비한 에너지량 사이의 불균형에서 초래된다.

　비만이 심각한 대중적 건강문제로 부각되는 데에는 3가지 측면이 있다. 첫째로, 심각한 신체적 및 심리적인 문제점이 있으며, 둘째로, 비만은 전염병과 같이 한 사회에 발생하면 급속도로 만연하게 되는 속성이 있으며, 셋째, 비만은 완전히 치료하기가 어렵다는 점이다.

1. 비만의 판정

비만은 가끔 과체중과 동의어로 쓰는 경우가 있는데 똑같지는 않다. 비만이란 몸 안의 지방량이 정상 범위를 초과하여 이것이 과체중의 원인이 되었을 경우를 말한다. 그러므로 과체중의 원인이 근육, 골격, 혹은 체액 등과 관련된다면 이는 비만이 아니다.

비만을 정확하게 판정하려면 체지방량을 측정하여야 한다. 체지방량을 측정하는 방법으로 신체밀도 측정법, 피부두께 측정법, 단층 촬영법, 초음파 촬영법, 동위원소법 및 기타 대사산물 측정법 등 다양하다. 그러나 일반적으로 비만의 판정에 쓰이는 방법은 신장과 체중으로부터 비만도를 산출하는 간이법이 쓰이고 있다. 이것은 체중을 신장의 제곱으로 나눈 것으로 체질량지수(body mass index : BMI = kg of body weight/m^2 of height)라하며, 지수가 25 보다 크면 비만으로 보는 방법과 비만도(%) = (실측체중/표준체중)×100의 식에 의하는 Broca법이 있다. 표준체중은 다음 식에 의하여 산출한다.

신장이 151cm 이상인 경우 : 표준체중(kg) = {신장(cm)-100}×9/10
신장이 150cm 이하인 경우 : 표준체중(kg) = 신장(cm)-100

비만도가 100을 중심으로 하여 ±10%의 범위는 정상으로, +10~+19%인 경우는 체중초과로, +20% 이상은 비만으로 판정한다. 반대로 표준체중에 비해 15~20% 낮으면 체중 미달이라 한다.

2. 비만의 생리

비만증의 정확한 정의는 체중에 대한 지방분의 비율이 남자는 20%, 여자는 30% 이상 초과할 경우를 말한다. 신체내 지방량은 2가지 형태로 늘어난다. 첫번째는 이미 존재하는 지방세포에 지방을 채워서 세포를 확대시키는 것으로, 지방세포의 비대(hypertrophy)라고 한다. 두번째는 체내 지방세포의 전체 수를 증가시키는 것으로 지방세포의 증식(hyperplasia)이라고 한다.

지방세포의 수는 인간의 경우 임신 30주경부터 1세까지 급속하게 증가하고 그 이후는 조금씩 증가하며, 한편 지방세포의 크기는 6세까지 급속하게 커지고 그 이후는 서서히 커진다. 따라서 어릴 때 비만이 된 성인 비만자는 지방 세포수가 많고 사춘기 이후에 발생한 비만에서는 지방 세포수는 정상이지만 세포의 크기가 비대하게 되는 것이다.

비만 발생으로 일단 증가한 지방 세포수는 치료로써 감소되지 않고 세포의 크기만 작게 된다. 따라서 소아기에 비만이 된 사람의 치료는 매우 어려우며 성인이 된 이후의 비만은 치료 이후 단순히 비대 세포가 정상으로 된다는 점에서 비교적 용이하다고 할 수 있다. 비만인들을 대상으로 한 체중감소 연구결과를 그림 12-1과 같이 표현해 본 것이다.

비만한 성인이 체중 감소를 위한 여러 가지 식이요법으로 성공을 거두었다고 해도 그들의 많은 지방 세포수까지 변경되지는 않는 것 같다는 연구결과이고 보면 비만해진 후에 치료하는 것보다 평상시의 올바른 섭생을 통해 비만을 사전에 예방하는 것이 성인들 사이의 비만 현상을 막는 가장 효과적인 방법이 될 것이다.

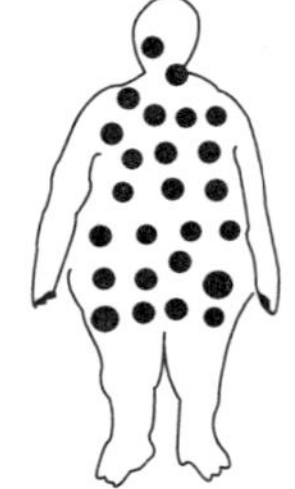
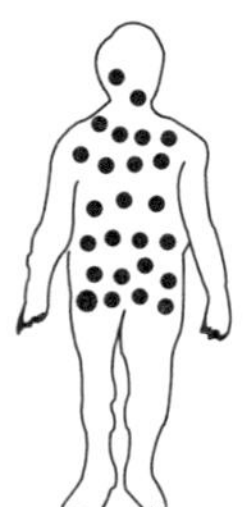

	A	B	C
체　중	148kg	102kg	74kg
지 방 세 포 크 기	0.9μg/세포	0.6μg/세포	0.2μg/세포
지 방 세 포 수	750억	750억	750억

그림 12-1 비만인의 체중감소에 따른 지방세포 상태의 변화

3. 비만의 문제점

　　체중이 정상 체중보다 30%를 넘으면 사망률은 1.5배, 50%를 넘으면 2배로 증가한다. 이는 비만한 경우 고혈압 발생률은 3배, 혈중 콜레스테롤 함량이 높을 확률은 2배, 당뇨병 발생 빈도는 3배, 남자는 대장암, 직장암 및 전립선암, 여자는 담낭암, 담도암, 유방암, 자궁암 및 난소암의 발생 빈도가 높아지기 때문이다. 특정한 질환 이외에도 간, 신장 및 혈액 응고에 이상이 있기도 하고 호흡의 곤란, 체중부하성 관절염, 부인의 경우에는 생리불순 및 불임증의 발생 빈도가 높다. 또 배에 지방이 쌓여 두꺼워지면 복강안이 좁아져 변비, 치질 등도 많이 발생한다. 이러한 신체적인 장애 이외에 비만한 사람은 자신의 체형 때문에 열등감과 대인관계가 원만치 못하게 되므로 사회생활 적응에도 큰 문제가 따른다.

4. 비만의 원인

비만은 그 유형에 따라 2가지로 나눈다. 첫째는, 뇌질환에 따른 시상하부 영역의 장애나 호르몬 분비 이상에 의해 생기는 증후성 비만과 둘째는, 병적증상을 동반하지 않고 일반적으로 볼 수 있는 단순성 비만이 있다.

단순성 비만의 원인으로는 유전, 생활환경, 운동부족, 식사형태, 에너지 소비기구의 차이, 정신적, 사회적 인자 등이 거론되며, 이들 요인이 따로, 혹은 서로 연계되어 비만이 발생되는 것으로 생각된다. 그러나 어떠한 경우에도 비만의 성립은 결국 에너지 섭취가 소비보다 크다는 데 있는 것이다.

① 유전 및 생활환경

실험 동물을 통한 연구 결과는 비만이 분명하게 유전됨을 밝히고 있다. 그러나 사람의 경우는 유전인자와 환경인자 간의 복합적인 영향을 받으므로 판단하는데 어려움이 있다. 한 연구 보고에 의하면, 부모가 모두 비만하면 자손에서 비만할 확률은 73%이나 어느 한쪽만 비만할 경우는 41%이고, 부모가 모두 야윈 때에는 자손에서 비만이 나타날 확률은 9%로 보고되어 있다. 그러나 이러한 경향이 유전에 기인한 것인지 그 가족의 식습관에 의한 것인지를 구별하기는 매우 어렵다.

유전과 환경요인이 어떻게 작용하는가에 관한 연구를 보면, 각각 다른 환경하에서 자란 일란성 쌍둥이를 대상으로 실험했을 때, 정상체중을 가진 가족환경에서 자란 아이는 정상 체중을 보인 반면, 비만한 가족 환경하에서 자란 아이는 비만하였다. 이러한 내용은 유전적인 소인 못지않게 생활환경에 의한 영향이 크다는 것을 시사해 준다.

② 운동량

식품 섭취량과 소화흡수율에 변화가 없고 일상생활에서의 활동량이 줄어 들면 에너지 섭취량은 상대적으로 과잉하게 되어 비만에 이르게 된다. 현대의 생활양식이 점차 안락해지고 노동시간이 줄어드는 등의 변화는 운동량을 격감시키고 있다. 사춘기 소녀를 대상으로 한 어떤 연구는 테니스를 할 때 정상인은 전 경기시간의 90%를 시합에 소모하는데 비하여 비만인은 단지 50%만을 소모했다고 한다. 그만큼 비만인은 몸의 움직임을 적게 하기 때문에 비만이 더욱 촉진되는 것이라 할 수 있다.

❸ 식사형태

비만인의 식생활에 관한 조사연구에서 하루 총 섭취량이 같은 경우, 하루에 한 번 총에너지를 섭취하는 경우와 5~6회 나누어 섭취한 경우를 비교 보고한 바에 의하면, 한꺼번에 섭취한 전자에서 체중 증가가 높다는 보고가 있다. 즉 식사횟수가 적고 한 번에 많은 양을 섭취하는 것이 비만과 직결된다고 한다. 그 이유로는 1회의 과식에 따른 인슐린의 분비가 증가되어 그로 인한 지방합성이 증가되기 때문이라고 생각한다. 또한 비만자의 경우 야간에 집중적으로 식사를 섭취하는 경향이 크다는 것이 밝혀졌는데, 이런 식생활을 야식증후군이라고도 하며, 이는 남자보다 여자에게 더 많은 것으로 알려져 있다.

❹ 에너지 섭취와 소비

어떤 사람은 아무리 먹어도 체중이 늘어나지 않는가 하면, 비만한 사람은 심지어 음식을 바라보기만 해도 체중이 증가한다고 불평하는 사람이 우리 주위에 있다. 물론 이상과 같은 현상은 이론적으로 있을 수 없는 현상이지만 비만인이 정상인과 비슷하게 에너지를 섭취해도 정상인 보다 쉽게 체중이 증가할 수 있다는 몇몇 가능한 이유들이 제시되고 있다. 그 하나는 비만한 사람은 정상인에 비해 음식을 소화흡수하는데, 그리고 세포 안으로 물질을 이동시키는 데 필요한 에너지 요구량이 낮기 때문이란 것이다. 즉 비만인은 정상인에 비해 에너지를 더 능률적으로 이용한다는 설명이다. 두번째는 일반 지방세포에 비해 많은 체열을 발생하는 갈색지방세포(brown fat cell)가 비만인에 비해 정상인이 더 많거나, 혹은 그 기능이 월등히 높기 때문이란 것이다. 즉 비만인은 정상인에 비해 에너지

소비량이 적다는 설명이다. 그러나 이부분에 대하여는 아직 논란의 여지
가 많다.

⑤ 식품섭취 조절기능 장애

우리 뇌의 시상하부(hypothalamus)에는 기아감을 느끼게 하는 섭취중
추(feeding center)와 만족감을 느끼게 하는 만족중추(satiety center)가
있는데, 대부분의 비만인들은 기아감, 또는 만족감의 생리적 현상에 잘
반응치 못하며, 오히려 경험적으로 터득한 식욕에 민감하다고 알려져 있
다. 섭취중추와 만족중추에 영향을 미치는 기전에 대하여 몇가지 가설이
있다. 즉 혈액 중 포도당과 유리지방산의 농도가 영향을 미친다는 포도당
자극설(glucostatic hypothesis)과 미세하지만 정상 체온보다 낮아지면 섭
취중추가 자극되고, 높아지면 만족중추가 자극된다는 체온자극설
(thermostatic hypothesis) 및 체내의 일정한 지방량이 손실되면 섭취중추
가 자극되어 손실된 지방량을 보충한다는 지방 자극설(lipostatic
hypothesis) 등이 있다.

⑥ 정신적·심리적 요인

사람에 따라서, 즉 비만인에게서 분노, 불안, 고민, 슬픔 및 어떤 욕구
불만은 섭식행동으로 전가되어 식욕을 항진시킨다고 한다. 우울증과 관
계가 깊은 취침전 식품섭취 증세가 그 대표적 예이다. 이러한 현상은 스
트레스에 대한 반응으로 해석된다. 근래의 일부 연구에 의하면 비만은 우
울증, 불안, 또는 불행감 등의 감정 장애를 일으켜, 비만을 더욱 악화시키
는 것으로 보고 있다.

⑦ 내분비 대사 장애

이로 인하여 발생되는 비만을 단순비만과 구분하여 증후성 비만이라
하며, 이것에 의한 발생률은 전 비만증의 1% 미만으로 드물다. 주로 지방
대사에 관여하는 갑상선호르몬인 티록신, 부신피질호르몬인 당류코르티

코이드, 성호르몬 및 인슐린 등의 분비 부족, 또는 과잉에 의하여 비만이
초래된다.

5. 비만의 예방

비만인은 체중 감소를 위한 시도 뿐 아니라 심지어 체중유지에도 어려
움을 느낀다. 예를 들어 20kg의 체중 초과를 가진 사람이 1주에 1kg의 체
중을 줄인다고 할 때 초과 체중을 줄이는 데 필요한 기간은 최소한 20주
가 걸릴 것이다. 이는 평소 체중이 늘어날 때 섭취하던 식습관으로 볼 때
그렇게 쉬운 일이 아니다. 어떤 비만전문가에 의하면 비만 치료에 5년의
기간이 소요된다고 가정할 때 비만치료는 암 치료 가능성 보다 더 낮다고
말한다. 그러면 어떻게 비만을 예방할까? 아동기 비만예방은 온 가족이
올바른 식습관과 운동습관에 참여하고 협조할 때 이룰 수 있다. 젖먹이의
경우 보통 인공영양 보다는 모유영양이 과식을 예방할 수 있다고 하나 자
칫 유아가 울 때마다 달래는 수단으로 사용하면 모유영양에 의한 과식으
로 비만이 될 수 있다. 이유기로부터 아동은 새로운 식습관이 만들어진다.
원래 아동은 활동적이며 생리적 기아감에 의하여 음식을 섭취하게 되는
데, 이것이 부모들의 옳지 못한 과식 습관의 영향을 받으면 비만아동이
된다. 일생에 있어 또 한 번 비만발생의 갈림길은 청년기이다. 즉 학생에
서 직장인으로, 독신에서 결혼생활, 그리고 임신 후의 변화 등 생활양식
이 많이 달라지는 이 시기의 옳지 못한 식습관은 자칫 비만이 시작되기
쉽다는 것을 인식하여 체중 증가에 주의를 기울여야 한다.

6. 비만인의 체중조절

대부분 비만인에게 있어 체중감소는 대단히 어려운 것으로 알려져 있다. 여러 연구에 의하면 체중관리 프로그램에 참여했던 대부분 사람의 체중이 2년 안에 본래 비만시 체중으로 돌아간다고 한다. 비만치료는 평생의 과제란 인식을 갖고 개인의 전 생활형태를 점진적으로 변화시켜야 한다는 것이다. 즉 운동량을 늘리고 영양적으로 균형잡힌 저칼로리 음식섭취 및 음식섭취에 영향을 주는 외적, 혹은 환경적 자극요인을 극복하기 위한 행동관행의 수정이 이루어져야 한다. 그림 12-2는 섭취하는 칼로리와 방출량과의 상호 관계를 나타낸 것으로 체중조절의 기본이론이 되는 것이다.

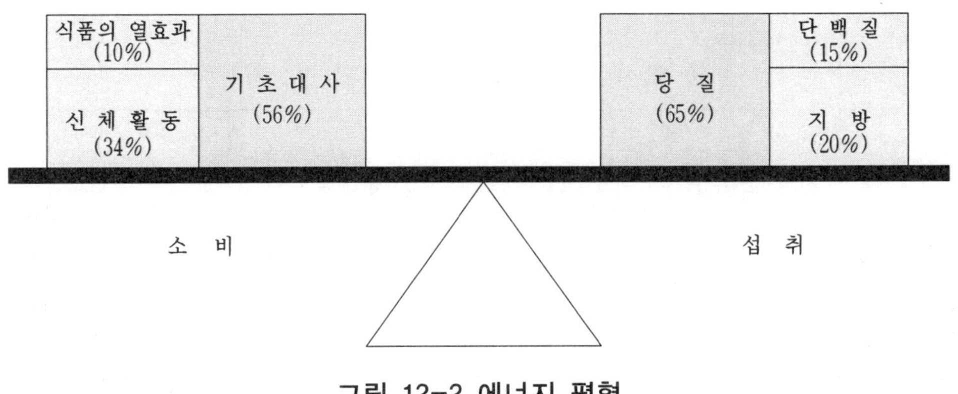

그림 12-2 에너지 평형

체중유지를 위하여 에너지 섭취와 소비가 같아야 한다.

1 식 이

에너지 균형을 깨뜨려 체중을 감소시키기 위한 한 가지 방법으로 칼로리 섭취를 제한하는 것이다. 에너지 제한식사는 서서히 진행하여야 하며,

하루에 필요한 에너지보다도 약 500kcal를 감하는 것이 바람직하다. 이러한 식사는 대략 1주일에 500g의 체중 감소를 가져온다. 이 때 비타민과 무기질 섭취량이 함께 감소되지 않도록 주의한다. 칼로리 섭취를 줄이면 동시에 기초대사량과 활동량이 줄게 되므로 기대한 만큼의 체중감소가 없을 수도 있으므로 이에 낙담해서는 안된다. 하루 1,000kcal 이하의 음식섭취는 영양적으로 적합치 못하므로 운동량의 증가로 이를 대체하여야 한다.

다음의 표 12-1은 한국 성인의 활동별 1일 에너지 권장량을 나타낸 것이다. 우리 주위에는 체중 줄이기를 원하는 사람을 위하여 여러 가지 획기적인 식이요법, 또는 식품이 선전되고 있는데 체중 감소에는 지름길이 없다라는 점을 고려하여 주의해서 선택하여야 한다. 근래 체중조절을 위한 식이요법들이 주장하는 선전에는 오류가 많거나 거의 효과가 없으니 주의해야 한다.

표 12-1 성인의 활동별 에너지 권장량

활동구분	남　자			여　자		
	활동계수*	에너지 권장량		활동계수	에너지 권장량	
		kcal/kg체중	kcal/day		kcal/kg체중	kcal/day
가벼운 활동	1.31	33	2200	1.31	32	1700
보통 활동**	1.52	37	2500	1.52	37	2000
심한 활동	1.78	45	3000	1.65	41	2200

* 활동계수 : 휴식시 에너지 소비량(남자 1700kcal, 여자 1300kcal)을 1로 보았을 때 활동으로 인한 에너지 소비량의 가중치
** 보통활동 : 1일 8시간 수면, 약 7시간 일(남 : 실험실 일, 와판원 등 직업 여 : 간단한 청소, 빨래 등 가사), 약 30분 정도 운동 및 약 8시간 기타 신변잡일 등으로 구성된 활동

만일 비만 치료식이 다음과 같은 약속이나 주장을 한다면 일단 주의하라. 즉 쉽고 편안하게 비만치료를 보장, 빠르게 체중 감소(1주만에 3～5kg) 보장, 단지 몇가지 식품, 혹은 한 가지 특정 식품(예 : 자몽 등)의

다량 요법으로 비만치료 약속, 비만치료에 획기적인 비타민제, 혹은 특수 성분의 효과 선전, 경이적인 몸매형성과 건강의 약속, 타인의 성공담을 곁들인 텔레비전, 또는 잡지의 선전, 갑자기 나타난 선풍적 인기의 치료 식이 등은 전혀 근거가 없거나 오히려 건강을 해롭게 하는 경우가 많다.

❷ 운 동

대부분의 사람들은 기초대사량과 신체 운동의 감소로 30세 이후에 체중 증가가 온다. 이러한 체중 증가는 음식을 필요한 양만큼만 섭취하면서 신체 운동량을 지속적으로 늘리면 피할 수 있다. 신체 운동은 여러 가지 이유에서 체중조절 프로그램에 이점이 있다. 운동을 통한 에너지 소비량의 증가는 체중 감소에 도움을 줄 뿐 아니라 생리적인 식욕조절 기전에 도움을 주며, 내적인 공복감 신호에 적응할 수 있는 기회를 준다. 골격근이 강화되며 혈액 순환이 촉진되고, 심폐 기능이 향상되는 이점이 있다. 또한 운동으로 상쾌한 느낌을 경험함으로써 정신적 안정에 도움을 준다.

한편 운동을 통한 체중 조절은 별 효과가 없다는 일부 속설이 있는데, 이는 운동이 상당히 많은 에너지를 소비했을 것이라는 안도감 때문에 이후 식품 섭취를 제대로 조절하지 못했을 때 있을 수 있는 일이다. 다음의 표 12-2는 가볍게 섭취하는 식품에 함유된 에너지가 소비되는데 어느 정도의 운동이 요구되는지를 나타낸 것이다.

다른 속설은, 운동을 하면 식욕이 증가하므로 음식섭취를 더 하게 되어 체중 조절이 어렵다는 것인데, 이는 농부나 벌목 인부, 또는 1일 약 8시간 정도 운동을 하는 운동선수와 같이 많은 에너지 소비를 초래하는 지속적인 운동의 경우이고, 적당한 시간의 심한 운동, 즉 1일 1시간 정도의 달리기, 수영, 또는 미용체조는 식욕을 증가시키지 않는다고 한다. 운동에 대하여 잘못 인식되는 것 중 신체의 특정 부위를 운동하면 그곳의 지방이 빠진다고 하는 것인데, 운동에 쓰이는 에너지가 운동하는 부위의 지방만을 연소하는 것이 아니므로, 이는 그렇지 않을까 하는 상상일 뿐이다.

표 12-2 섭취한 식품의 에너지와 이를 소비하는데 요구되는 시간(체중 66kg, 남자)

식 품	에너지함량 (kcal)	앉아있기 (분)	산책 (분)	달리기 (분)	수영 (분)
흰밥, 한공기(220g)	320	267	119	35	24
아이스크림(바닐라) 한 컵(120g)	240	200	89	26	19
우유, 한 컵(200cc)	120	100	44	13	9
맥주, 한 컵(200cc)	110	92	41	12	8
사과(후지), 큰 것(200g)	108	90	40	12	8
콜라, 한 컵(160cc)	100	83	37	11	8
크래커, 다섯쪽(20g)	95	79	35	10	7
토스트, 한 조각	78	65	29	9	6

운동만으로도 체중 감소를 이루는 데 의심의 여지는 없지만 체중조절 계획에 운동과 음식 양쪽을 같이 조절한다면 더욱 효과가 있음은 물론이다. 많은 종류의 운동 종목이 있으나 본인의 취미에 맞아 일상생활의 일부처럼 매일 실시 할 수 있는 것을 선택하는 것이 무엇보다도 중요하다. 표 12-3은 운동, 또는 일의 유형별 에너지 소비량을 비교한 것이다.

표 12-3 운동 유형별 에너지 소비량

운 동	에너지소비량 kcal/min/kg	운 동	에너지소비량 kcal/min/kg	운 동	에너지소비량 kcal/min/kg
1. 수영	0.197	10. 묘목심기	0.070	19. 산책	0.040
2. 도랑파기	0.145	11. 체조	0.066	20. 서서 그림그리기	0.036
3. 달리기	0.138	12. 사이클링	0.064	21. 다림질	0.033
4. 농구	0.138	13. 바닥걸레질	0.062	22. 편지쓰기	0.029
5. 언덕오르기	0.121	14. 창문닦이	0.059	23. 타이핑	0.027
6. 테니스	0.109	15. 시장보기	0.058	24. 카드놀이	0.025
7. 배드민턴	0.098	16. 배구	0.050	25. 식사하기	0.023
8. 톱질	0.097	17. 요리	0.048	26. 손뜨게질	0.022
9. 골프	0.085	18. 당구	0.040	27. 조용히 앉아있기	0.018

운동효과를 극대화하기 위한 방법으로써, ① 운동의 강도를 천천히 올린다, ② 운동에 변화를 준다, ③ 달성 목표를 정한다, ④ 계획대로 반드시 실천한다, ⑤ 운동에 도움이 되는 옷을 입는 것 등이다. 그외 운동의 진전상황을 도표로 만들어 항상 볼 수 있게 한다든지, 가능하면 2~3명의 그룹을 만들어 운동을 하면 재미가 있고, 운동으로 일정한 체중 목표에 도달하면 보상의 수단을 정하여 실시하는 것도 좋은 방안이다.

❸ 행동의 수정

(1) 식사행동의 수정

가끔 비만인은 스스로 먹는 것을 자제할 수 없다고 믿는다. 그러나 비만인의 섭취 행위는 그의 생리적인 기아감 – 만족감의 기전 대신에 외적, 혹은 환경적 자극요인에 따라 주로 이루어지는데, 이는 후천적으로 터득한 식습관이므로 역시 수정될 수 있는 것이다. 섭취행위 조절을 위하여 행동관행을 수정하려면 먹고 싶은 충동이 어떤 때 일어나는가를 파악하고 그 원인을 원천적으로 차단하는 것이다. 예를 들어 텔레비전을 볼 때에는 무엇이 먹고 싶어진다는 사람이면 반드시 텔레비전이 없는 방에서 음식을 섭취하도록 제한한다. 냉장고에 맛있는 음식이 있으면 다 비울 때까지 참지 못한다는 사람은 그때그때 먹을 만큼의 음식만을 준비하는 것도 한 가지 요령이 될 수 있다.

일단 바람직하지 못한 주위 환경요인들이 확인되어 대체되거나 제거되면, 식습관을 조절할 수 있는 유용한 방안이 있다. 그 예는 다음과 같다. ① 천천히 먹는다, ② 식품을 지켜보지 마라, ③ 보이는 곳에 음식을 놓아두지 마라, ④ 아무 곳에서 아무렇게나 음식을 먹지 마라, ⑤ 독서, 또는 텔레비전 시청 같은 어떤 행동과 먹는 것을 연관시키지 마라.

식사 행동의 수정 프로그램에서 또 한 가지 중요한 점은 잘한 행동에 대하여 격려를 하는 것이다. 예를 들어 비만인이 격식을 갖춘 식당에서 음식을 섭취한다는 지침에 잘 따랐다면 그가 원하는 어떤 것을 상으로 주는 것이다.

(2) 운동 행동의 수정

식사 행동의 수정으로 남보다 더 먹지 않게 되었다고 이를 믿고 운동량이 적어지면 결국 체중은 다시 증가하게 된다. 그러므로 에너지 소비량을 늘리기 위하여 정적인 생활관습에서 동적인 상태로 변화시킬 필요가 있다. 즉 짧은 거리는 걷고, 승강기 대신 계단을 오르고, 잠시 휴식시에 맨손 운동이라도 하고, 목적지보다 미리 하차하여 걷는다. 매일의 일과를 재정비하는 데 있어서 가장 어려운 작업은 편안한 생활을 노력이 많이 드는 작업으로 대체하는 것이다. 반복되는 일과의 틀 속에 좀더 격렬한 활동을 포함시키는 것은 새로운 생활방식을 택하고자 하는 개인의 의지이다.

행동수정에 의한 비만 치료효과는 크지 않지만 중도 포기율이 낮고, 감소된 체중을 장기간 유지하는데 더 효과적으로 알려져 있으므로 열량 제한식이 및 운동 요법과 병행할 때 성공적일 것이다.

토의주제

1. 우리 나라 아동 비만의 발생 현황과 문제점을 지적하고 그 대책을 논의하시오.
2. 본인의 하루 에너지 섭취량과 소비량을 산출해 보고 비만발생 가능성에 대하여 논의하시오.
3. 시중 비만 치료제 및 요법의 실태를 조사하고 그 문제점을 논의하시오.

제 13 장

임신기와 수유기 영양

여성의 생애주기에 있어 임신기와 수유기는 신체적으로는 물론 정신적으로도 큰 부담을 갖게 되는 특수한 시기다. 이 시기의 영양상태는 모체의 건강뿐만 아니라 태아와 영아의 건강과 성장에 매우 중요하다. 이러한 이유로, 임신기와 수유기 영양을 모성영양, 또는 모자영양이라고 한다. 즉, 생리적으로 성숙한 여성이 정상적으로 임신을 하고, 분만 후 산욕기를 거치며, 수유하는 과정을 통해 다음 세대의 출생과 양육을 담당하는 여성의 영양을 통칭하는 의미를 갖는다. 나아가 태아와 영아의 영양까지를 포함하기도 한다. 왜냐하면 임신기에는 모체와 태아가 태반을 통해 연결되어 분리할 수 없는 관계를 형성하고 있기 때문이며, 수유기에도 전적으로 모유영양을 실시하는 경우 모체의 영양상태는 바로 영아의 영양상태에 영향을 끼치기 때문이다.

본 장에서는 임신과 수유의 생리, 임신부와 수유부의 영양 소요량, 모유의 조성 및 모유영양의 중요성 등에 대해 살펴보고자 한다.

1. 임신기 영양

1 임신의 생리

정상적인 임신은 해부학적으로나 생리적으로 복잡한 변화를 수반하면서 진행된다. 임신 초기부터 여러 가지 변화가 뚜렷이 나타나는데, 이는 모체의 대사를 조절하여 태아의 성장발육과 이후에 있을 분만과 수유에 가장 적절한 체내 환경 조건을 형성해 가는 주요한 현상으로 이해된다.

(1) 생리적·해부학적 변화

먼저 혈액을 포함한 심장·순환기계의 변화를 들 수 있다. 임신 일 삼 분기부터 혈장량이 증가하기 시작하여 임신 34주에 최대량을 보이는데 비임신기에 비해 50% 정도 증가한다. 혈장 성분들은 총량은 증가하나 농도는 저하된다. 이는 혈장 성분들의 공급이 혈장량의 증가에 비해 불충분하기 때문이다. 일반적으로 나타나는 적혈구 용적 비율이 낮아지고, 단백질, 무기질 또는 수용성 비타민류의 혈장 농도가 감소하는 현상은 이러한 이유 때문이다(그림 13-1). 적혈구를 예로 들면, 비임신부에서의 적혈구 용적비(Hct)는 35% 이상이 정상치이나 임신부의 경우에는 29~31%로 저하하며, 혈색소(Hb) 농도는 12 g/100 ㎖ 이상이 정상치이나 10~11 g/100 ㎖로 저하한다. 그러나 개개의 적혈구 크기나 혈색소 함량은 정상이다. 임신 중에는 혈장의 총 단백질, 알부민, 엽산, 철분 및 칼슘 농도는 저하하고 포도당과 콜레스테롤 농도는 증가하는 현상을 보인다.

혈장량 증가에 수반하여 임신기에는 심박수가 매분당 80회 정도로 증가하며 심박출량도 임신 34주에는 약 50% 정도 증가한다. 또한 심장의 경미한 비대 현상도 보인다. 그러나 혈압은 오히려 수축기와 이완기 혈압 모두 5~10 mmHg 정도 떨어지는데, 이는 말초 혈관의 이완에 따른 결과이다.

호흡기계에도 변화가 나타나는데 임신기에는 심호흡을 하여 일호흡 용적을 증가해 환기량을 늘린다. 호흡횟수의 증가는 크지 않다.

신장으로 가는 혈액량은 크게 증가하는데 혈장 교질압이 저하되어 있기 때문에 사구체 여과율이 증가해 이를 처리할 수 있다. 그러나 사구체 여과율 증가에 대한 세뇨관의 적응은 완전하지 못해 결과적으로 일부 영양소는 완전하게 재흡수되지 못하고 배설되기도 한다.

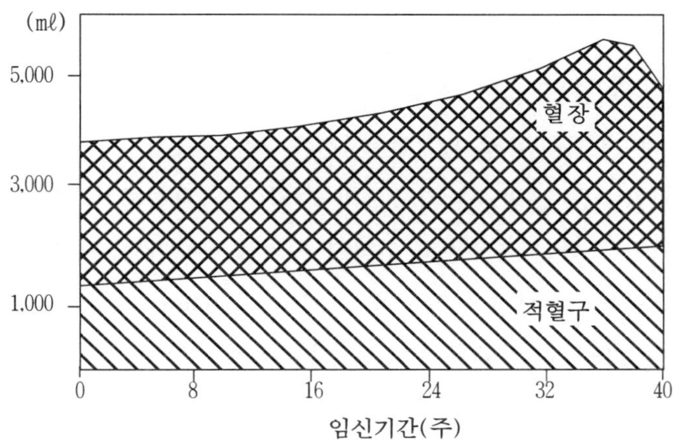

그림 13-1 임신 중 혈액성분의 변화

소화기계에 나타나는 여러가지 변화는 상당히 흥미롭다. 임신으로 인해 일반적으로 식욕은 증가하나 메시꺼움과 구토가 종종 발생하며, 특히 임신 초기에 미각의 변화와 함께 음식 섭취에 어려움을 겪기도 한다. 이러한 현상들을 입덧이라 한다. 임신 중에 위장의 운동성과 소화액의 분비가 감소하는 현상을 보이는데 이는 프로게스테론(progesterone)이 평활근의 긴장과 운동성을 저해하기 때문이다. 이러한 결과, 영양소와 수분의 흡수율은 증가하나 변비가 초래되기도 한다.

(2) 호르몬 분비의 변화

임신기에는 30여 종의 호르몬이 분비되는데 가장 큰 변화는 임신으로 인해 새롭게 형성된 조직인 태반에서 임신의 유지에 필요한 주요 호르몬을 분비한다는 점이다. 비임신기에 분비되는 호르몬 중에서도 분비량에 변화가 초래된다. 임신의 생리에 있어 가장 중요한 역할을 수행하는 호르몬은 난소에서 분비되는 여성 호르몬인 프로게스테론과 에스트로겐이며 이 호르몬들은 임신 중에는 태반에서 다량 분비된다.

프로게스테론은 ① 자궁의 평활근을 이완시켜 태아의 성장에 대처토록 하며, ② 모체에 지방을 축적시키고, ③ 폐포와 동맥의 산소 분압을 낮추며, ④ 신장에서는 나트륨의 배설을 촉진한다. 에스트로겐의 분비량은 임신 초기에는 적으나 분만 직전에 많아지며 ① 자궁의 성장을 촉진하고, ② 갑상선의 기능을 항진시키고, ③ 결체조직의 구조를 변화시켜 수화도를 증가시키는 등 분만 시 자궁근의 이완이 원활하도록 작용한다(그림 13-2). 이외에 갑상선 호르몬의 분비가 증가해 에너지 대사를 항진시킨다. 이러한 결과, 기초대사량은 임신 4개월부터 증가하기 시작하여 분만 시에는 15~20%정도의 증가율을 보인다. 인슐린은 태아에게 포도당을 공급하는데 있어 중요한 역할을 수행하는데 임신 후반기에 분비량이 증가한다.

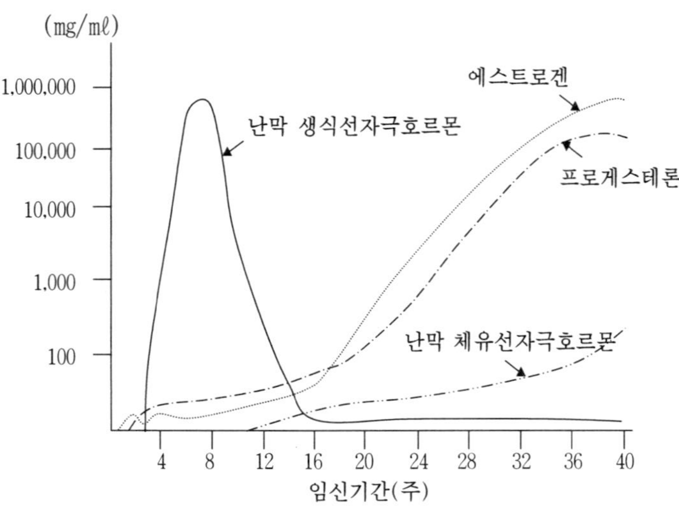

그림 13-2 임신기간 중 나타나는 호르몬의 변화

그러나 임신기에는 항인슐린 호르몬의 분비량이 많아 당뇨병 시와 유사한 상태가 초래되기도 하는데 이를 임신성 당뇨라고 한다. 대부분 분만 이후에는 정상으로 회복된다.

(3) 태반의 기능

태반은 모체와 태아를 구획 짖는 단순한 장벽이 아니라 생식과정에 중요한 기능을 수행하는 기관이다. 태반에 의해 수행되는 주요 기능은, 앞서 설명한 것처럼, 모체에 있어서는 임신과 관련된 호르몬을 분비하는 일이며, 태아에게 있어서는 물질의 수송 역할을 담당한다. 수정 후 6~7일경이면 수정란이 자궁에 도착하는데, 이때 일부의 자궁조직과 혈관이 파열되면서 함몰되는 부분에 착상하여 태반을 형성하게 된다.

태반에서는 모체 혈액과 태아 혈액간에 물질교환이 이루어지는데, 그 기전은 소화관에서의 영양소 흡수기전과 유사하다. 결과적으로 모체 혈액 중의 영양 성분이 태아에게 전달되며, 태아에서 생성된 노폐물질은 모체 혈액으로 수송된다. 태반은 일부 독성물질을 통과시키지 않아 태아를 보호하기도 하나, 지용성 비타민 같은 지용성 성분은 계속해서 태아에게로 수송되어, 과잉 섭취 시 뇨도의 비정상, 구개열 형성 등 여러 기관에 기형을 야기할 수 있다.

② 태아의 성장과 모체의 체중증가

수정란은 바로 세포분열을 시작해 포배를 형성해 착상한다. 임신 8주까지를 배아기라고 하며 이때에는 태반 등 주로 태아의 성장을 지원하기 위한 기관이 먼저 발육된다. 이후 분만 시까지를 태아기라고 한다. 태아기가 시작될 즈음의 태아 무게는 6 g 정도이나 분만 시까지 3,000~3,500 g으로 성장한다. 태아의 체중증가는 그림 13-3과 같다.

임신기간 중 모체의 체중증가는 임신이 정상적으로 진행되는지의 여부를 나타내주는 중요한 지표이다.

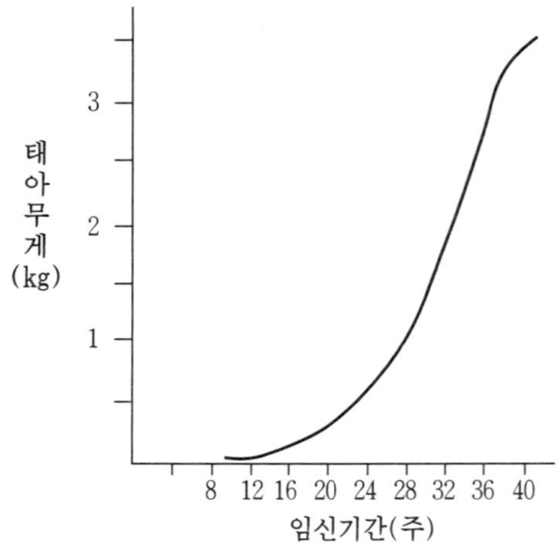

그림 13-3 태아의 성장 곡선

그림 13-4에서 보는 바와 같이 임신 10주까지 모체의 체중증가는 미미하다. 이때의 체중증가는 주로 자궁의 성장과 모체 혈액량의 증가에 기인한 것이다. 이때 태아의 무게는 6 g정도 밖에 안된다. 그러나 이후의 체중증가는 주로 태아의 성장이 큰 영향을 끼치게 된다. 임신 일 삼분기까지의 체중 증가량은 매월 1~2 kg이며, 이후에는 매주 0.5 kg 정도로 증가해 분만 시에는 9~13 kg에 달하게 된다. 모체의 체중증가 형태는 임신 이 삼분기부터 모체의 영양 소요량이 왜 많아지는가 하는 점을 설명하여 준다.

영양상태가 양호한 경우 임신 중 체중 증가량의 약 절반은 태아(3.0~3.5 kg), 태반(0.6 kg) 및 양수(1 kg)에 기인하며, 나머지는 모체의 혈액(2 kg), 체액(1 kg), 자궁(0.6 kg) 및 체지방 저장량(2~4 kg)의 증가분에 기인한다. 영양상태가 불량한 경우에는 모체의 증가분이 현저하게 감소된다. 따라서 임신기간 중 체중의 변동을 점검해 보는 것은 산전관리에 있어 매우 중요하다. 체중 증가량이 아주 낮거나 높은 경우 여러 가지 이상을 생각해 볼 수 있다. 체중 증가량이 낮은 경우는 모체의 영양불량으로 인한 모체조직의 성장지연, 또는 태아의 발육장애를 의심해 볼 수

있고, 갑자기 현저하게 체중이 증가하는 경우는 부종을 생각해 볼 수 있다. 특히 임신 20주 이후 과도한 수분평형의 이상은 임신중독증을 의심할 수 있다.

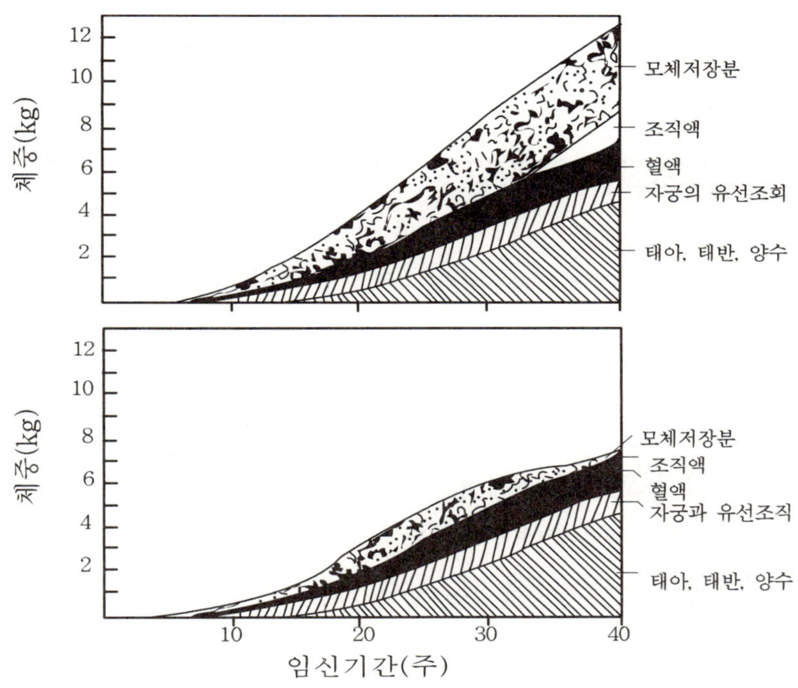

북유럽의 건강하고 정상적인 임신부의 경우(A)
인도의 빈곤하고 영양불량 상태인 임신부의 경우(B)

그림 13-4 임신 중 모체 체중증가의 구성요소별 추정치

❸ 임신기의 영양 소요량

임신이 성공적으로 유지되려면 모체의 정상적인 활동 대사량과 태아의 성장 및 모체 조직의 발달에 요구되는 기초 대사량의 증가분에 상당하는 에너지가 공급되어야 하며, 모체와 태아의 새로운 조직합성에 필요한 아미노산도 충분히 공급되어야 한다.

표 13-1 임신 및 수유기의 영양 권장량

연 령	에너지 kcal	단백질 g	비타민 A μgRE	비타민 D μg	비타민 E mgα-TE	비타민 C mg	비타민 B_1 mg	비타민 B_2 mg	니아신 mgNE	비타민 B_6 mg	엽산 μg	칼슘 mg	인 mg	철분* mg	아연 mg
비임신 · 비수유 20~49세	2,000	55	700	5	10	70	1.0	1.2	13	1.4	250	700	700	16	10
임신 전반	+150	+15	+0	+5	+0	+15	+0.3	+0.3	+1.0	+0.3	+250	+300	+300	+4	+3
후반	+350	+15	+100	+5	+2	+15	+0.4	+0.4	+2.0	+0.3	+250	+300	+300	+8	+3
수유	+400	+20	+350	+5	+3	+35	+0.4	+0.5	+4.0	+0.6	+100	+400	+400	+2	+6

* 식품으로 충당할 수 없을 때에는 철 보충제로 섭취하여야 함.

한편 에너지 대사에 요구되는 비타민 B_1과 B_2, 니아신 및 단백질 대사에 요구되는 엽산, 비타민 B_6 및 B_{12} 등의 공급도 필수적이다. 이외에도 혈색소 생성에 필요한 철분, 골격 성장에 필요한 칼슘과 인, 세포의 기능 유지와 대사 조절에 요구되는 비타민 A, C 및 E와 요오드(I)를 비롯한 미량 무기질 등도 모두 적절히 공급되어야 한다.

따라서 임신기의 영양 권장량은, 비임신기의 권장량에 임신으로 인한 추가 요구량을 더하여 산정하고 있다. 표 13-1과 같이 에너지 권장량은 전 임신기간 중 추가로 요구되는 에너지량을 약 80,000 kcal로 추정해, 임신 전반기에는 하루 150 kcal를, 임신 후반기에는 하루 350 kcal를 추가 필요량으로 설정하였다. 단백질 권장량은, 전 임신기간의 추가 소요량을 약 925 g으로 추정하고, 이에 신생아 체중의 개인간 변이계수에 대한 안전율 30%와 식사 단백질이 조직 단백질로 전환되는 효율 70% 및 일상 식사 단백질의 표준 단백질에 대한 상대적 효율 83%를 고려하여 임신 전반기와 후반기 모두 하루에 15 g를 추가하도록 설정하였다.

❹ 유해한 식품성분이 임신에 미치는 영향

알코올, 카페인, 식품첨가물 및 식품오염물 등의 여러 성분이 임신의 과정과 결과에 좋지 않은 영향을 끼치는 것으로 보인다.

(1) 알코올

알코올을 과다 섭취하는 경우 태아에게 미치는 부정적인 영향은 상당히 크다. 알코올을 중등 정도로 섭취하는 임신부의 경우 유산, 태반박리, 저체중아 출산율 등의 위험이 높다. 알코올을 과다 섭취한 임신부에서 태어난 영아의 증상은 태아 알코올 증후군(fetal alcohol syndrome; FAS)으로 잘 알려져 있다. 이들 영아들은 눈, 코, 심장 및 중추 신경계에 기형을 나타내며, 두위가 작고, 성장저해 및 정신발육저해 현상을 보인다. 이러한 상태는 영구적인 장애로 남으며, FAS 영아는 정상아에 비해 출생 전후기에 높은 사망률을 보인다. 이들 영아는 출생 후 알코올을 공급받지 못하므로 한동안 불안감과 흥분성 등 금단현상을 나타낸다. 이러한 현상들은 임신 초기, 즉 포배기와 세포 분화기에 에탄올이 직접적으로 독성 효과를 나타내기 때문이라는 이론과 알코올이 엽산, 마그네슘, 아연 등 필수 미량 영양소의 섭취량을 제한함으로써 기형을 유발하는 것이라는 설이 있다.

(2) 카페인

카페인이 태아발육에 미치는 위험성에 대해서도 동물실험을 통해 많이 연구되었다. 과량의 카페인 투여는 기형을 유발시켰다. 미국 식품의약국의 한 보고서에 의하면 중등 정도의 카페인 섭취가 흰쥐에서 손가락 또는 발가락의 발육장애를 야기시킨다고 한 바 있다. 인체의 경우 하루 12~40잔의 커피 음용은 발가락이 없는 아이를 낳을 확률을 증가시킨다고 한다. 인체와 관련된 증거는 아직 많지 않으나, 1981년 미국에서는 임신 중 불필요한 카페인의 섭취를 제한하는 것이 바람직하다고 일반 대중에게 경고하였다. 최근 임신 일 삼분기 말이나 이 삼분기에는 적은 양의 카페인 섭취도 유산율을 높인다고 밝혀졌다.

(3) 식품첨가물

일상적으로 사용되는 식품첨가물의 기형유발성에 대하여는 인체의 경우 거의 알려진 바 없다. 사이클라메이트(cyclamate)나 적색 색소 2호는 흰쥐의 배아(embryo) 발생에 장애를 초래한다고 하여 사용이 중지되었다. 사카린(saccharin)은 흰쥐에서 방광암을 유발시키는 등 약한 정도의 발암성이 확인되었으며 또한 다른 발암물질의 작용을 촉진하므로 적정량 사용하는 것이 바람직하다. 아스파탐(aspartame)의 사용량은 점차 증가되고 있는데, 일부 학자들은 아스파탐의 일부 대사산물이 태아의 성장을 방해한다고 주장하고 있다.

(4) 오염 중금속

식품에 오염된 성분 중 일부는 다량일 경우 임신의 과정이나 결과에 부정적인 영향을 나타낸다. 수은, 납, 카드뮴 등의 중금속은 배아 발생에 유해하다. 주변 환경의 납 농도는 유전적인 기형발생률과 상관성을 보인다는 보고도 있으나 아직 확실치는 않다. 일본의 미나마타현에서 1953년에 발생했던 수은 중독은 신경계에 이상을 초래하였는데 출생 전후기, 또는 신생아기에 수은에 중독된 많은 영아들은 사망하거나 영구적인 두뇌 손상을 입었다. 수은은 태반을 통해 태아에게 수송되며 또한 모유에도 함유되어 분비된다. 1971년과 72년에 걸쳐 이라크에서도 수은 중독 사건이 있었는데 31명의 수은 중독 임신부 중 거의 절반은 사망했고 생존한 모체에서 태어난 영아는 뇌성 소아마비, 시력상실 및 심각한 두뇌기능 장해 등을 나타냈다. 한편 다수의 살충제 역시 그 위해성이 문제되고 있는데 먹이사슬을 통해 농축 현상이 일어나므로 위험할 수 있다. 1968년 PCB에 오염된 식용유를 섭취한 일본인 임신부에서 피부와 눈 등에 이상을 보이는 저체중아들이 태어난 바 있다.

❺ 임신 중에 발생하는 식사와 관련된 문제점

임신 중에는 대부분의 여성에게서 소화기관에 기능적 문제가 발생하므로 이에 관한 지도와 조언이 필요하다. 이들 문제점은 그 정도와 양상에 상당한 개체간 차이를 보인다. 그러나 일반적으로 입덧, 변비, 치질 및 가슴앓이 등 비교적 사소한 문제들이다. 그러나 일부 임신부에는 정도가 심하고 장기화되기도 하는데, 이때는 의학적인 치료가 필요하다.

(1) 입덧

메스꺼움과 구토는 대체로 경미하며 주로 아침 나절에 발생한다. 대부분의 경우 임신 초기에 나타났다가 사라지는데 이를 입덧이라고 한다. 임신으로 인한 호르몬 분비의 변화가 야기시키는 생리적 현상이라고 이해되나 임신에 대한 긴장이나 근심 등 심리적 요인도 작용하는 것으로 생각된다. 음식에 대한 내성을 간단한 방법으로 개선시킬 수 있는데 소량의 잦은 식사 또는 소화되기 쉬운 건조한 에너지 급원 식품(주로 당질 식품)의 섭취로 상당히 해결된다. 음식을 조리할 때 나는 냄새를 가능한 한 맡지 않도록 하는 것도 한 방법이며, 액체의 섭취는 식간에 하는 것이 바람직하다. 드물기는 하나 증상이 심하고 전 임신기간 동안 지속되기도 하는데 이를 임신성 오조라고 하며 이때는 탈수 또는 합병증을 막기 위한 의학적 치료가 필요하다.

(2) 변비

변비는 임신기에 분비되는 호르몬의 작용에 의해 소화관의 근육이 이완되어 발생하며, 임신 후반기에는 비대해진 자궁이 장 하부에 압력을 가하므로 더욱 악화된다. 액체 음용량을 늘리고 천연의 하제성 식품 예를 들면, 전곡류나 배아 첨가 제품, 섬유성 채소류 및 과일류(특히 무화과와 오얏) 등의 섭취를 증가하고 이들 식품을 규칙적으로 섭취하는 것이 좋다. 하제의 사용은 권장되지 않는다.

(3) 치질

치질은 임신 후반기에 항문의 정맥이 확장되고 항문 괄약근이 밖으로 돌출되어 나타나는 현상이다. 치핵이 생기면 불편하고 통증이 있으며 소양감도 느낀다. 치핵은 가끔 파열되어 출혈을 야기시키기도 한다. 식사치료는 변비 시와 동일하다. 이외에 항문 주위의 위생에 주의하고, 충분한 휴식을 취하며, 장 하부에 자궁의 압박이 덜 가도록 하는 것이 바람직하다.

(4) 가슴앓이

많은 임신부들이 가슴앓이와 만복감을 호소하는데 주로 식사 후에 일어나며 비대해진 자궁이 위를 비롯하여 주위의 소화기관에 압박을 가하여 나타나는 것으로 보인다. 위내의 음식물이 가끔 식도로 역류하면 위산에 의해 통증이 야기된다. 만복감은 위내의 압력 증가, 많은 양의 식사, 또는 기체 발생 등에 의해 느껴진다. 가슴앓이와 만복감의 증상은 음식량을 여러 회로 나누어 소량씩 섭취하며, 마음이 평온한 상태에서 천천히 오래 씹어 먹고, 편안한 옷을 입는 등의 방법으로 해결할 수 있다.

6 임신 중의 식사지침과 일반적 주의

(1) 임신 전반기

① 임신 초기인 임신 2~3개월에는 에너지를 위시하여 각종 영양소의 필요량은 크게 증가하지 않는다. 그러나 모체에는 여러 가지 생리적 변화가 일어나므로 음식의 기호가 예민하게 변할 수 있다. 편식으로 인한 영양장애가 있어서는 안된다.

② 구토증 있을 때는 공복 시에 더 심하므로 소량씩 자주 식사를 하는 것이 바람직하다.

③ 식욕을 증진하고 변비를 예방하기 위하여 신선한 채소류 및 과일류를 많이 섭취하는 것이 좋다.

(2) 임신 후반기

① 전반적으로 모든 영양소의 필요량이 증가한다. 특히 총 에너지, 단백질, 철분 및 칼슘 등의 섭취량에 유의해야 한다.

② 음식의 전체 섭취량이 늘어나므로 1일 3회 식사 외에 간식을 섭취하여 영양 요구량의 증가분을 충족시키도록 한다.

③ 많은 양의 자극성 음식은 설사를 유발하기 쉬우므로 조심한다.

④ 음식에 대한 기호성이 현저하게 증가하므로 과식으로 인한 소화불량을 조심한다.

2. 수유기 영양

1 수유생리

임신이 시작되면서 모체는 분만 이후의 수유에 대비한 여러 가지 생리적 변화를 보인다. 성인 여성의 유방은 약 200 g 정도로 발육되어 있으나, 이때의 유선조직은 모유의 생산과 분비 활동에 아직 적합하지 않은 상태다. 임신기간 중 호르몬의 자극에 의해 유선조직의 발육이 촉진되어 분만 시에는 400~600 g에 이르며, 수유기에는 600~800 g에 달하게 된다. 그러나 출산 즉시 완전한 수유가 이루어지지는 않는다. 출산 이후 2~3일간은 소량의 초유가 분비되다가 이행유를 거쳐 3~4주일이 지나야 정상적인 유즙 분비가 이루어지는데 이를 성숙유라고 한다.

모유의 생성은 두 단계로 나누어지는데, 첫째 단계는 유선세포에서 유즙을 만들어 세포밖으로 분비하는 과정이며, 둘째 단계는 분비된 유즙이 유관을 통하여 수송되어 유두로부터 체외로 사출되는 과정이다.

유즙의 분비와 사출과정은 그림 13-5에서 보는 바와 같이 신경계와 내분비계의 통합 기능에 의해 정교하게 조절된다. 즉, 유즙은 프로랙틴(prolactin), 최유촉진인자 및 옥시토신(oxytocin)의 3종의 호르몬의 작용에 의해 생성되는데 이들 호르몬은 유아가 젖을 빠는 자극이 신경계에 의해 전달되어야 적정한 분비량이 유지된다. 따라서 모유를 수유하지 않으면 유선세포가 위축되고 유즙 분비량이 점차 감소된다. 뇌하수체 전엽에서 분비되는 호르몬인 프로랙틴은 유선세포에 작용하여 모유생성을 촉진하는 한편 난소주기를 억압한다.

최유촉진인자도 뇌하수체 전엽에서 분비되는데, 유즙 분비를 유지시키는 작용을 한다. 한편 유두에서 유즙이 분출되는 과정은 뇌하수체 후엽에서 분비되는 옥시토신이 유포의 근상피 세포를 수축해 일어난다. 옥시토신의 분비는 사소한 정신적, 정서적 상태에 크게 영향을 받기 때문에 수유부의 정서적, 정신적 상태는 모유 분비량에 큰 영향을 나타낸다.

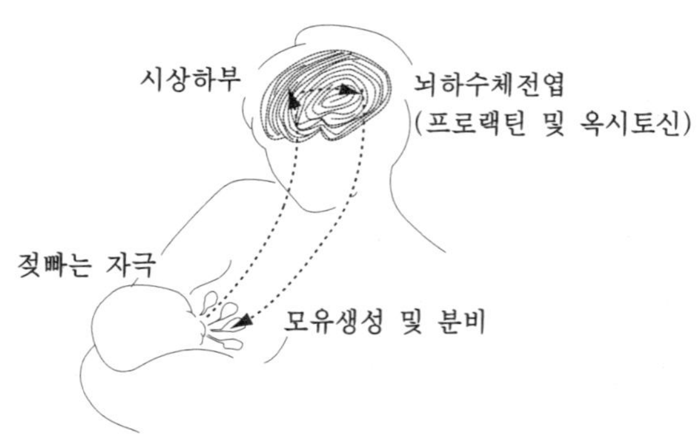

그림 13-5 모유 분비의 생리적 조절

❷ 모유의 조성 및 분비량

(1) 영양성분

지난 20년간 모유의 조성에 관한 연구가 활발히 진행되었으며 그 결과 100여종 이상의 성분이 확인되었다. 모유는 기본적으로 단백질, 당질(유당), 지질 및 염류 등의 혼합 용액이라 할 수 있는데 그 조성은 분비량과 수유단계에 따라 다르고 개체 차이도 있다. 유즙의 성분 중 비타민과 지방 함량이 모체의 영양상태에 영향을 받는다. 기타 성분은 모체의 영양상태와는 독립적으로 일정한 농도가 유지된다.

모유의 분비단계에 따른 영향은 초유, 이행유 및 성숙유간의 성분 차이로 설명된다. 초유는 출산 후 수일간 매 수유시마다 10 ㎖ 정도 분비되며, 성숙유에 비해 유당과 지방 함량은 낮은 반면 단백질과 무기질 함량이 높다. 초유는 엷은 황색을 띠는데, 이는 카로틴(carotene) 함량이 높기 때문이다. 에너지 함량은 성숙유에 비해 낮다. 초유에는 영양성분 이외에 면역물질과 발육촉진인자 및 호르몬 등이 함유되어 있어 그 중요성에 대한 관심이 높아지고 있다. 특히 면역물질과 식균작용을 가진 대식세포는 병균의 침입으로부터 신생아를 보호할 수 있다. 모유의 조성은 매일 매일 상당한 변이를 보이는데 초유는 수유 6~10일 사이에 이행유로 바뀌며, 이후로도 단백질 함량은 점차 감소하고 유당과 지방 함량은 점차 증가해 수유 1개월이 되면 일정한 농도의 정상 수준에 달하게 된다. 성숙유의 에너지 함량은 65 kcal/100 ㎖ 정도이다. 모유 및 우유의 일반적인 영양소 조성은 표 13-2와 같다.

표 13-2 성숙 모유 및 우유의 영양소 조성(100 ㎖당)

식품명	에너지 kcal	수 분 %	단백질 g	지방질 g	탄수화물 g	회 분 mg	칼 슘 mg	인 mg
모 유	65	88.0	1.1	3.5	7.2	0.2	27	14
우 유	60	88.6	2.9	3.3	4.5	0.7	100	90

식품명	철 mg	나트륨 mg	칼륨 mg	비타민 A RE	비타민 B_1 mg	비타민 B_2 mg	니아신 mg	비타민 C mg
모 유	0.1	15	48	38	0.01	0.03	0.2	5
우 유	0.1	50	150	29	0.04	0.15	0.1	2

성숙 모유의 단백질 함량은 1.1 g/100 ㎖로 우유의 2.9 g/100 ㎖에 비하여 낮으나, 모유 단백질의 아미노산 조성은 영아의 성장에 이상적이

라고 평가된다. 성숙유의 지질 함량은 3.5 g/100 ㎖ 정도이며, 변이가 커서 2.0~5.3%까지 다양하다. 지질은 대부분 중성지방이며 약간의 인지질과 콜레스테롤이 함유되어 있다.

모유 지질의 지방산 조성이 우유와 다른 점은 단쇄 지방산 함량은 낮은 반면 리놀레산을 비롯한 고도불포화 지방산 함량이 높고 EPA 및 DHA 등 장쇄고도불포화 지방산을 함유한다는 점 등이다. 모유의 지방 함량이나 지방산 조성은 모체의 식사에 유의한 영향을 받는다. 한편 모유에 콜레스테롤 함량이 높은 점에 대해서도 많은 관심이 모아지고 있는데, 영아기에 충분한 콜레스테롤을 섭취하는 것은 중추 신경계의 발육을 촉진하고 콜레스테롤 분해 효소의 발달을 자극시킨다는 점에서 긍정적으로 평가되고 있다.

성숙유의 유당 함량은 7.2 g/100 ㎖ 정도이며 변이가 거의 없다. 따라서 모체의 식사는 유당 함량에 영향을 끼치지 않는 것으로 보인다. 모유는 우유의 4.5 g/100 ㎖에 비해 유당 함량이 높은데, 이 점은 장관 내에서 유기산을 생성하고 비타민 B군을 합성하는 미생물의 생육을 촉진하며, 칼슘, 인, 마그네슘 등 무기질의 흡수를 돕는다는 점에서 유리하다고 평가된다. 기타 무기질과 비타민 함량도 영아의 생화학적 및 생리적 기능에 적합하며 생체이용률이 높고 성장에 요구되는 양을 함유하고 있다고 인정된다. 그러나 철의 경우 3~6개월령 영아에서 음의 철분 평형을 나타낸다는 증거가 있어 5~6개월령부터는 다른 식품을 통한 철의 보충 공급이 필요하다.

한편 조산아를 분만한 경우에 분비되는 모유를 조산유라고 하는데 만기아 분만 시의 모유에 비해 유당 함량은 낮은 반면 단백질, 지방, 무기질 및 면역 글로불린(IgA) 함량이 높은 특성을 보인다. 이러한 특성은 조산아의 빠른 성장률에 적합한 것으로 생각된다. 일반적으로 조산아들이 모유영양으로 잘 자라 일부 조산유에 단백질, 칼슘, 인 등의 함량이 부족하다는 지적이 있다. 아울러 조산아는 소화기나 신장의 기능이 미숙하며 출

생 시 영양소의 체내 저장분이 적다는 점 등을 고려해 부족한 영양소를 정기적으로 보충하는 것이 바람직하다.

(2) 오염 물질

수유부는 종종 약물, 환경공해물질, 바이러스, 카페인, 알코올, 식품 알레르기원 등의 오염물질에 노출될 수 있는데, 이러한 경우 이들 물질이 모유에 함유되어 분비된다. 약물의 경우는 대략 복용량의 1~2%가 모유에 나타나는 것으로 보여 대부분의 약물은 영아에게 위험을 끼치지 않는다고 믿어지나 몇몇 약물 성분에 대하여는 상당한 주의가 기울여지고 있다. 예를 들면 페니실린 또는 몇몇 항생제는 졸음, 구토, 음식섭취 거부 등 알레르기 반응을 일으키기도 하며, 조울증 치료제는 체온을 낮추고, 근육 긴장도를 저하시키고, 피부 발적을 나타내기도 한다. 따라서 수유부가 약물을 복용해야 할 경우 영아에 미치는 영향을 최소화하기 위한 주의가 필요하다.

최근에는 살충제, 산업 폐기물, 기타 환경오염물질 등에 관한 관심이 일고 있다. 이들 물질들은 모든 환경에 널리 존재하고 있어 우발적으로 오염되어 모유에 나타나는 것으로 보이며, 지질 용해성이 높고, 물리적 분해나 생물학적 대사가 어려우며, 배설이 안되거나 배설 속도가 느린 점이 특징이다. 특히 유기 할로겐 화합물인 PCB나 DDT의 오염에 대한 우려가 높은데, 적은 양이라도 장기간에 걸쳐 노출되면 체지방 조직에 서서히 축적된다. 모유의 지방분획에 이들 물질이 주로 존재하므로 비지방 분획에 비해 그 농도가 30배나 높다. 모체에 오염된 이들 물질이 대량으로 배설되는 경로가 유즙 분비라고 알려져 있다. 모유는 유기 염소계 살충제에도 널리 오염되어 있는 것으로 보고되어 있다. 또한 납, 수은 등의 중금속도 모유를 통해 영아에게로 수송된다.

수유부가 담배를 피우게 되면 모유를 통해 니코틴이 영아에게 전달되어 무표정, 구토, 대소변 정체 등 부정적인 영향을 끼치며 영아 옆에서 흡연하는 경우는 더욱 위해하다. 모체가 섭취한 카페인은 모유를 통해 배설되며 카페인 함유 음료를 섭취한 후 1시간 쯤에 모유의 카페인 수준이 가장 높게 나타난다. 수유부가 하루 한 잔의 커피를 마시는 경우라면 영아는 하루 1.5~3.1 ㎎의 카페인을 섭취하게 되는 것으로 추정된다. 물론 이 정도의 양은 임상적 의미는 약하다. 알코올은 모체 혈액과 같은 농도로 모유에 나타나는 것으로 보이는데, 알코올의 주요 분해물인 아세트 알데히드는 모체 혈액 중의 농도가 높아도 모유로는 수송되지 않는다. 이 물질은 매우 독성이 강하다. 유선에서 아세트 알데히드를 차단하는 기전은 태반에서의 기전과 유사할 것이다. 만일 모유에 에탄올 함량이 높은 경우 영아는 가성 쿠싱증후군(pseudo-Cushing's syndrome)을 보이는데 수유부가 금주하게 되면 영아는 점차 성장 속도를 회복하고 얼굴 모습도 정상으로 돌아온다.

（3） 분비량

모유의 하루 평균 분비량을 WHO/FAO/UNU에서는 850 ㎖로 보고 있으나 한국인의 경우 첫 6개월까지의 모유 분비량은 하루 평균 700~750 ㎖로 조사되었으며, 미국인의 경우는 하루 600~900 ㎖의 범위를 보인다. 모유 분비량은 개체 차이가 상당히 크다. 쌍생아를 분만한 산모는 더 많은 양을 분비한다. 에너지 섭취부족 등 수유부의 영양불량이 극심한 경우에만 모유 생성에 영향을 끼치는데 이는 임신기간 중에 상당량의 체지방이 수유에 대비하여 축적되었다가 에너지원으로 이용되기 때문이다. 격심한 운동을 포함하여 생활양식 요인들은 모유 생성량에 결정적인 영향을 끼치지 않는다.

❸ 수유기의 영양 소요량

수유기의 영양 소요량은 앞의 표 13-1과 같다. 에너지의 경우 수유부의 일상적인 활동과 유지에 요구되는 대사량에 모유 분비를 위해 증가된 기초 대사량이 추가로 요구된다. 그러나 수유부는 임신기간 중에 비축해 둔

지방을 동원하여 에너지원으로 사용하므로 수유에 소요되는 모든 에너지를 반드시 식사를 통해 섭취해야 할 필요는 없다. 수유 3개월 동안에 하루 200~300 kcal가 저장 지방으로부터 공급되는 것으로 추정된다.

한국인 수유부의 경우 모유 생성량을 하루 750 ㎖로, 모유 생성 에너지 효율을 80%로, 모유의 에너지 함량을 65 kcal/100 ㎖로 간주하여, 수유 중의 추가 에너지 소요량을 하루 610 kcal로 보았으며, 모체의 저장지방으로부터 하루 100~150 kcal가 공급되는 것으로 추정하여, 추가 에너지 권장량을 하루 400 kcal로 설정하였다. 단백질 권장량은 모유의 단백질 함량을 1.1 g/100 ㎖로, 모체 단백질이 모유 단백질로 전환되는 효율을 70%로 간주하고, 여기에 개인간 모유 분비량의 변이계수에 대한 안전율40%와 식사 단백질이 모유 단백질로 전환되는 효율 70%와 일상 식사 단백질의 표준 단백질에 대한 상대적 이용효율 83%를 고려하여 수유 중의 단백질 추가 권장량을 하루 20 g으로 설정하였다. 이 추가 권장량은 하루에 3~3½컵 정도의 우유를 더 섭취하는 것으로 충당할 수 있으며, 우유의 추가 섭취로 에너지와 단백질 이외에 비타민 C, E 및 엽산 등의 섭취도 증가하므로 바람직하다. 기타 추가로 요구되는 비타민과 무기질의 요구량을 공급하기 위해서는 감귤류, 식물성유, 또는 녹황색 채소류 등의 섭취량을 약간씩 늘려야 할 것이다. 이와같이 수유기에는 비수유기에 비해 거의 모든 영양소의 요구량이 증가하나 균형잡힌 식사의 섭취로 에너지를 비롯한 전 영양소를 공급할 수 있다. 그러므로 수유기에 특별한 영양보충제의 섭취는 권장되지 않는다. 다만 칼슘의 손실을 막기 위해 칼슘보충제의 섭취는 권장된다.

④ 모유영양의 이득

(1) 유아측

모유는 다른 동물의 유즙이나 인공 조제유에 비하여 영양적인 면에서 유리하며 또한 세균 감염의 우려가 없어 위생적으로 안전하다. 모유에는 항체, 대식세포, 락토페린 등 항감염인자가 있어 병원체에 대한 저항성을 얻게 하며 식품 알레르기를 일으키지 않는다. 모유영양은 인공영양에 비해 훨씬 경제적이며 간편하다. 또한 모유영양은 유아에게 심리적인 안정감을 주어 유아의 정신적, 정서적 발달에 크게 기여한다.

(2) 모체측

모체의 산후 회복이 빠르다. 즉, 자궁의 수축이 빠르며 출산 후 출혈량도 감소한다. 수유 시에 분비되는 프로락틴 호르몬은 배란을 중지시키는 작용이 있어 수유기간 동안 피임 효과가 있다. 모유수유는 유방암 발생률을 감소시킨다는 보고도 있다. 영국에서 최근에 수행된 755명의 여성을 대상으로 수행된 한 연구조사에 의하면 3개월까지 모유를 먹인 여성의 유방암 발생률이 모유수유를 하지 않은 여성에 비해 15%나 낮은 것으로 밝혀졌다.

5 모유영양을 중단해야 하는 경우

① 수유부가 전염병에 걸렸을 때
② 수유로 인해 모체의 체력소모가 커 모체의 건강이 위협받을 때
③ 수유부가 간질, 기타 정신질환이 있을 때
④ 수유부가 유선염(젖유종)에 걸렸을 때
⑤ 수유부가 유아에게 영향을 미칠 약물을 섭취했을 때
⑥ 유아의 입이 기형(언청이)이거나 젖을 빠는 힘이 약할 때
⑦ 수유부가 각기병에 걸렸을 때

6 모유 수유법

출산 직후 바로 모유가 분비되는 것은 아니다. 산모도 분만에 따른 고통으로 휴식이 필요하며, 영아도 대부분의 시간을 수면으로 취하게 된다. 특히 초산부의 경우는 출산 후 2~3일이 지나도 젖이 잘 분비되지 않으며, 아기도 젖을 빠는 행동이 미숙하기 때문에 상당한 어려움을 겪

기도 한다. 유방이 팽대되어 통증도 있다. 그러나 아기가 배고픔을 호소할 때마다 규칙적으로 젖을 물리는 한편, 온습포를 이용해 물리적이고 온열적인 자극을 주어 모유 분비가 원활히 되도록 하여야 한다. 이때 상당한 인내와 노력이 요구되는데 이는 앞서 수유생리에서 언급한 바 대로 모유의 생산과 분비는 일차적으로 아기가 젖빨기 자극에 의해 촉진되기 때문이다.

초유 분비량은 매회 약 10 ㎖이므로 처음에는 약 5분 정도 젖을 빨리는 것이 좋다. 젖꼭지가 어느 정도 굳어질 때까지는 너무 오랜 시간 빨리지 않도록 한다. 신생아기에는 평균 3시간 간격으로 잠에서 깨어 배고파하므로 이에 응하여 수유하면 된다. 아기가 성장할수록 수유간격은 길어지며, 수유횟수는 줄어들고, 1회 수유량은 증가하게 된다. 성숙유 분비 시에는 15분 정도 젖을 빨리면 된다. 규칙적으로 수유할 것이냐 자율적으로 수유할 것이냐에 관한 논쟁이 많은데 이는 아기와 어머니의 고유한 리듬에 맞추는 것이 좋을 것으로 생각된다.

젖을 빨릴 때는 유두륜 부분이 아기의 입속에 전부 들어가도록 깊이 물려주어야 한다. 이렇게 해야 공기가 새지 않아 빠는 힘이 강하게 나타나며 젖꼭지가 상할 염려도 적다. 수유 자세는 등을 편안하게 기대고 앉은 상태에서 아기를 비스듬히 가슴에 안아야 한다. 어머니와 아기가 같이 누워 수유하는 자세는 수면 도중에 수유할 때 유용하다.

수유 후에는 트림을 나오게 하여 젖을 빠는 동안 삼킨 공기를 배출시켜주어야 한다. 젖을 다 먹인 후 아기를 무릎 위에 앉히든가 어깨에 기대게 한 후 등을 가볍게 쓰다듬어 주어 트림을 유도한다.

모유 생성량이 부족한 경우는 그 원인을 찾아 대책을 세우도록 한다. 쉽게 모유영양을 포기하고 인공영양을 실시하는 것은 재고해 보아야 할 일이다. 우리 나라의 경우 1980년대 이후 도시지역을 중심으로 모유영양 비율이 격감하고 있으며 이러한 현상은 농촌지역으로 확산되고 있다.

1998년의 국민건강·영양 조사에 따르면 전국평균 15.3%의 모유영양률을 보였다. 모유와 조제유를 혼합수유한 경우는 35.2%이었다. 한편 고학력, 고소득층에서 모유를 먹이는 비율이 낮은 경향을 보였다. 한 조사에 의하면 대졸 이상 어머니의 모유수유율은 8.6%에 불과했고, 고소득층의 경우는 13.5%이었다. 이러한 현상은 서구국가에서 모유영양이 증가하고 고학력, 고소득층을 중심으로 확산되고 있는 추세와 대조를 이룬다.

모유 부족의 원인이 매 수유 시마다 유방을 완전히 비우지 않아서인지, 수유 간격이 짧아서인지, 수유부의 정신적, 육체적 피로 때문인지, 또는 영양불량 때문인지를 파악하도록 하고 이에 대한 대책을 찾도록 한다. 모유분비를 촉진하기 위한 일반적인 유의점은 다음과 같다.

① 수유부의 육체적, 정신적 평안을 유지하고 피로하지 않도록 한다.

② 모유수유에 긍지를 갖고 모유생성 능력에 자신감을 갖는다.

③ 에너지와 단백질 기타 영양적으로 균형잡힌 식사를 취하고 수분섭취를 충분히 한다.

④ 아기가 젖을 완전히 빨지 않은 경우 손이나 착유기를 이용하여 젖을 완전히 비워내도록 한다.

○ **토의주제**

1. 임신부와 수유부의 전통적인 섭생법에 대해 알아보고 그 의미에 대하여 토의하시오.
2. 개발국의 사회 경제적 계층이 높은 집단에서 다시 모유수유율이 증가하는 현상에 대해 토의하시오.

제 14 장

한국인의 식생활 양상의 변화

한 국가의 식품구조는 기후, 풍토, 생산물, 문화, 전통 등에 따라 특색있는 기호를 나타내며, 이에 따르는 식습관과 조리법도 시대성을 지녀 사회의 제조건에 따라 변화되고 있다. 우리 민족도 나름대로 수천년의 문화역사를 지니고 그에 순응하여 살아왔다. 우리나라는 온대 몬순기후 지역으로 여름철 강우량이 많고 기온이 높아 벼농사국으로 정착하면서 쌀을 주식으로 한 밥과 반찬을 기본 양식으로 주식, 부식을 분리한 한국 고유의 일상식 형태가 형성되었으며 아울러 다양한 조리·가공법이 발달하였다. 그러나 사회구조의 변화와 산업화 및 국제화 흐름 속에서 현대인의 식생활에 대한 가치관과 양식도 다양하게 변화되어 가고 있다. 복잡한 생활 속에서 간편성이 추구되고 외식산업이 발달되면서 식생활에 인스턴트 식품이나 패스트푸드의 이용이 범람하고 있으며 외식산업권에서 상용식으로 변화되어 가는 실정이다. 따라서 한국인의 식생활 발달과정, 한국 전통 식생활의 특성 및 한국인의 식품섭취의 변화 등을 고찰함으로써 한

국인의 식생활 양상의 변화를 알아보고 앞으로의 식생활 변화의 방향을
전망해 보고자 한다.

1. 식생활 발달과정

원시시대 구석기인은 사냥, 조개 줍기, 고기잡이 및 풀뿌리, 나무열매
등의 자연물을 식량으로 삼았고, 신석기시대에 와서 농업이 시작되었으
며, 빗살무늬토기 제작으로 먹이감을 가열, 건조, 저장 등 다양한 방법으
로 이용하였다.

우리나라는 농업 개시기에서 삼국시대 후기에 이르는 동안 곡물과 기
타 상용 기본식품의 생산, 곡물조리법, 발효식품가공법, 구이, 찜과 같은
조리법이 기본을 이루었으며, 쌀이 일반적인 주곡식이 되었다. 또한 무쇠
솥이 보급되어 조리법이 간편한 밥이 상용주식이 되었고, 김치, 육장, 어
장, 두장, 젓갈 등의 발효식품이 만들어지면서 기본 상용찬물이 되어 밥
과 반찬으로 구성되는 반상차림이 일상식사의 기본 양식으로 형성되었다.
곡물조리법의 대표적 음식인 죽·떡·밥은 농경이 시작되던 때 다같이
상용성을 갖는 음식이었으나 밥짓는 조리법이 발달되어 주식으로써 밥의
상용화가 정착된 이후부터 떡은 명절음식, 의례용음식이 되어졌다.

통일신라를 거쳐 고려 후기에 이르는 동안 밥상차림의 일상식이 뿌리
를 내렸으며 이외에 다과상차림, 진다례, 제상 등의 양식을 갖추었고 양
주업(釀酒業), 제면업(製麪業), 제다업(製茶業) 등 가공식품의 제조·판
매가 확대되었다. 제다업을 전매화하고 주식점이 개설되었으며 대외무역
이 번창됨에 따라 객관무역이 번창하였고 접객규정이 이루어졌다. 쌀이
증산되면서 떡의 조리기술이 고도화되고 한과류가 발달하였으며 술 빚기
가 성행하여 발달하였다. 고려의 채소음식으로써 가장 특기할 것은 「동
치미」와 같은 침채(沈菜)를 담갔다는 것이며, 차가 성행하여 연등회·

팔관회 같은 국가행사, 큰 잔치에 앞서 진다례를 행하였다. 또한 원일(설날), 상원(보름날), 단오 등 우리나라 절식풍속이 지켜지면서 여러 가지 음식이 등장하기 시작하였다.

조선 시대는 식품의 생산기술의 향상과 지리적·사회적 환경 속에서 향토음식이 형성되어 식문화의 향토적 발전을 이루었으며, 의약 연구의 영향으로 음식을 통한 양생의 의미가 신장되었다. 가부장적 가족윤리에 맞추어서 통과의례 의식을 존중하는 의례음식이 식생활의 규범이 되어 한국 식생활문화의 전통이 정비되는 시기이다. 이 시대에는 식의동원의 보건개념에 근거를 둔 3첩, 5첩, 7첩 반상 등의 상차림이 있어 전통 식단의 기본 틀이 되어 왔던 것이다. 그 구성을 보면 밥, 국 혹은 찌개, 김치 및 장을 기본으로 하여, 여기에 나물, 생채, 구이, 조림, 젓갈, 숙육, 마른반찬, 회, 전 등 반찬의 수에 따라 첩수가 증가되는 것이다. 또한 여러 가지 농서(색경, 증보산림경제, 임원십육지 등)가 간행되어 농업기술, 농업경영, 식품의 해설과 조리가공을 비롯해 생활관리 전반에 걸친 지도서가 되었다. 그리고 식품유통이 향상되었고 외래식품(고추, 호박, 감자, 고구마 등)도 도입되어 재배되었다.

한일합방에서부터 1950년대까지는 서구 문명의 유입에 의해 서양음식이 부분적으로 소개, 인식되기 시작한 시기이며, 또 한편으로는 극심한 식량난에 빠져 든 기간이기도 하다. 그리하여 솔잎, 도토리, 콩잎, 마 등의 구황식품(救荒食品) 등 다양한 식량자원을 자연에서 채취하여 부족된 영양을 보충하였던 것이다. 한일합방을 전후하여 일본의 제빵 기술자들이 들어오게 되어 양과점, 제과점이 생기게 되었고, 적은 양이기는 하나 제분, 제면, 청량음료, 통조림 등 외래식품이 등장하기 시작하였다.

1950년부터 1960년대는 사회·경제적 격동 못지 않게 우리의 식생활에 커다란 변화를 가져왔다. 일제의 수탈로 말미암아 극도로 악화된 식량난 속에서 해방을 맞았으며 남북한으로 분단된 상태에서 공산치하를 피하여 남하하는 사람들로 인하여 남한의 인구밀도는 급격히 상승하였다.

그러나 이 시대의 식생활에 가장 큰 영향을 준 것은 한국전쟁이었다. 전쟁 중에 굶주린 한국인에게 미국에서 원조물자로 들어 온 분유의 무상 배급은 우유를 먹지 않는 민족이었던 한국인들이 굶주림 속에서 우유를 먹기 시작하였고, 이것은 이후 한국인의 식사습관을 바꾸어 놓는데 결정 적인 역할을 하였다. 또한 미군과 유엔군으로부터 유출된 각종 과자류와 통조림류는 기아선상에 있었던 한국인, 특히 어린이들에게 순식간에 받아 들여졌다. 폭발적인 인구 증가로 식량의 절대 수요량이 부족한 실정이 므로 이 시기에 미국의 대량 식량원조는 극심한 궁핍을 해결하는 데에 크게 기여하였으며 우리나라 사람들의 식생활에도 많은 변화를 가져왔다.

우리나라에 제공된 농산물 중 밀이 40% 이상이었고 나머지는 옥수수, 콩, 보리, 쌀 등으로 우리나라 사람들의 기호나 식사양식과는 관계없이 미국의 잉여농산물이 주종을 이루었다. 식량이 귀했던 당시에 잉여농산물 공급은 귀중한 양식이였으므로 빵, 국수 등 분식이 증가되어 밀농업을 비롯한 우리나라의 농업은 정체되었다. 정부가 모든 매체와 정책적으로 '밀이 쌀보다 영양가가 우수하다'라고 하며 혼·분식 장려운동의 식생활개선을 실시하면서 왜곡된 영양교육을 하였다. 한국전쟁은 미군의 주둔과 전쟁 피해복구를 위한 UN기구의 관심 및 외자투입 등으로 말미암아 인적·물적 국제교류가 활발해지면서 지금까지 별다른 식생활의 변화가 없었던, 뿌리깊고 전통적인 우리의 식문화 속에 외제식품과 외국조리를 통한 서구식이 점차 들어오기 시작했다. 쌀밥 위주의 주식에 대한 의식 개조를 강조하였으며, 1963년 우리나라에 선보인 라면이 분식장려 운동에 편승하여 주식 대체용, 혹은 간식용으로 그 수요가 급증하였다. 제빵, 제과 산업이 급속히 성장하였으며, 그 외에 장류, 화학조미료 산업과 분유, 사이다, 콜라 등의 기호산업이 시작되었다.

1970년대에 이르러 국민소득이 점차 상승됨에 따라 곡류, 감자 등의 식물성 식품의 소비량이 줄어들고 육류, 난류, 어패류 등의 동물성 식품의 소비가 증가하는 서구식 식생활 패턴으로 전환되기 시작하였다.

　　1980년대에 이르러 고도의 경제성장과 산업화의 급격한 신장에 따른 여러 가지 사회, 경제적 요인의 변화는 국민의 식생활에 대한 가치관을 변화시켰다. 이리하여 식품산업과 외식산업이 현저히 발전되었다.

　　선진국에서는 이미 50년대에 싹트기 시작한 식품산업이 우리나라에서도 빠른 속도로 신장하게 되었는데, 특히 '86 아시안 게임과 '88 올림픽 등의 국제운동경기와 각종 국제적 행사의 국내 유치, 그리고 국제 규모의 관광산업은 식품산업과 외식산업의 팽창을 가속화시키게 되었고, 우리의 식생활에 많은 영향을 미쳤다. 이리하여 식생활의 외식화가 더욱 빠른 속도로 진행되었고, '94 한국 방문의 해를 맞이할 즈음에는 한국 전통문화 찾기 운동에서 한국 전통 음식의 중요성을 재인식하게 되었고 이를 계기로 한국의 전통 음식도 산업화되기 시작하였다.

2. 전통 식생활의 특성

■ 한국의 밥상차림은 밥과 반찬을 상호 보완적인 관계로 구성한다.

　　한국의 밥상은 밥과 반찬이 영양과 맛 등에서 서로 보완될 수 있도록 배합 구성된 것이므로 한끼의 식사로써 분리할 수 없는 일체성을 이룬다. 밥상을 차릴 때 밥은 흰밥, 또는 제철의 잡곡밥으로 짓고, 반찬은 그 밥을 먹기에 가장 알맞은 음식으로 하는데, 그 내용에서 기본은 표 14-1과 같은 준칙이 서 있다.

　　한 상차림에서 같은 식품과 같은 조리법이 중복되지 않게 함으로써 영양적인 면, 시각적인 측면에서 상호 보완해 주고 있다.

　　반상은 한 상에 모두 모아 차리는 공간 전개형 형식으로 정착되었고 가장 간단한 3첩 반상의 차림에서도 밥, 국이나 김치, 나물, 생채, 구이나 조

림을 차리게 하여 열량과 각 영양소의 균형을 이루게 하였다. 7첩 반상, 9첩 반상, 12첩 반상 등 반찬의 가지수가 많아질수록 맛과 색채 뿐 아니라 찬 음식과 더운 음식의 배합, 식품의 종류, 조리법, 상차림 등이 더욱 다양해지는 장점을 갖고 있다. 특히 영양적인 가치를 분석해 볼 때 상차림의 식품 배합이 균형식이 된다.

표 14-1 첩수에 따른 반찬의 종류

	밥	탕	김치	종　　지	조치류	숙채	생채	구이 또는 조림	조림	전 또는 편육	마른반찬, 또는 젓갈	회
3첩반상	○	○	○	1 간　　장	×	○	○	○				
5첩반상	○	○	○	2 간　　장 초 간 장	찌개류	○	○	○		○	○	
7첩반상	○	○	○	간　　장 3 초 간 장 초고추장	찌개 1 찜　　1	○	○	○	○	○	○	○
9첩반상	○	○	○	3　　〃	2　〃	○	○○	○○	○	○	○	○
12첩반상	○	○	○	3　　〃	2　〃	○○	○○	○○	○	○○	○	○○

❷ 곡물류의 가공·조리법이 다양하게 발달되어 있다.

곡류 조리에는 밥류, 죽류, 떡류, 국수류, 술류, 엿, 식혜 등이 있고 콩류 가공으로는 간장, 된장, 고추장, 두부, 두유 등이 다양하게 발달되어 식생활을 풍요롭게 하였다.

밥류에는 흰쌀밥과 여러 가지 잡곡(조, 수수, 보리, 콩, 팥)을 섞은 잡곡밥 외에 특유한 풍미를 가진 오곡밥, 찰밥, 밤밥, 약밥 등과 채소, 생굴, 버섯, 콩나물들을 넣어 지은 별미밥, 비빔밥 등이 있다. 죽류에는 흰죽, 팥죽, 녹두죽, 콩죽 등이 있고 이외에 보양을 목적으로 끓이는 잣죽, 흑임자죽, 율무죽, 호도죽, 행인죽 등이 있다.

떡류에는 증병(시루떡), 도병(멥쌀가루나 찹쌀을 시루에 쪄서 안반에 매우 쳐서 만든 떡으로 인절미, 흰떡, 절편, 차륜병), 송편, 증편, 유전병 (곡분을 반죽하여 기름에 지진 떡 등으로 화전, 주악) 등이 있다.

술에는 멥쌀과 찹쌀로 만든 약주, 막걸리, 소주 등이 있다.

❸ 여러 가지 저장식품이 발달했다.

각 가정에서는 김장 담그기를 비롯하여 젓갈, 장아찌, 육포, 어포 등의 저장식품이 크게 발달되었다.

김치는 배추, 무, 열무, 오이 같은 채소를 소금에 절여 물기를 뺀 다음 소금으로 간을 하고 젓갈과 고춧가루, 파, 마늘, 생강, 갓, 미나리, 청각 등으로 양념을 한 대표적인 채소 저장 식품이다. 김치류에는 통배추김치, 총각김치, 동치미, 장김치, 파김치, 깍두기, 갓김치, 오이소박이, 보쌈김치 등이 있다.

젓갈에는 밥반찬용인 조개류로 담근 조개젓, 어리굴젓, 게젓 등이 있고 김치용 젓갈로는 멸치젓, 조기젓, 황석어젓, 새우젓 등이 있다.

장아찌는 채소를 물기없이 생으로 또는 소금에 절여서 채소 자체의 수분을 빼어서 간장, 된장, 고추장에 넣어 간이 베게 한 다음 양념에 무쳐 먹는 것으로 깻잎 장아찌, 무말랭이 장아찌, 마늘쫑 장아찌, 통마늘 장아찌, 고춧잎 장아찌, 통오이 장아찌 등이 있다.

❹ 식사용구와 식사예절

한국 밥상차림이 모두의 일상식차림이고 밥을 주식화 한만큼 밥그릇에 대해서도 특별히 관심이 깊어 대체로 개인용 밥그릇과 대접 한 벌을 상용한다. 한국 식사용구에서 숟가락·젓가락의 한 벌은 어디에도 유례없는 문화요소의 특성이다. 한국 식생활문화에서 숟가락은 밥그릇·국그릇과 상호관계성을 갖는다. 한국음식은 밀문화권·육식문화권의 음식처럼 마른상태의 것이 아니다. 같은 쌀문화권에서 비교할 때 동남아 일대의 쌀처럼 부슬부슬한 밥이 아니고 끈기있는 밥과 같은 음식과 기호를 익혀왔다. 상용식기에 있어서는 일본처럼 그릇째로 들어올려 먹어야 할 작고 가벼운 목기류가 아닌 일찍부터 자기·유기·스테인리스 등을 썼고, 그 크기는 적어도 하루 소요열량의 밥을 담을 수 있는 밥그릇을 상용하였다. 따라서 상에 안정시킨 채로 음식을 떠올려 먹는 것이 우리의 기본 예절이다. 밥과 국은 이같이 숟가락으로 떠올려야 편리한 반면 반찬음식은 젓가락으로 이것저것을 고르게 먹기에 편리하게끔 만들어져 있다.

숟가락·젓가락은 절대로 한 손에 쥐지 않고 숟가락을 사용할 때에는 젓가락은 상위에 놓고, 젓가락을 사용할 때에는 숟가락은 보통 국그릇에 걸친다.

❺ 잔치상차림은 일상식 구조와 다르고 공동체 양식으로 형성된다.

잔치상의 음식차림은 술과 찜, 전골, 구이, 전, 냉채, 포 등과 같은 술안주 음식을 중심으로 하며, 여기에 떡·유과 등을 배합하고 밥 없이 끝마감을 가벼운 국수장국으로 맺는다. 따라서 주·부식의 구분이 없는 구성이다. 이같은 상차림은 함께 모여 먹고 마시는 공동체 양식이었다. 밥상이 개인의 평소 영양증진을 기본으로 한 차림이라면 잔치상은 사회적 매체로써의 기능을 중점으로 한 차림이라 할 수 있다. 따라서 회동의 목적을 성취시켜 한 소속집단으로써의 공동의식을 다질 수 있는 구성체로 꾸몄던 것이다. 잔치가 항상 있는 것이 아닌 만큼 잔치상의 음식 또한 평상음식과는 다른 것으로 배합하였다.

❻ 한국의 절식풍속은 인간과 자연과의 조화를 이룬 영양상 과학적인 식생활이다.

한 예로, 정월보름 아침에 잣·호두·땅콩·밤 등의 견과류를 깨물어 먹으면 일년 내내 부스럼이 생기지 않는다는 것이다. 견과류는 단백질도 함유하고 있지만, 필수지방산인 리놀레산(linoleic acid)이 전체 구성지방산의 73%를 차지하고 있다. 그러므로 약간만 섭취해도 필수지방산의 양은 높다. 어린이의 경우 전체 열량의 1~2%만 먹어도 습진이나 피부병을

예방할 수 있다. 성인은 겨울에 지방식을 많이 하게 되므로 혈청 콜레스테롤 함량이 높아지는데, 불포화지방산은 이를 낮추어 주는 효과가 있다. 또 α-토코페롤은 호두나 잣 등의 견과류에 많이 함유되어 있고, 이는 항지방성 간인자와 항산화제로 작용하여 간 기능을 보호해 줄 뿐만 아니라 견과류 내의 필수지방산 산화를 막아준다. 밤의 주성분은 당질로 $\frac{1}{3}$ 이상이 전분이고 서당이 주가 된다. 또 아스코르브산을 포함하고 있어 정월보름에 먹으면, 부족되었던 아스코르브산을 보충한다고 볼 때, 밤은 겨울철 음식으로 모세관의 탄력성을 준다.

여기에 갖가지 절후에 따르는 절식풍속과 계절에 따라 별미롭게 일컬었던 절식을 소개한다.

(1) 설날(음력 1월 1일, 元日) 음식

이른 아침부터 설빔으로 단장하고 조상님께 다례(茶禮)로써 새해 첫인사를 드린 다음 집안은 물론 문중, 친지 어른께 세배를 하는데, 어른은 세배를 받으면서 세찬을 내놓고 새해의 복을 원하는 덕담을 해준다.

세찬상과 세주 : 떡국, 만두, 약식, 인절미, 단자류, 전유어, 편육, 빈대떡, 강정류, 식혜, 수정과 등의 음식과 세주

(2) 상원절식(음력 1월 15일, 上元)

음력 정월 14일 저녁에는 오곡밥을 지어 김구이에 싸서 쌈을 먹고(복쌈), 묵은 나물 9가지(진채식)에 두부를 부쳐먹는 풍습이 있다. 또한 14일 저녁에 떠오르는 달을 보면 그 해 운이 좋다고 하여 달맞이를 하고, 또는 답교(踏橋, 다리를 밟는 풍습)를 한다. 그외 잣불, 부름, 귀밝이술 등이 있다.

(3) 한식(한식날은 동지에서 105일째 되는 날, 양력 4월 5~6일, 寒食)

이 날은 성묘를 한다. 찬 음식을 먹는다는 풍습에서 냉절(冷節)이라고도 한다.

(4) 삼월 삼짇날(음력 3월 3일, 重三日)

이 날은 강남 갔던 제비도 돌아오는 날이다. 촌락의 유생들이 산이나 들에 나가 두견화전, 향애단, 진달래 화채 등을 만들어 먹고 노는 화전놀이를 하였다.

(5) 등석절식(음력 4월 8일째, 燈夕日)

석가탄생일로 집집마다 등을 달아서 연등을 하고 손님을 초대하여 유엽병(느티떡), 미나리 강회, 콩볶음 등 소찬으로 대접한다.

(6) 단오절식(음력 5월 5일, 端午)

여자들은 창포 다린 물로 머리를 감으며, 그네놀이를 즐기고 남자들은 씨름을 하며 즐긴다. 이 날을 수릿날이라 하기도 하고 차륜병(수리취떡)을 절식으로 한다.

(7) 유두절식(음력 6월 15일, 流頭日)

이 날은 동으로 흐르는 물에 가서 머리를 감고 재앙을 푼 다음 떡 수단, 유두면 등의 음식을 차리고 물놀이를 하였다.

(8) 삼복절식(여름더위가 한참인 때, 초 · 중 · 말복이 10일 간격으로 있다, 三伏)

이 날이면 건강 관리를 위하여 개장국, 또는 삼계탕을 먹는 풍습이 있다.

(9) 추석음식(음력 8월 15일, 秋夕)

햇곡식으로 송편을 만들고 밥을 지으며 햇과일을 마련하여 선조께 차례를 지내고 성묘하는 날이며, 달맞이를 하고 씨름을 하면서 즐긴다.

절식 : 햅쌀 송편, 토란탕, 화양적, 닭찜

(10) 중구절식(음력 9월 9일, 重九日)

한식 · 추석에는 대개 5대조 이내의 산소에 성묘하고, 이 날에는 한식 · 추석에 성묘를 못한 그 윗대 산소에 성묘를 한다.

3절식 : 국화전, 국화주

(11) 동지절식(양력 12월 22일경, 冬至)

동짓날에는 붉은 팥죽을 쑨다. 팥죽에는 찹쌀가루로 둥글게 빚은 '새알심'을 넣는데 나이대로 새알심을 넣어 주었다고 하며, 귀신을 쫓는다 하여 장독대, 대문에 뿌리기도 하였다.

(12) 납평절식(음력 12월 끝날, 臘□)

동지 후 세번째로 오는 미일(未日)을 납일로 정하고 사직에 큰 제(祭)를 지내는데, 이 때에 쓰는 고기는 산간에서 잡은 산돼지·산토끼였으며, 이것을 납육(臘肉)이라 하였다. 또한 제육을 먹고, 참새고기구이를 절식으로 하였다. 이러한 풍습은 겨울철 보신의 뜻이었을 것이다.

이와 같이 여러 가지 절식은 오랜 전통을 갖고 계절의 변화에 따라 그 맛을 자연과 함께 즐겨왔다. 또 우리 선조의 전통 식생활에 대한 가치기준은 검소하면서도 감사할 줄 아는 생활철학이 담겨 있다. 따라서 풍족한 생활을 하기 때문에 음식이 귀한 줄 모르고 감사할 줄 모르는 세대들에게 우리의 전통 식문화에 담긴 철학을 깨닫게 한다는 것은 교육적 가치가 매우 크다고 하겠다.

3. 한국인의 식품섭취 변화

국민건강영양조사 결과 국민 1인 1일당 주요 식품군별 섭취량의 변화는 표 14-2와 같다. 1998년 조사된 국민 1인 1일당 섭취된 식품총량은 1,290.0 g이었다. 이 중 식물성 식품은 1,042.5 g으로 총 식품섭취의 80.8 %였고 동물성 식품은 247.5 g으로 총 식품섭취량의 21.0%였다.

식품 섭취량의 추이를 보면(표 14-2) 식물성 식품 섭취비율은 1970년대의 90% 수준에서 점차 감소하여 80년대 후반부터는 80% 내외를 유지하고 있으며, 동물성 식품 섭취비율은 같은 기간동안 상대적으로 증가하여, 10% 미만에서 20% 수준으로 상향 유지되고 있다.

표 14-2 국민 1인 1일 식품종류별 섭취량의 연차적 추이 (단위:g)

식품군 \ 연도(년)	'69	'70	'75	'80	'85	'90	'95	'98
곡류 및 그 제품	559.0	517.0	474.0	495.0	384.0	344.0	308.9	347.0
감자 및 전분류	75.6	49.8	54.6	35.8	39.8	43.1	21.2	36.6
두류 및 그 제품	24.9	53.1	31.1	46.9	74.2	58.1	34.7	31.0
채소류	271.0	295.0	246.0	301.0	273.0	281.0	286.2	283.5
과일류	48.1	18.9	22.4	41.3	64.1	68.8	146.0	197.5
해조류	0.8	2.4	1.9	1.5	3.2	6.0	6.6	7.7
음류 및 주류/조미료류	41.0	16.9	17.7	36.6	21.7	34.7	47.6	116.0**
유지류(식물성)	-	-	3.1	4.4	6.9	5.6	7.5	5.7
기타	3.5	.0.	0.1	0.0	0.0	9.4	11.9	17.5
식물성 식품계	1,024.0	953.0	850.0	963.0	867.0	850.0	871.0	1042.5
육류 및 그 제품	6.6	19.8	14.3	13.6	38.9	47.3	67.0	69.0
난류	4.2	8.8	5.1	8.3	20.6	19.5	21.8	22.5
어패류	18.2	44.5	47.8	65.7	80.6	78.6	75.1	66.3
유류 및 낙농제품	2.4	4.9	4.7	9.9	42.8	52.2	65.6	87.5
유지류(동물성)	-	-	0.1	0.1	0.1	0.4	0.1	2.1
기타	0.6	4.2	0.0	0.0	0.0	0.0	-	0.1
동물성 식품계	32.0	82.0	72.0	98.0	183.0	198.0	230.0	247.5
총 계	1,056.0	1,035.0	922.0	1,061.0	1,050.0	1,048.0	1,101.0	1290.0
식물성식품섭취비율(%)	97.0	92.1	92.2	90.8	82.6	81.1	79.1	80.8
동물성식품섭취비율(%)	3.0	7.9	7.8	9.2	17.4	18.9	20.9	19.2

* '69~'95년까지는 가구별 칭량법, '98년도는 개인별 24시간 회상법에 의해 실시된 결과임.
** '98년도 음료 및 주류/조미료류의 섭취량 증가는 '69~'95년에 비해 외식에 의한 음료 및 주류/조미료류의 섭취량 파악이 이루어진 것에 기인함.

식물성 식품군 중 곡류 섭취량의 추이는 '69년에 559 g이었던 것이 계속 감소하는 추세를 보이다가, 90년대 이후부터는 300 g~350 g을 섭취하여 거의 정체상태에 이른 것처럼 보인다. 반면에 과일류의 섭취량에서는 기복이 있으나 꾸준한 증가를 보이고 있고, 조미료 · 주류 · 음료류의 섭취량은 90년대 들어 계속 증가하여 '98년에는 116.0 g을 섭취한 것으로 나타났는데, 이는 1998년 국민건강 · 영양조사의 섭취조사가 개인별 24시간 회상법에 의해 이루어져, 과거 국민영양 조사의 가구당 식품소비조사에 비해 음료 및 주류에 대한 내용 및 섭취량 파악이 좀더 정확하게 조사

되어졌기 때문으로 여겨진다. 동물성 식품군에서는 특히 유류 및 낙농제품 섭취량이 80년대 현저하게 증가하여 90년대 후반까지 지속되고 있는 것을 볼 수 있다(그림 14-1, 그림 14-2).

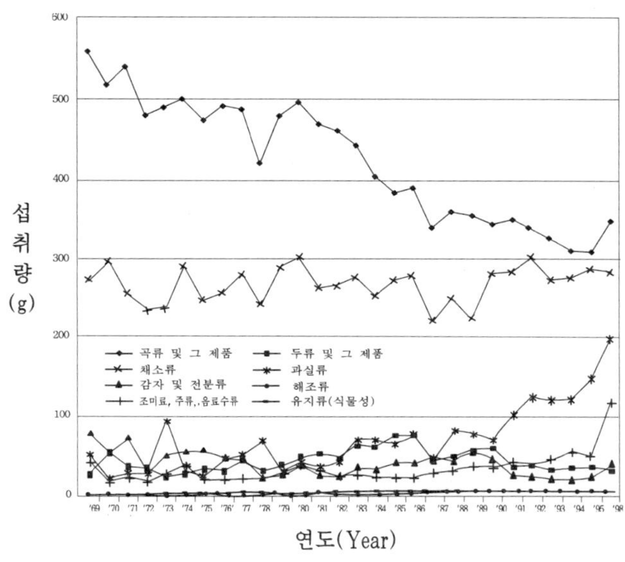

그림 14-1 식물성 식품 섭취량의 연차적 추이(1인 1일)

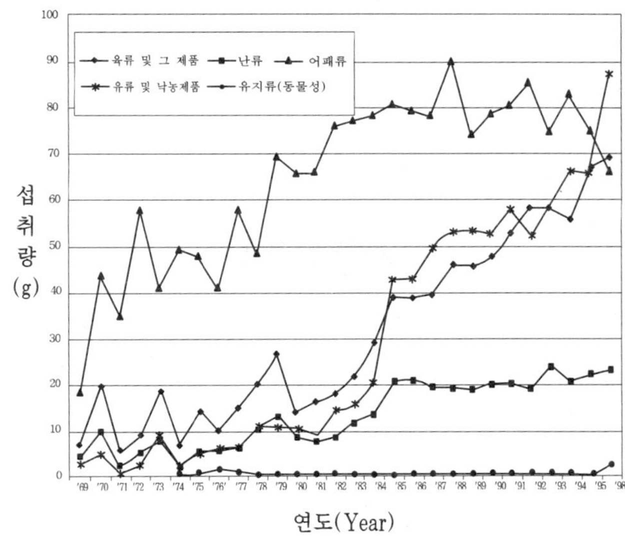

그림 14-2 동물성 식품 섭취량의 연차적 추이(1인 1일)

우리 나라의 외식산업 시장규모는 2000년을 기준으로 볼 때 30조원이다. 외식산업체의 수는 564,666개였으며 한식 점유율이 50.6%, 일식이 2.9%, 양식이 5.2%, 중식이 6.0%, 기타 35.1%이다. 소비자의 외식업체 선택 기준은 2001년 기준으로 맛이 61.6%, 편리성, 분위기 등 시설과 관련한 것이 20.5%, 적당한 가격이 9.5% 청결이 5.8%, 기타가 3.1%이었다.

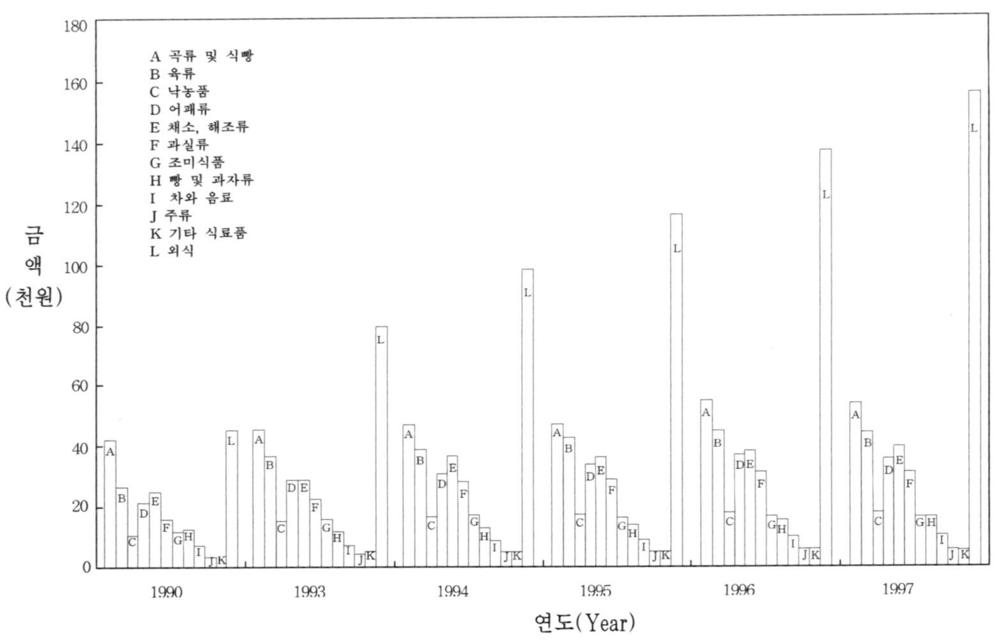

그림 14-3 가구당 월평균 식품 소비지출 추이

○ **토의주제**

1. 한국 전통음식 중 산업화 될 수 있는 음식에 대하여 토의해 보시오.
2. 우리나라 외식산업의 문제점과 이를 해결할 수 있는 방안에 대해 토의해 보시오.

제15장

바람직한 식생활

시대의 변화와 함께 사람들의 생활양식은 변해왔으며 또한 앞으로도 변화할 것이다. 식생활 역시 우리의 생활 중 한 부분이므로 시대와 함께 변화할 수밖에 없다. 우리의 식생활이 최근 급격하게 변화함에 따라 건강에 대해 우려하는 바가 크다. 건강하며 쾌적한 삶을 오랫동안 누리기 위해서는 적절한 식생활이 매우 중요한 요인이다. 우리 사회가 지향하는 복지사회를 위해서도 식생활은 매우 중요한 의미를 가지므로 어떠한 방향이 미래의 바람직한 식생활이 될 것인가 알아보자.

1. 식습관

◩ 올바른 식습관의 형성

식습관은 인간이 후천적으로 형성해 온 생활양식으로, 신체적 발육뿐만 아니라 정서 및 심리적 건강상태에도 영향을 미치게 된다. 경제 수준의 향상과 다양한 가공식품의 개발, 그리고 식사의 서구화로 인해 최근 새로운 식품들을 많이 접하게 되면서 식생활이 과거에 비해 매우 풍요로워진 듯 보이기는 하나, 그와 함께 영양상태에 좋은 영향을 미치리라고만 생각할 수 없는 부정적인 측면들이 나타나고 있다. 사회적 환경의 복잡한 변화 속에서 식생활의 조화를 잃게 되어 비만 및 성인병의 증가 경향을 나타내고 있으며 불규칙한 식사, 부적당한 간식 등 식품 섭취의 문제점들이 지적되고 있다.

더욱이 식습관은 생활형태나 행동양식과도 관련된다고 볼 때, 대학생은 불규칙한 식습관을 갖기 쉬운 위치에 있다고 볼 수 있다. 즉 중·고등학생 때와는 다른 갑작스런 자유로운 생활형태로 인해 규칙적인 생활습관이 흐트러지기 쉬운 시기로 불규칙한 식습관을 갖게 될 위험이 매우 크다 하겠다. 대학생들의 과중한 학업 및 과외활동으로 인해 자신이 섭취하는 식품에 신경을 쓸 시간이 없어 간편한 식품을 자주 선택한다. 특히 여대생들은 식사를 거르고 스낵 식품을 선호하는 등 좋지 못한 식습관과 외모에 대한 관심과 옳지 못한 영양지식으로 지나친 체중조절과 불규칙한 식습관을 나타내어 부적당한 식사를 하고 있다는 보고들이 많다.

개인의 식습관은 어려서부터 익혀온 식사체험에서 이루어지며 올바른 식습관은 우선 개인의 건강을 증진시켜 건강한 생을 영위할 수 있게 할 뿐 아니라 국민경제로까지 연결된다. 국민 개개인의 건강이 국력으로 이어짐은 물론이지만 한편으로 국민의 식습관이 그 나라의 식량정책이나 유통질서를 타당한 쪽으로 유도할 수 있어야 그 나라의 식량경제가 견고하게 성장할 수 있다. 특히 대학생의 식습관이 성인기의 식습관을 나타낸다고 볼때, 이 시기에 올바른 식습관을 확립하는 것이 중요하다.

❷ 올바른 식습관의 형성의 요인

(1) 가정환경

모든 사람이 갖고 있는 식습관은 넓은 의미에서 각 민족의 기본 식생활 양식에 비롯되어 있지만 그 안에서도 가정환경, 특히 부모의 식습관이나

식생활 관리 태도 능력이 직접적인 요인으로 작용한다. 식사 준비시 영양, 맛에 대해 고려할수록, 영양지식이 높을수록 식사의 질이 양호했다고 보고된 바 있다. 그리고 가정에 거주하는 자녀들은 부모의 보호 아래 특별한 관심없이도 균형잡힌 식사를 할 수 있는 반면, 공부하기 위해 타지에 있는 경우 충분한 양과 질을 섭취하는 것이 다소 제한적이고 불규칙적이기 때문에 올바른 식습관이 형성되지 못함에 따라 이들의 영양과 건강상태에 심각한 영향을 줄 수도 있다.

또 어떠한 스트레스를 받을 때에는 심리적으로 불안하고 긴장한 나머지 정규식사를 거르고 과음하거나, 혹은 간식에 치우쳐 식생활이 파행으로 흐르기 쉽다. 이러한 상태가 계속되었을 때 좋지 않은 식습관으로 고착되기 쉽다. 스트레스를 심히 받고 있는 가족원이 있을 때에는 정신적인 보살핌은 물론이고, 음식의 선정이나 식사행동이 정상을 이탈하지 않도록 도와주며 이러한 상황에서는 익숙한 음식, 마음에 그리움으로 새겨진 음식 등이 더욱 반겨질 것이다. 이와 같이 가정환경이 정서적인 안정뿐만 아니라 좋은 식습관의 형성에 영향을 준다. 그러나 부모의 잘못된 인식과 식습관이 자녀들에게도 영향을 주므로 식품과 영양에 대해 바르게 이해하고 균형잡힌 식사가 제공되도록 가정환경을 조성하여야 한다.

(2) 사회·경제적 환경

부모의 교육 수준이 높을수록, 수입이 많을수록, 규칙적인 아침식사를 할수록, 영양과 건강에 대한 관심이 클수록 좋은 식습관을 보인다. 흡연의 경우 흡연량에 따라서는 영향을 주지 않았으나 음주에 있어서는 항상 많은 양을 마시는 학생들보다 음주를 하지 않는 학생들이 더 좋은 식습관을 가지고 있다.

사회·경제적 수준이 낮은, 자택 이외에서 거주하는 학생들은 하숙비, 자취비 등으로 그들의 가계에 부담을 주게 되고 학생자신에게도 실질적인 영향을 미칠 것이다. 따라서 식비예산을 충분하게 세울 수 없으므로 자취생의 경우 균형잡힌 식사를 할 수 없을 것이다. 이런 상태가 대학생활 4년, 또는 그 이상 계속되면 이들의 영양과 건강상태에 심각한 영향을 줄 수도 있다. 그러므로 대학생들에게 영양교육이 필요하며, 이를 위하여 초·중·고등학교 시기부터 올바른 영양교육이 실시되어 어린시기부터 올바른 식습관을 확립하여야 함은 물론 대학교에서도 학교급식이 확대 실시되어야 한다. 단순히 식사를 제공한다는 차원을 넘어 개개인의 건강을 유지하도록 할 뿐만 아니라 각자의 바른 식생활이 식생활 문화의 기틀이 되어 바른 길잡이 노릇을 하게 되는 것이다.

2. 식품선택과 구입

소비자와 식품구매자들은 개인, 가정, 급식소 단위로 식단 계획이나 필요에 의해 식품을 구입하게 되는데 같은 종류의 식품일지라도 산지, 신선도, 재배방법, 크기, 품질 등이 달라지고 가격이 차이나며, 가공식품이나 반조리식품도 원재료, 가공과정, 포장용기 등 여러 요인에 따라 다양하다. 그러므로 소비자와 구매자들은 식품의 종류와 특성을 파악하여 각 식품을 잘 선별할 수 있는 능력을 갖추고 식품에 따라 거래단위를 알아야 식품을 용도에 맞게, 필요한 양을 정확히 구입하게 된다. 식품을 구입할 때는 식품의 종류나 품질, 수량을 고려해야 하는 이외에 구입하는 시간의 소비를 줄이면서 적당한 가격 수준에서 구입하는 요령이 필요하다. 즉 식품을 구입할 때에는 식품에 함유된 영양소의 종류와 함량, 식품의 가식부율, 식품의 품질, 위생상태, 맛, 기호성, 조리와 저장의 난이성 등을 고려하여야 하므로 우선 시장 정보를 알고 구입식품에 따라 계획적으로 구입하는 것이 바람직하다. 특히 저장성이 있는 것은 다량 구입하거나 여럿이 모아 공동구입하면 가격면에서 이익이 있으나 각자의 상황을 고려하는 것이 오히려 지혜로운 구매자가 될 수 있다.

식품을 제대로 구입하는 것은 쉽지 않으므로 현재 유통되는 식품을 구입할 때, 고려해야 하는 점에 대하여 자연식품과 가공식품으로 나누어 설명하고, 특히 최근들어 물밀듯이 쏟아져 들어오는 수입식품에 대해서도 간단히 살펴보고자 한다.

❶ 자연식품

우리가 먹는 식품은 대부분 자연식품에 속하는데 식품산업의 발달로 가공처리 수준이 높아지고 있으므로 쌀을 도정하거나 밀가루를 제분화한 것 등 단순한 가공방법으로 처리된 것은 자연식품 범주에서 취급하고자 한다.

(1) 곡류와 감자류

쌀은 도정도에 따라 현미와 백미로 나누어 판매하고 있는데, 현미는 쌀알이 누렇고 백미는 하얀 것으로 구별하며, 찹쌀과 멥쌀은 투명도로 구분할 수 있다. 보통 밥은 멥쌀로 하는데 우리가 선호하는 것은 단립종의 아밀로오스가 적은 품종으로 최근에 나오는 쌀은 밥맛이 좋은 일반미가 대부분이다. 쌀알이 통통하고 부서지지 않으면서 윤기가 나는 쌀이 좋다. 보리는 쌀보리를 밥에 혼합하여 먹는데 재배량이 줄어 들었으며 주로 쉽게 조리할 수 있도록 할맥이나 압맥으로 판매한다. 그밖에 곡류에 속한 것은 깨끗하게 껍질이 제거되고 적당히 건조되어 약 14%의 수분을 함유한 것으로 낟알이 고르고 손상된 것이 적으며 광택이 있는 것이 좋다. 돌이나 뉘가 제거되고 표준규격에 맞게 포장된 것이 좋다. 밀은 밀가루 형태로 파는데 시장에 있는 것은 대부분 다목적용인 중력분이다. 밀가루도 습기가 있거나 고온에서는 변질되므로 필요량을 고려하여 포장단위를 선택하는 것이 좋다.

감자류에는 고구마와 감자가 속하며, 크게 분질성과 점질성으로 구분한다. 고구마는 껍질색이 적자색으로 흠이 없고 매끈하며 홈, 패임이 적고 길쭉한 것보다 좀 통통한 것으로, 늦게 수확하여 육질이 단단하고 단맛이 풍부한 것이 좋다. 상처가 없고 적당히 건조하여 마르지 않고 냉해를 받지 않은 것을 선택한다. 고구마는 잘랐을 때 흰가루가 묻어 나오는 것이 분질일 가능성이 높다. 감자는 품종 고유의 특성을 갖고 형상이 균일하며, 빛깔이 양호한 것으로 단단하며 껍질에 흠이 없고 알이 굵은 것이 좋다. 품종에 따라 껍질의 색이 다른데 흰색, 담황색의 것이 맛이 있고 잘랐을 때 육질이 흰 것이 분질성으로 더 밤감자 같은 텍스쳐를 갖는다. 적당히 건조되고 싹이 나지 않은 것으로 외피에 물기가 없는 것을 고르도록 한다.

(2) 두류

콩과 녹두, 팥 등이 속하며 곡류와는 달리 배유부가 없다. 식용으로 하고 있는 부분은 자엽인데 단단한 껍질로 싸여 있고 내부조직도 곡류보다 치밀하여 껍질을 제거하거나 조리하기가 어렵다. 대두는 많은 가공품으로 만들어서 식품으로 사용하는데 대부분이 수입된 콩을 이용한다. 팥과 녹두, 동부도 잡곡으로 먹을 때는 낱알이 고르고 껍질이 매끄러운 것을 구입하는 것이 좋으며, 녹두, 동부 등은 반으로 탄 것을 구입하면 거피하기가 쉽다.

일반적으로 두류를 고를 때의 유의사항은 품종 고유의 특성을 갖고 크기별로 잘 선별된 것이며, 껍질의 얇음과 두꺼움이 없이 충실하고, 단단하고, 부드러우며 낱알이 고른 것을 선택한다. 쌀과 같은 곡류와는 달리 돌을 골라내지 않은 채 판매되는 경우가 많으므로 조리시에 씻으면서 반드시 돌을 제거해야 한다.

(3) 육류와 가금류

육류에는 쇠고기, 돼지고기가 속하는데 가축을 도살하여 살코기를 식품으로 이용하기 때문에 살아있는 가축의 영양과 위생상태가 육류의 품질을 좌우한다. 도살과정에서 여러 단계의 검사를 받아 식품으로 안전하면 식용육에 검인을 찍어 판매하게 되므로 검사받고 검인 찍힌 것을 구입하는 것이 첫째 주의점이다. 쇠고기와 돼지고기 모두 부위별 판매를 하고

부위에 따라 가격차이가 있으므로 조리에 따라 필요한 부위를 선택하고 소비자가 그 부위를 눈으로 확인해야 한다. 쇠고기의 육색은 붉은 색으로 공기 중에 두면 선홍색으로 변해 신선한 고기색을 보이며 돼지고기의 색은 쇠고기보다 엷다.

저장할 경우 부위에 따라 다르나 지방층과 혼합되어 있어 지방산화에 의한 문제가 있으며 미생물에 의해서 변색, 끈기와 더불어 악취를 내게 되므로 쉽게 선별할 수 있다. 육류는 쉽게 변하므로 냉장, 또는 냉동저장하여 판매하고 있으며 도살 후에 1일 정도 지나면 근육에 강직(사후강직)이 일어나 고기가 질겨지므로 숙성된 후에 조리하면 좋다. 냉동육은 냉동조건에 따라 맛이 저하될 수 있고 해동하면서 육즙의 손실로 맛성분이 빠져나가며 도살 직후의 생고기나 냉장육을 구입하여 냉동저장하면 같은 결과가 얻어지므로 조리시까지 냉동-해동의 횟수가 최소가 되도록 한다.

닭은 단백질 함량이나 질이 좋은데도 쇠고기나 돼지고기보다 가격이 저렴하고, 지방함량이 적으며, 키우는데 걸리는 기간이 짧으므로 급식소나 요식업계에서 뿐만 아니라 패스트푸드(fast food) 체인점에서도 널리 이용되고 있다. 닭이나 오리고기 선택시에는 크기, 무게, 부위, 포장형태를 고려해야 하고, 닭고기는 다른 육류에 비해 가식부율이 낮으므로 구입량을 정확히 하는 것이 필요하다. 가금류를 고를 때 고려해야 할 사항은 살코기와 지방층이 고르게 발달된 것으로 솜털이 없고 뼈가 부러진 흔적도 없으며 살이나 겉껍질에 멍이나 핏덩이에 의한 변색이 없는 것으로 운반, 냉동, 저장 과정에서의 잘못된 흔적도 없어야 한다.

(4) 어패류

어패류의 가격은 어획량에 의해 달라지고 어획량은 계절이나 기후에 따라 변하므로 유동적이다. 바다에서 어획하여 소비자에게 올 때까지는 기간이 오래 걸리므로 유통 중의 저장방법이 중요하다. 활어나 선어는 운반하는데 많은 비용이 들기 때문에 냉동시설을 이용하여 냉동된 어패류의 보급이 증가되고 있다. 어류는 육류에 비해 조직이 연하고 상하기 쉬우며 세균 오염의 기회도 많고, 내장이 있는 상태로 유통되므로 자가소화에 의한 변질도 쉽다. 특히 해산물을 많이 먹는 우리나라에서는 생선을 구입할 때나 냉동됐던 생선의 선도를 정확하게 판정하는 것이 매우 중요하다. 어패류의 신선도를 감별하는 방법으로는 관능검사, 화학적 방법, pH 측정 등이 있으나 소비자가 어류의 선도를 판정할 때는 눈으로 보고, 냄새를 맡아보고, 손으로 만져보고 판단하는 수 밖에 없으며, 이 방법도 숙련되면 상당히 정확하게 선도를 판단할 수 있다.

어류는 머리부터 부패가 시작되므로 항상 머리를 먼저 살펴보아야 한다. 눈은 안구가 튀어나오고 밝고 투명하며 둥글어야 하는 반면, 눈이 움푹 들어가고 안구가 흐린 것은 신선하지 않은 것이다. 다음에는 아가미를 들추어서 그 색을 보아야 하는데 빨간색이며 점액이 있고, 생선 각각의 독특한 색과 광택이 있는 것은 신선하며, 아가미를 포함한 머리 부분의 생선 비린내가 너무 강할 때는 그 생선이 이미 신선하지 않거나 잘못 저장된 식품이다. 생선의 살은 손가락으로 눌렀을 때 자국이 남지 않아야 하며, 살이 단단하고 탄력성이 있고 투명감이 있으며 뼈에서 살을 떼어내기 힘든 것이 신선하다. 신선한 생선의 비늘은 일반적으로 얇은 젤라틴질 막으로 덮여 있으며 이로 인하여 광택을 띠게 되고 모든 지느러미나 꼬리는 손상을 입지 않은 상태이어야 한다.

특히 굴, 새우, 게나 조개류는 부패가 빠르기 때문에 살아있는 신선한 것을 고르도록 해야 한다. 어패류는 0~2℃에서는 1주일간 선도를 유지할 수 있으며, 5~10℃의 냉장고 온도에서는 1~2일간 선도를 유지할 수 있다. 냉동어를 구입할 때는 얼어 있는 상태에서 구입하고 가능하면 한 번 해동된 것은 다시 얼리지 않아야 한다.

(5) 난 류

달걀은 가격이 저렴하고, 영양적으로 양질의 단백질을 많이 함유하고 있으며, 비교적 장시간 저장해 두고 먹을 수 있으나 저장하면 외부로부터의 미생물 작용을 받지 않더라도 질이 서서히 떨어지게 된다. 우리나라에서는 달걀을 크기에 따라 특란과 대란으로 분류하고 있으며 사료의 종류, 위생처리 상태, 껍질의 색, 유정란인가에 따라서도 구분되어 가격이 결정된다. 달걀을 구입할 때는 신선도가 가장 중요한데 달걀의 신선도를 판정하는 방법은 껍질채 판정하는 법과 껍질을 깨뜨려서 난황과 난백의 상태로 판정하는 방법이 있다. 달걀을 구입할 때는 껍질이 있는 상태로 껍질이 꺼칠꺼칠하고 오물이 묻지 않아 청결하며 파손이 없는 것을 선택한다. 달걀은 냉장상태로 저장해야 하나 유통과정에서 잘 지켜지지 않으며, 특히 유통기한이 정해져 있거나 산란한 날짜를 기입하지 않기 때문에 구입할 때 보관방법이나 신선도에 주의를 기울여야 한다. 달걀 껍질의 색은 영양소와는 관계가 없고 난황의 색은 카로텐 함량을 나타내는데, 달걀을 어떤 조리에 쓸 것인지를 알고, 특별히 노란색이 필요하지 않을 경우에는 낮은 가격으로도 구입이 가능하다.

(6) 채소와 과일류

채소와 과일은 매우 다양하며 식사 때마다 부식을 만드는 식품재료로 사용된다. 계절에 따라 출하되는 종류가 달랐으나 최근 비닐하우스 재배에 의해 언제든지 구입할 수 있게 되었고, 과일은 제철보다 앞서 다량 생산되어 비싼 가격으로 제철보다 먼저 맛을 볼 수 있다. 재배방법이 발달되어 오히려 철에 관계없이 가격이 안정된 면도 있으나 생산량과 소비량의 변화로 가격이 폭등, 폭락하는 경우도 있다. 채소와 과일을 구입할 때 주의할 점은 우선 나무에서 익은 다음 수확한 것, 또는 수확 후 오래되지 않은 신선한 것을 고르는 것이고, 다음에는 비료와 농약이 과다하게 뿌려지지 않은 것을 구입해야 한다는 점이다. 가끔 채소를 신선하게 보이기 위해 물을 뿌린다거나 포장하여 구별할 수 없게 만드는 경우도 있으므로 잘 보고 선택하여야 한다. 식품을 다듬어 팔거나 데쳐서 파는 경우에는

위생이 철저히 유지되었는지 살펴보고 의심나는 것은 구입하지 않도록 해야 한다.

① 채소류

채소류는 먹는 부분에 따라 나뉘며, 줄기나 잎을 먹는 엽경채소류, 뿌리와 땅속줄기를 이용하는 근채류, 초본 식물의 열매를 이용하는 과채류 등이 있다.

잎을 주로 먹는 채소는 잎이 신선하고 대부분 녹색인 그 식품의 독특한 색을 띠고 있는 것이 좋고 결구가 형성되는 배추나 양배추는 속이 꽉 차 있으며, 무겁거나 잎이 너무 두껍지 않은 것이 좋다. 잎을 먹는 채소는 날 것으로 많이 먹기 때문에 농약이나 토양오염에 의한 문제를 고려해야 하며 수경재배나 유기농법으로 재배한 것이 안전하나 가격은 비싼 편이다. 우리나라 시장에 무공해, 저공해로 공급되는 채소 중에는 가격만 상승되었을 뿐 일반 채소와 같은 것이 많으므로 식품을 판매하는 곳에서 신중히 팔아야 소비자가 믿고 살 수 있는 풍토가 마련될 것으로 본다.

무, 당근, 우엉 등의 근채류를 고를 때는 무겁고 흠이 없으며 단단한 것이 좋다. 당근처럼 카로텐을 함유한 것은 색이 선명하고 진해야 좋으며, 무는 썩지 않고 표면이 매끈하며 심이 없고 바람이 들지 않은 것으로 즙이 많고 조직이 치밀하며 단맛이 많은 것을 고른다. 마늘과 양파는 구근을 먹는 채소이며, 저장을 해야 하므로 저장성이 있는 품종으로 매운맛이 강한 것이 좋다. 마늘은 육쪽이고 밭마늘이 상품이며, 양파는 바깥부분이 황색이며 둥글고 단단한 것을 고르고, 어느 채소이든지 싹이 튼 것은 좋지 않다.

오이, 가지, 호박 등은 과채류로, 이를 고를 때는 굵기와 색이 고르며 단단하고 무거운 것으로 꼭지가 신선한 것이 좋다. 과채류도 종류에 따라 품종이 다양하므로 조리에 맞는 품종을 선택해야 한다. 예로 오이는 다대기, 가시오이, 추청오이 등이 많이 나오는데, 오이지를 담글 때는 다대기 오이로 담아야 무르지 않고 오랫동안 먹을 수 있으며 가시오이는 색이 진하다.

② 과일류

과일의 종류는 다양하나 기후에 따라 재배되는 것이 달라 우리 나라에서 생산되는 것은 일부이며 최근 수입이 자유로와지면서 새로운 과일들이 많아졌다. 과일은 종류나 품종에 따라 맛이 독특하므로 품종을 구분할 수 있어야 선별이 가능하다. 좋은 과일은 나무에서 익은 다음 수확한 것이 맛도 좋으며 영양소 함유량도 가장 높다. 과일의 종류나 수확시기에 따라 저장성이 달라지므로 먹을 수 있는 기간, 즉 제철이 있으므로 제철에 나는 과일로 신선하고 단맛이 강하며 텍스쳐가 좋은 것을 구입하는 것이 요령이다.

과일 껍질에는 왁스 성분이 있으므로 윤택이 있고 손상되지 않은 경우에만 그것이 유지되어 광택이 나며, 손으로 만지면 텍스쳐를 알 수 있고 과일향으로 익은 정도를 추측할 수 있으므로 맛있고 신선한 과일을 구입하기는 그리 어렵지 않다. 그러나 용도에 따라 모양이나 크기는 문제시되지 않는 경우도 있으므로 어떤 목적으로 쓸 것인가를 먼저 생각하고 구매하는 습관을 기르는 것이 좋다.

최근에 새로 수입되거나 우리 나라에서 시범으로 재배되는 과일이 많은데 과일 각각의 맛이나 저장법을 알고 구입해야 제맛을 즐길 수 있다. 같은 과일도 재배 지역과 기후에 따라 맛이 다르므로 재배지를 확인하고 구입하는 것도 요령이다.

(7) 우 유

우유는 모든 유통과정에 저온을 유지해야 하며, 원유를 그대로 먹는 것이 아니라 살균이나 균질화 등의 가공과정을 거치므로 가공식품으로 분류해야 한다. 그러나 시유를 이 범주에 넣고 설명하면 구입할 때는 포장지에 쓰여진 내용과 유통기한을 확인하고 용기가 깨끗하고 냉장시설에 보관된 것을 구입한다. 최적 조건은 0~2℃로, 이때는 1주일 보존이 가능하지만 4.5~10℃에서는 1~2일간 저장할 수 있다. 우유의 고형분이나 지방질 함량은 정해져 있으므로, 특히 향기나 맛을 내기 위해 여러 첨가물을 혼합한 것과 영양성분을 강화한 것은 우유의 농도가 달라질 수 있다. 우유병이나 용기 밑에 침전물이 생겼거나 응고물이 있는 것, 신맛이 나는 것, 악취가 나는 것은 변질 또는 부패된 것이다.

(8) 지방질 식품과 당류

① 지방질 식품

지방질을 함유한 식품은 종실과 두류 중에 대두와 낙화생이 있으며, 주로 그 식품 자체를 먹지만 대부분은 기름으로 추출하여 사용한다. 지방질 식품을 구입할 때 주의점은 우선 저장 중에 산화되거나 가수분해되지 않았는지 살펴보아야 한다. 가수분해되면 생성된 지방산이 산화를 촉진하며 산화된 식품은 산패취가 나고 색이 누렇게 변해 쉽게 눈으로 구별이 되므로 구입시에 고려해야 한다.

② 당류

당류로는 설탕이나 시럽, 올리고당이 있고 시판되는 식품에는 물엿, 조청과 꿀이 있는데 설탕은 결정체로 고체이나 다른 당류는 액체로 판매되고 있다. 이런 당류는 단맛에 차이가 나고 점성이 다르며 색도 다르기 때문에 조리 목적에 따라 선택한다.

(9) 조미료

조미료는 간이나 맛을 좋게 하기 위해 첨가되는 것들로 양념류와 소금, 간장, 참기름이나 깨소금, 후추 등의 향신료가 있으며, 글루탐산의 염이나 핵산조미료, 여기에 다른 양념류를 첨가한 것 등 다양하다. 양념류는 그 향미가 강하고 독특하여 소량 첨가하는 식품이므로 구입할 때 냄새가 보존되도록 하고 소량 단위로 구입해야 한다.

❷ 가공 · 저장식품

식품산업의 발달로 점차 가공식품의 종류가 다양해지고 영양적인 것보다는 소비자의 입맛이나 심리를 이용한 상품들이 많이 나오고 있다.

가공식품은 가공을 통해서 저장성을 증가시키거나 맛을 좋게 하여 상품성을 증가시키고 수송이 편리하게 하며 안정성과 편리성을 높여 소비자의 욕구를 충족시켜 왔다. 그러나 가공식품 구입에 있어서 식품첨가물의 사용과 유해물질이 가공 중에 생성, 또는 잔존되는 사례가 보고되면서 가공식품을 기피하려는 경향과 바빠진 일과로부터 탈피하려는 사회적 변화가 가공식품을 다양화시키고 그 이용 계층을 확대해 가는 경향을 보이고 있다.

이런 단계에서 식품을 구입, 소비해야 하는 우리는 가공식품의 장단점을 정확히 알고 먹을 수 있는 자세를 갖는 것이 필요하다. 무조건 나쁘다거나 맹목적으로 이용하는 것은 우리의 건강에 대해 무책임한 행동이라고 생각된다.

가공식품을 구입할 때는 포장지에 쓰여진 내용을 읽고 상표와 상품명, 제조년월일, 또는 유통기한 및 포장에 파손이 없는지를 확인하고 구입해야 한다. 상품명이 유명 메이커 제품과 유사한 것, 상품에 아무 표시가 없는 것, 인쇄가 분명치 않는 것, 제조일자가 분명치 않는 것, 포장이 조잡하고 불결한 것 등은 불량식품이므로 구입시에 주의한다.

(1) 건조식품

저장성을 증가시키기 위해 건조된 식품은 건조상태가 저장 중에 여러 변화를 일으키지 않도록 유지되어야 한다. 건조된 식품은 다시 물에 불려 사용하기 때문에 양을 정할 때 불린 다음의 무게를 고려해야 하고, 특히 건조식품 중에 효소가 작용하거나 지방질이 산화되는 등 건조로 인해 식품의 변패가 더 빨라질 수 있으므로 건조식품을 구입하기 전에 건조 방법이나 식품마다의 특성을 확인하는 것이 필요하다.

(2) 냉동식품

　냉동식품은 주로 축산물과 농산물을 재료로 사용하고 있으며, 냉동식품 산업에 따른 분류는 그림 15-1과 같다. 냉동식품은 냉동된 시설에 보관해야 하고 운반이나 저장 중에 온도 변화가 있을 때는 식품의 변질이 초래되므로 냉동시설이 잘 갖추어진 곳에서 구입하는 것이 중요하다. 냉동식품은 식품에 따라 냉동조건이 다르나 급속 냉동을 하면 수분이 많은 식품도 그 조직을 유지할 수 있다. 그러나 구입 전후에 냉동온도가 변하면 얼음 결정이 커지게 되어 식품의 질이 저하될 수 있다. 냉동식품은 가격면에서 경제적이고 반조리상태이므로 조리시간도 단축되어 편리하다.

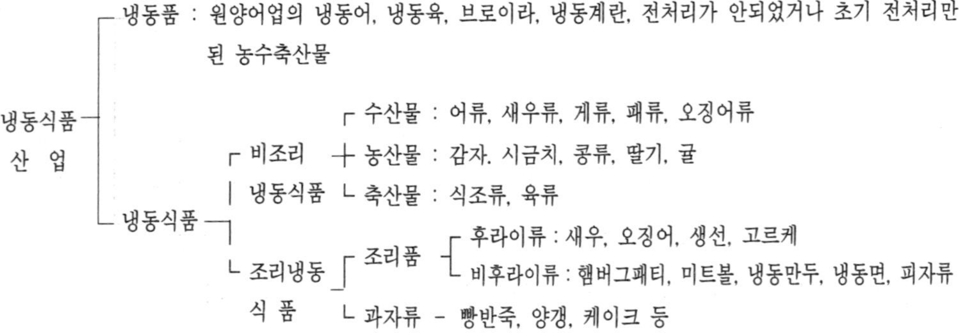

그림 15-1 냉동식품 산업에 따른 분류

　냉동식품을 구입할 때는 상품의 위생성 여부, 제조일자, 상표, 포장 등을 확인하고, 판매저장고가 냉동으로 유지되고 있는지도 확인하고 구입한다. 냉동식품에 따라 조리시에도 반해동, 완전해동으로 분류하여 이용하고, 조리 전까지는 반드시 냉동으로 보관해야 한다.

　1주일분을 한꺼번에 구입했을 때는 한끼 분량으로 나누어 수분이 차단된 포장지인 비닐이나 랩으로 포장하여 냉동시켜 두는 것이 좋다. 여러번 냉동·해동이 반복된 것은 포장지 주변에 얼음이 많이 붙어 있고 식품 사이가 서로 붙어 있게 되어 확인이 가능하다.

(3) 냉장식품

대체로 냉동조건이 냉장보다 저장성이 뛰어나나 냉동을 하면 그 식품 자체의 질이 떨어지는 경우에는 냉장조건을 유지하는 식품이 만들어진다. 유화액은 냉동되면 쉽게 분리되고 반조리식품의 일부는 냉장을 유지해야 하기 때문에 냉장시설에 보관하면서 판매한다. 가끔 상인이 냉장시설 유지비를 절감하고자 실온에 보관하는 예가 있어 냉장식품의 품질과 위생을 불안하게 하므로 구입시에 그 점을 잘 살펴보아야 한다.

(4) 통조림

통조림은 부패균의 대부분을 완전 살균하고 탈기하여 만든 제품이므로 가장 안전한 저장식품이다. 그러나 제조과정 중의 불량이나 운반시의 파손이 있을 수도 있으므로 주의하여 구입해야 한다. 구입방법은 통조림에 표시된 내용을 보고 제조년월일과 내용물을 확인하고, 통의 윗면, 아랫면이 약간 오목하게 들어가고 이상이 없는 것을 선택한다. 외관상으로 보았을 때 통이 찌그러진 것, 녹이 슬었거나 새는 것, 통이 팽창된 것, 형태가 변형된 것은 구입해서는 안된다.

(5) 훈연제품

훈연제품도 냉장저장조건에서 유통되어야 하므로 판매저장고를 확인해야 한다. 대부분 가공 중에 과량의 염이 첨가되므로 염의 농도를 알고 필요에 따라 저염농도인 것을 구입하고 포장이 제대로 되어 있는지도 살펴본다. 제조일자와 유통기한이 품질을 좌우하며 제조과정이나 운반 중에 파손되어 변질될 수 있으므로 포장이 잘 유지되었는지 검토한다. 햄이나 베이컨, 소시지 등은 고기를 사용한 비율이 다르므로 포장지에 적혀진 내용을 읽고 첨가물질이나 고기의 형태, 고기 배합비율, 조리방법 등을 확인한 다음 식품을 구입하는 자세가 필요하다.

(6) 기 타

최근 들어 가공기술이 발달되면서 즉석에서 데워 먹을 수 있는 레토르트 파우치(retort pouch) 식품이 나오고 압출성형기술(extrusion)을 이용한 스낵이나 씨리얼 등도 다량으로 판매되고 있다. 또한 전자레인지를 이용하여 데우거나 조리해서 먹을 수 있는 식품도 점차 증가되는 추세이다. 이런 식품을 구입하는 것은 소비자의 시간이나 경제력에 의해 좌우되지만 우선 자기가 먹는 식품에 대해 바로 알고 또한 가장 좋은 상태일 때 식품의 특징이나 저장법에 대해 관심을 갖고 알아 두는 것이 중요하다.

❸ 수입식품

과거에는 수입식품이 가공식품에만 국한되었으나 이제는 농산물, 수산물 할 것 없이 모든 식품이 물밀듯이 들어오고 있고 쌀도 시장을 개방하여 국민 식생활에 미치는 수입식품의 비중은 무시할 수 없는 수준이 되었다. 식품수입이 증가됨에 따라 시장에서 국내산 식품과 구별하기가 어려워졌다. 또한 수입식품의 위생과 안전의 문제는 소비자들의 힘만으로는 해결하기 어려운 점이 많아지고 있다. 정부에서 행해지는 식품의 검역이 완전하지 못하고 저장 유통과정을 정확히 파악할 수 없으며, 소비자들도 식품의 원산지, 식품의 안전성 등에 무심하므로 수입식품의 유해성이 문제시되고 있다.

우선 수입식품의 가격이 국내산보다 저렴하므로 많은 소비자들은 가격이 싼 것을 선호하고 있으나 한편으로는 신토불이(身土不二)라 하여 국내산 식품을 강조하다보니 수입식품이 국내산으로 둔갑하여 비싼 가격으로 팔리는 악순환이 계속되고 있다. 세계적으로 문호가 개방되고 모든 종류의 식품이 우리나라 시장으로 들어 왔을 때 소비자들은 수입식품은 나쁘다거나 수입식품의 품질이 좋다는 등 맹목적이고 무조건적인 반응이 아닌 각각의 장단점을 파악하고 우리 식생활에 어울릴 수 있는 식품, 또는 가격이 저렴하면서 우리 나라에서 재배되기 어려운 것들은 충분한 위생검사를 통해 안전성을 확인하고 보급해야 할 것이다. 경쟁력 있는 식품을 개발하고 수입식품이 갖는 문제점을 제거한 우리 식품을 공급하여 식품 품질 평가에서 우수하다고 인정받도록 해야 할 것이다.

소비자 측면에서 본 식품 수입의 장점은 첫째, 소비자 선택의 폭이 넓어지는 점, 둘째, 값싼 식품을 구매할 수 있고, 셋째, 국내 생산품의 가격이 싸지고 품질이 향상될 수 있는 점이며, 단점으로는 첫째, 수입상품에 대한 정확한 정보가 얻기 어렵고, 둘째 일부 수입식품의 경우 위생상 안전성이 낮으며, 셋째, 피해가 발생했을 때 보상책이 미약한 점이다.

식품은 가공처리 하지 않은 상태로 장기간 수송을 하려면 저장에 따른 품질의 저하나 손상은 불가피하며 이런 점 때문에 보존제나 농약의 사용을 완전히 제거하기는 힘들다. 일부의 식품은 냉동하거나 일차 처리하여 저장성을 증가시키기도 하지만 경제적이지 못하므로 가격이 적게 드는 방법을 이용하기 마련이다. 식품은 우리의 건강한 생활을 위해 영양소를 섭취하는 것이므로 위생적이어야 질병이나 식중독 등으로부터 보호를 받을 수 있다. 즉 식품의 안전성은 매우 중요하므로 수입식품에 대한 검사는 그 식품의 재배지나 생산지가 안전한지 확인해야 하고 그 식품을 수출할 때 어떤 방법으로 포장하고 수송하는지 파악하며 수입된 식품에 대해서는 철저한 위생검사를 통해 해로운 식품이 우리나라에 들어올 수 없도록 해야 한다. 일단 안전한 식품이 수입되었을 때 그 식품에 대한 구매는 소비자에 의해 이루어지는데, 메스컴을 통한 광고나 선전이 소비를 촉진할 수 있으므로 소비자에게 정확한 정보를 전할 수 있는 통제기관이 있어야 할 것이다. 그 다음 직접 소비하는 각자가 식품을 비교하고 올바르게 선택할 수 있도록 식품에 대한 정보나 교육이 필요하다.

3. 식사구성과 1인 1회 분량

1 식사 구성

식사는 개인의 건강에 직접적인 영향을 미친다. 식품들은 각기 함유하는 영양소가 다르므로 균형있는 영양섭취를 위해서는 여러 가지 식품이 적절히 함유된 식사를 해야 한다. 식량의 부족이 심했던 시절에는 일반적으로 식사구성에서 영양소가 결핍되지 않도록 하는 데에 관심을 두었으나 현대에 와서는 영양 결핍 뿐만 아니라 과잉의 영양섭취도 건강에 대한 해로움이 밝혀져 건강을 최적의 상태로 유지하기 위해서는 적지도, 많지도 않은 적절한 영양 섭취를 해야 한다. 식사구성은 식품구성탑에 제시한 다섯가지 식품을 매일 사용하고 매끼에 포함시키도록 한다. 한끼 식사에 밥, 국과 다양한 반찬, 그리고 빵, 과일과 채소, 우유, 달걀, 햄 등이 포함되도록 하는데 조리하지 않는 생것을 사용하고 부드러운 음식에 질감이 바삭바삭한 음식을 사용하여 변화있게 구성하고 색, 형태, 음식의 배열 등에 변화를 주도록 구성한다.

2 식사구성에 의한 1인 1회 분량

식사구성에 사용될 1인 1회 대표 식품군별 식품의 분량은 표 15-1과 같다. 한끼에 음식의 수가 많을 때는 1인분의 양을 줄이고 열량이 풍부한 식품의 수를 줄이도록 한다.

간단한 식사가 요구될 때는 영양가가 높고 쉽게 소화가 되는 음식을 몇 가지만 구성하고 1인분의 양을 늘려야 한다.

식사구성에 사용되는 1인 1회 분량은 섭취해야 하는 양으로 처방되는 것이 아니고 사람들이 섭취한다고 생각되는 양으로부터 산출된 것이므로 이는 우리 나라 사람들이 통상적으로 섭취하는 양과 가까운 것이다.

표 15-1 식품군별 대표식품과 1인 1회 분량

곡류 및 전분류		채소 및 과일류		고기, 생선, 계란, 콩류		우유 및 유제품		유지 및 당류	
밥 1공기	210g	생야채	70g	육 류	60g	우 유 1컵	200g	식물성 기름 1작은술	5g
국 수 1대접	건면 90g	김 치	60g	생 선 1토막	70g	요구르트 1개	150g	버터/마요네즈 1작은술	6g
식 빵 3쪽	100g	생미역	70g	패 류	80g	치 즈 2장	40g	설 탕 1큰술	12g
떡 2~3쪽	100g	토마토/ 딸기/수박	200g	잔멸치/ 어채류	30g	아이스크림 ½컵	100g	탄산음료 1½컵	100g
시리얼	90g	기 타 과 일	100g	달 걀 1개	50g			견과류	8g
감 자 중 3개	400g	과일주스 ½컵	100g	콩	20g				
				두 부	80g				

4. 한국의 전통적 식생활 문화의 계승·발전

전통적인 식생활 문화는 어느 나라나 사회·경제 발전과 더불어 자연 환경에 따라 발달하고, 그 발달 과정에서 독특한 전통 식생활 문화를 형성한다. 우리나라의 전통적인 식생활은 선조들이 자연 환경에 가장 적합하게 창안·발전시켜 온 민족적 지혜에서 비롯된 식생활 문화라 하겠다. 한국음식을 중심으로 전개되는 상차림은 영양상 균형을 이루고 있을 뿐만 아니라 맛이나 색채감 등에서 다양한 식사가 되며 상차림의 양식은 때와 장소에 어울리게 되어 있다. 그러나 급속하게 변화하는 산업사회와 함께 식생활의 양상도 변화되어 우리도 모르는 사이에 입맛이 서구 음식에 익숙해지고 있다. 그렇지만 전세계적인 개방화 조류속에서 수입시장 개방 압력에 따라 우리 전통적인 것에 강한 애착심을 보이기 시작하면서 전통음식의 발굴과 서구 음식으로부터 우리 농산물과 전통식품에 대한 소비자의 인식이 변화함과 함께 식혜, 대추차, 호박죽 등의 전통음료의 산업화로 소비가 급격히 증가하고 있다. 이는 전통식품을 장년층 뿐만 아니라 입맛이 서구화된 음식에 길들여져 있는 청소년층에도 즐겨 찾는다는 사실에서 우리 전통식품 가공시장의 장래가 매우 밝다는 것을 들 수 있으며 세계화로의 무한한 가능성을 예견할 수 있다.

현대 산업사회 가정에서 한국 전통음식을 마련한다는 것이 쉬운 일은 아니나 손쉽게 만들 수 있는 방법을 학교·매스컴 등을 통하여 홍보하여 우리의 고유한 한국 음식의 우월성을 올바르게 알게 하고 쉽게 자주 만들어 먹음으로서 자라나는 세대들의 입맛을 우리 고유의 음식에 길들여지도록 하여 우리 음식의 가치를 알 수 있도록 하여야 한다. 한편 밥류를 비롯하여 죽류, 떡류, 음료 등의 한국전통음식산업화를 가속화함으로써 한국의 전통적인 식생활문화를 계승·발전시킬 수 있으며 이를 근간으로 한 바람직한 식생활 방향을 모색해 나가야 할 것이다.

5. 한국인의 영양권장량

균형잡힌 식생활을 계획하기 위해서는 사람이 정상적인 발육을 하고 건강을 유지하는데 요구되는 최소한 영양소 필요량이 결정되어야 한다. 특히 영양소 중에서 에너지, 단백질, 무기질 및 비타민 등을 하루 동안에 얼마만큼 섭취하는 것이 좋은가를 정하여 그 섭취량을 제시한 것이 영양권장량이다. 이는 어떤 특정식품이나 특이한 식이방법을 기준으로 하는 것이 아니고 한 인구집단의 일반 건강인이 일상식사를 통하여 장기간 섭취할 때에 얻을 수 있는 영양소의 최적수준을 권장하는 것이다.

한국인의 영양권장량은 1962년에 최초로 책정된 이래 1967년에 2차로 개정되었고 그 후 1975년, 1980년, 1989년, 그리고 1995년에 6차 개정을 거쳐 2000년에 제 7차 개정을 하였다(표 15-2).

표 15-2 한국인 영양권장량 7차 개정(2000년)

연령		체중 (kg)	신장 (cm)	에너지 (kcal)	단백질 (g)	비타민A (μg RE)	비타민D (μg)	비타민E (mg α-TE)	비타민C (mg)	비타민B₁ (mg)	비타민B₂ (mg)	나이아신 (mg NE)	비타민B₆ (mg)	엽산 (μg)	칼슘 (mg)	인 (mg)	철분 (mg)	아연 (mg)
영아	0 ~ 4(개월)*	5.6	58	500	15(20)	350	5(10)	3	35(50)	0.2(0.3)	0.3(0.4)	2(3)	0.1(0.2)	60(100)	200(300)	100(200)	2(6)	2(4)
	5 ~ 11(개월)	9.3	73	750	20	350	10	4	35	0.4	0.5	5	0.4	70	300	300	8	4
소아	1 ~ 3(세)	14	92	1200	25	350	10	5	40	0.6	0.7	8	0.5	80	500	500	8	6
	4 ~ 6	19	111	1600	30	400	10	6	50	0.8	1.0	11	0.6	100	600	600	9	8
	7 ~ 9	27	127	1800	40	500	10	7	60	0.9	1.1	12	0.8	150	700	700	10	9
남지	10 ~ 12(세)	38	144	2200	55	600	10	8	70	1.1	1.3	15	1.1	200	800	800	12	12
	13 ~ 15	54	162	2500	70	700	10	10	70	1.3	1.5	17	1.4	250	900	900	16	12
	16 ~ 19	64	172	2700	75	700	10	10	70	1.4	1.6	18	1.5	250	900	900	16	12
	20 ~ 29	67	174	2500	70	700	5	10	70	1.3	1.5	17	1.4	250	700	700	12	12
	30 ~ 49	68	170	2500	70	700	5	10	70	1.3	1.5	17	1.4	250	700	700	12	12
	50 ~ 64	68	168	2300	70	700	10	10	70	1.2	1.4	15	1.4	250	700	700	12	12
	65 ~ 74	64	167	2000	65	700	10	10	70	1.0	1.2	13	1.4	250	700	700	12	12
	75이상	60	166	1800	60	700	10	10	70	1.0	1.2	13	1.4	250	700	700	12	12
여자	10 ~ 12(세)	38	144	2000	55	600	10	8	70	1.0	1.2	13	1.1	200	800	800	16	10
	13 ~ 15	51	158	2100	65	700	10	10	70	1.1	1.3	14	1.4	250	800	800	16	10
	16 ~ 19	54	160	2100	60	700	10	10	70	1.1	1.3	14	1.4	250	800	800	16	10
	20 ~ 29	54	161	2000	55	700	5	10	70	1.0	1.2	13	1.4	250	700	700	16	10
	30 ~ 49	55	158	2000	55	700	5	10	70	1.0	1.2	13	1.4	250	700	700	16	10
	50 ~ 64	57	157	1900	55	700	10	10	70	1.0	1.2	13	1.4	250	700	700	12	10
	65 ~ 74	54	154	1700	55	700	10	10	70	1.0	1.2	13	1.4	250	700	700	12	10
	75이상	52	152	1600	55	700	10	10	70	1.0	1.2	13	1.4	250	700	700	12	10
임신	전반			+150	+15	+0	+5	+0	+15	+0.3	+0.3	+1.0	+0.5	+250	+300	+300	+4**	+3
	후반			+350	+15	+100	+5	+2	+15	+0.4	+0.4	+2.0	+0.5	+250	+300	+300	+8**	+3
수유				+400	+20	+350	+5	+3	+35	+0.4	+0.5	+4.0	+0.6	+100	+400	+400	+2	+6

* 모유영양아 기준권장량(괄호안의 수치는 조제영양아 권장량)   ** 철보충제 권장

6. 올바른 식생활의 방향

우리들의 잘못된 식생활을 바로잡고 건강을 유지하기 위하여 다음과 같이 7가지의 올바른 식생활 방향을 제안한다.

1 여러가지 식품을 골고루 먹자.

인체가 생명을 유지하고 건강하게 매일의 생활을 영위해 나가는데 필요한 영양소는 약 40여종에 달한다. 우리 신체는 이들의 영양소를 요구하고 있으며 균형있는 섭취를 통하여 영양 항상성을 유지한다. 이들 영양소의 일부분은 우리 몸에 저장되어 공급이 부족될 때 이용되기도 하지만 그 양은 대부분 단기간 활용을 위한 정도로서 지속적이지 못하다. 그러므로 우리는 모든 영양소를 매일 적정량 공급받아야만 건강한 신체를 유지할 수 있다.

대부분의 식품은 한가지 이상의 영양소를 함유하고 있으나 우리 몸이 요구하고 있는 모든 영양소가 한가지 식품의 섭취로 충족되지 않는다. 한 예로 쌀이나 밀은 탄수화물, 단백질, 지방, 비타민, 무기질 등 모든 영양소를 함유하고 있기는 하나 탄수화물을 주로 공급하며, 다른 영양소는 그 함량이 상대적으로 적다. 부족된 영양소에 대한 우리 몸의 요구량은 이 영양소를 많이 함유한 다른 식품들로부터 충족되어야만 한다. 식품구성탑에서 제시한 다섯가지 식품은 같은 군에 속해 있는 식품들 사이에도 영양소의 조성은 큰 차이를 나타낸다. 그러므로 영양의 균형을 이루려면 여러가지 식품을 골고루 섭취해야 하는데 이는 과식을 의미하는 것은 아니다. 한 끼의 식사에서 음식의 가짓수를 늘리는 것도 한 방법일 수 있으나 이는 낭비를 초래할 수도 있으므로 지양되어야 한다. 가장 바람직한 방법으로는 일상식에 있어서는 한 끼 식사에서 음식의 가지수를 3~5가지로 하되 매끼마다 각 식품군에서 식품을 다양하게 선택하여 균형있는 영양소의 섭취와 식단의 변화를 꾀하도록 하는 것이다.

균형있는 영양상태를 유지하기 위한 다양한 식품 섭취는 우리나라와 같이 식생활 형태가 급속한 변환기적 과도기에 처해 있는 경우는 더욱 중요한 사항이다. 현대과학의 발달은 식품가공산업에도 일대 변혁을 일으켜 다양한 종류의 가공식품들이 개발되어 식품선택의 폭을 넓혔고 식사의 편이성을 제공하게 되었다. 그러나 대부분의 경우 가공식품만을 선호하다 보면 에너지의 과다공급으로 비만을 초래하거나 식이 섬유의 부족으로 변비나 대장암 등을 유발할 수도 있다. 그러므로 다양하게 식품을 선택함으로써 영양소의 상호보완 효과를 얻어 부족되거나 과잉되는 영양소가 없도록 하는 것이 바람직하다.

❷ 정상 체중을 유지할 수 있도록 알맞게 먹자.

식생활과 생활양식의 변화는 앞으로 영양불량 인구가 더 증가될 것으로 보이며 이를 억제하기 위하여 정상 체중을 유지하도록 한다. 특히 비만은 각종 성인병의 원인이 되므로 주의한다. 정상체중을 유지하기 위해서는 다음 사항을 유의한다.

① 에너지 섭취를 줄이기 위해서는 에너지 함량이 높은 식품(사탕, 쵸코렛, 설탕, 또는 설탕을 많이 사용해서 만든 식품 등과 땅콩류, 버터, 마가린, 기름에 튀긴 음식이나 지방질이 많은 육류) 등을 절제하고 알코올에 의한 에너지 섭취도 줄이는 것이 바람직하다.

② 다양한 종류의 채소나 과일을 많이 섭취하자. 이 식품들은 에너지 함량이 아주 낮으며 부피가 있어 음식에 들어있는 에너지의 농도를 희석해주며 만복감을 주어 음식을 적게 먹게 되므로 에너지 섭취량을 줄일 수 있다. 또한 이 식품들은 필수 영양소인 비타민, 무기질의 섭취와 함께 섬유질의 공급도 받게되므로 많이 섭취하도록 권장한다.

③ 에너지 섭취를 줄이더라도 위에서 언급된 것처럼 다섯가지 식품군을 균형 있게 섭취해야 하며, 무엇보다 좋은 식습관을 가져야 한다. 식사

를 거르던지 또는 너무 배가 고프게 하여서 식사를 할 때에 급하게 하지 말고, 천천히 식사하며 식사량은 적게 하되 하루에 최소한 세번은 꼭 식사를 하는 식습관을 기르는 것이 체내의 지방축적을 줄일 수 있다.

④ 에너지섭취가 충분하던 부족하던 간에 누구든지 적당한 양의 운동은 필요하므로 항상 생동감 있는 활동적인 생활을 영위해야 하며 체중이 정상주준을 넘어서 더 많은 에너지을 소비해야 한다면 도보, 조깅, 등산 등 여러 가지 운동을 취향에 맞게 더 많이 하기를 권장한다.

❸ 음식은 되도록 싱겁게 먹자.

우리 나라 국민들은 대체로 짜게 먹는 경향이 있으며, 성인 한 사람이 하루에 섭취하는 식염의 양은 20g에 달하는 것으로 보고되었다. 이는 우리 몸이 필요로 하는 생물학적 요구량의 무려 40배에 달하는 것으로 세계 어느 나라보다도 높은 양이다.

식염의 생물학적 요구량은 식염이 전혀 첨가되지 않은 자연 본래 상태의 식품만을 섭취해도 충족될 수 있다. 우리나라 사람들의 나트륨 섭취량은 높고 또한 고혈압 발생 빈도도 증가하고 있으므로 전체 국민의 나트륨 섭취를 줄이는 것은 고혈압 예방과 치료에 도움을 주게 될 것이며, 성인병 예방 및 현대인의 건강을 유지하는데 있어 매우 중요한 일이다.

음식을 짜게 먹는 것은 후천적으로 형성된 습관으로, 짜게 먹는 식습관은 이미 유아기 때부터 어머니에 의해서 형성되기 시작한다. 그러므로 어렸을 때부터 짜게 먹지 않는 식습관을 형성할 수 있도록 어머니와 유아에 대한 영양교육이 시급하며 성인에게도 점차적으로 짜게 먹지 않는 방향으로 식습관을 변화시킬 수 있도록 하는 노력이 필요하다.

음식을 짜지 않게 먹기 위해서는 간장, 고추장, 된장 등의 사용량을 줄여야 할 것이며, 가공식품과 젓갈식품 등 식염을 다량 포함한 식품의 사용을 제한하여야 할 것이다. 가능하면 신선한 채소와 과일을 많이 사용하고 곡류, 육류 등도 가공식품보다는 가정에서 직접 싱겁게 양념하여 조리해서 먹도록 하는 것이 바람직하다.

❹ 가공식품의 섭취는 신중히 하자.

가공식품은 식품산업의 발전으로 최근에 그 수요가 급증하고 있으며 가공식품의 선호와 이용 증가의 경향은 식품의 안전성에 많은 문제점을 나타내었다. 가공식품은 농수축산물을 직접 원료로 하여 그 식품적 특성을 크게 바꾸지 않고 물리적, 또는 미생물적으로 처리, 가공한 1차 가공식품이 있는데 도정한 쌀, 보리, 밀가루, 원당, 과즙, 발효주류, 된장, 간장, 식물성 기름, 김치 등이 이에 해당하고, 1차 가공에 의해 얻어진 제품을 원료로 가공한 2차 가공식품에는 식빵, 설탕, 인스턴트면(라면), 물엿, 마아가린, 쇼트닝, 마요네즈, 소오스 등이 있고, 1차 또는 2차 가공식품에 2종 이상을 배합하여 가공한 3차 가공식품이 있다. 3차 가공식품의 대표적인 것으로는 근래 그 수요가 커지고 있는 생과자 등 제과류와 각종 음료 등 기호음료, 간단한 조리과정을 거치는 인스턴트식품 또는 냉동·냉장식품 등을 들 수 있다. 또한 식품가공기술의 발달로 원료가 전혀 다른 것을 사용하여 실물과 비슷하게 만든 복제식품도 등장하였다. 가공 식품을 섭취할 때는 다음과 같은 점에 유의하여야 한다.

（1）가공식품의 원료의 문제점에 유의한다.

가공식품은 원재료에서부터 제조 및 가공단계는 물론 유통과정에 이르기까지 안전성이 보장되어야 하는데, 실제로는 그렇지 못한 경우가 많다. 가공식품의 원료에서 문제될 수 있는 유해물질들을 보면 농산물에 사용하는 살충·살균제인 농약의 잔류 문제, 수질 및 토양 오염물질의 식품 잔류 문제, 기타 곰팡이 독 등이 있다. 축산물인 경우에는 최근 관심이 모아지고 있는 항생물질, 호르몬제 등 성장 촉진제의 잔류 문제를 비롯하여 중금속 유해물질의 문제를 들 수 있다.

（2）식품첨가물의 문제점에 유의한다.

가공식품에 필수적으로 들어가는 식품첨가물은 맛과 향, 빛깔을 좋게 하기 위해 사용하는 경우도 있지만 저장·유통을 위해 사용하는 경우도 있다. 이 때 그 첨가물이 발암성 물질을 만들어 내고 장기적으로 사람의 몸에 축적되어 해를 끼치는 경우가 있다. 한 예를 들어보면, 청소년들이 많이 이용하는 햄, 소시지 등 수육제품의 선홍색을 유지하기 위해서 사용하는 발색제인 아질산나트륨은 축육, 어육 등의 단백질 식품, 채소 등의 섬유소 식품에 존재하는 아민과 신속하게 반응해서 발암성이 강한 니트로사민을 생성하기 때문에 큰 문제가 된다. 세계보건기구(WHO)와 국제연합 식량농업기구(FAO)는 몸무게 1kg당 최다 섭취 허용량을 0.2mg으로 제한하고 어린이용 식품에는 넣지 못하도록 규정하고 있다. 그러나 질산염은 발암문제가 있지만 보툴리누스균에 의한 식중독을 효과적으로 억제할 대체물질이 없기 때문에 발색제로 사용되고 있다.

(3) 가공식품만 과도하게 섭취할 경우에 영양 불균형을 초래한다.

인스턴트 가공식품에 주로 의존하는 식습관을 오래 지속할경우, 몸에 반드시 필요한 여러가지 영양소가 쉽게 결핍될 수 있다. 특히 성장기에 있는 활동량이 많은 청소년들에게는 질적으로 영양이 풍부한 식품을 많이 공급해서 성장을 촉진시켜야 하며, 양적으로도 충분한 영양 섭취를 해서 정상적인 신체활동을 하는 데 부족함이 없도록 해야 한다. 또한 인스턴트 가공식품의 경우 맛을 내기 위해 정제된 설탕이나 지방을 많이 첨가하고 있고, 저장성을 높이려고 나트륨이 함유된 성분을 첨가함으로써 식품 중의 나트륨 함량이 높다는 것이 큰 문제이다. 설탕, 지방, 나트륨 등은 성인병과 밀접한 관련을 맺고 있기 때문에 문제로 지적될 수 밖에 없다. 편식이 영양의 불균형을 가져오듯이 인스턴트 식품만을 먹는 식습관은 우리의 건강을 해칠 수 있으므로 이러한 식습관은 가지지 않는 것이 바람직하다.

(4) 가공식품의 제조 공정 중 영양소 파괴나 변화를 초래할 수 있다.

식품의 주요 가공방법으로는 가열, 건조, 동결, 튀김, 압출 성형 등이 있

다. 가열은 미생물의 멸균이나 살균에는 효과가 있으나 오래 가공할 경우 열에 민감한 영양소의 파괴나 변화를 초래할 수 있다. 비타민은 열이나 빛, 산화 등에 매우 불안정한 성질을 갖고 있어 쉽게 활성을 잃거나 분해된다. 단백질은 가열·산화·알칼리 처리 등에 의해 변성되어 효소가 그 자체 성질을 잃거나 인체에 불필요한 물질을 만들어 낸다. 지방, 특히 불포화지방은 가공 중 여러가지 화학 변화를 일으켜 발암성 물질로 여겨지는 과산화물의 생성, 체내에서는 이용되지 않는 트란스형의 지방산 생성 등의 바람직하지 않는 영향을 미친다. 과산화물은 신체 내의 여러가지 효소에 의해서 대부분이 제거되지만 처리되지 않은 일부가 세포막에 손상을 준다.

(5) 냉동식품의 안전성에 유의한다.

최근에는 가공식품 중에서도 냉동식품이 많이 이용되고 있는데 소비자들이 다른 가공식품보다 더 안전하다라고 생각하는 것도 하나의 원인일 것이다. 그러나 인체에 해로운 독소를 만들어 식중독을 일으키는 세균이 영하 수십도에서도 생존하기 때문에 냉동식품이라고 해도 무조건 믿을 수만은 없는 실정이다. 일반적으로 육가공 제품 중 햄류는 0~10℃에서, 베이컨은 10℃ 이하에서 냉장 유통을 해야 되고, 냉동식품은 영하 15℃ 이하의 온도를 항상 유지시켜 주어야만 하는데, 이를 위해서는 전 유통과정에 냉장·냉동화가 이루어져야만 한다. 즉 제품의 생산에서부터 소비에 이르기까지 적정 온도가 유지되어야 하는 것이다. 그러나 냉동식품이 비정상적인 경로로 판매가 많이 행해져, 이때 보관상의 많은 헛점이 드러나고 있다. 제조업체가 시장 점유율을 선점하기 위해 무리한 판매를 하다 보면 할인판매가 이루어진다. 유통 비용을 줄이는데 급급하게 되고 냉동식품이 상온에서 허술하게 팔리는 사례가 많다. 상온에 노출되는 시간이 길면 아무리 냉장·냉동을 해도 별 의미가 없다.

5 위생적인 식생활을 하자.

우리의 건강을 유지하기 위해서는 위생적이며 영양가가 좋은 음식을 제공해야 한다. 아무리 좋은 음식이라 하여도 위생적으로 불안전하다면 식품으로서 가치가 없을 뿐만 아니라 우리의 건강을 해치게 된다. 비위생적인 음식을 섭취하였을 경우 많은 질병이 발생하므로 음식물에 의한 피해를 줄이기 위해서는 식품을 구입시부터 올바르게 선택하고 적합한 조리방법과 취급방법을 사용하여 미생물의 증식조건을 억제해야 한다. 그러므로 위생적인 식생활을 하기 위해서는 다음과 같은 점에 유의하여야 한다.

(1) 위생적인 식품을 구입한다.

① 살균된 우유와 유제품은 냉장시설이 잘 되어있는 곳의 상품을 구입한다.

② 검인이 있는 고기, 신선한 생선·가금육을 구입한다.

③ 냉동식품이나 냉장 식품은 냉동·냉장 시설이 잘 되어 있고 위생시설이 잘되어 있는 곳의 상품을 구입한다.

④ 통조림은 통이 부풀어 있거나 움푹 들어가 있는 상품은 구입하지 않는다.

(2) 음식물을 안전하게 하려면 미생물이 성장하는 온도의 범위를 알고 온도를 변화시켜 번식이 되지 않도록 저장해야 한다(그림 15-2).

미생물에 있어서는 식품이 좋은 영양원이 되며, 온도·수분 등의 조건만 적당하면 왕성한 증식을 한다. 식품 저장시 냉장저장은 상하기 쉬운 식품의 품질과 안전성을 유지하기 위하여 많이 사용되고 있는 방법으로써 식품의 향미 유지, 과일과 채소 등의 신선도 유지, 폐기율 감소, 영양소 손실 방지 등 여러가지 잇점을 얻을 수 있다. 그러나 냉장고에 저장한 음식이라도 일정기간이 지나면 변질되기 시작하여 위험도가 증가하므로 가능한 빨리 이용하도록 한다. 장기간 저장하기 위한 방법으로 냉동저장의 사용이 증가하고 있지만 해동 후의 품질 변화가 초래될 수 있으므로 식품에 따라 적절한 주의가 요구된다.

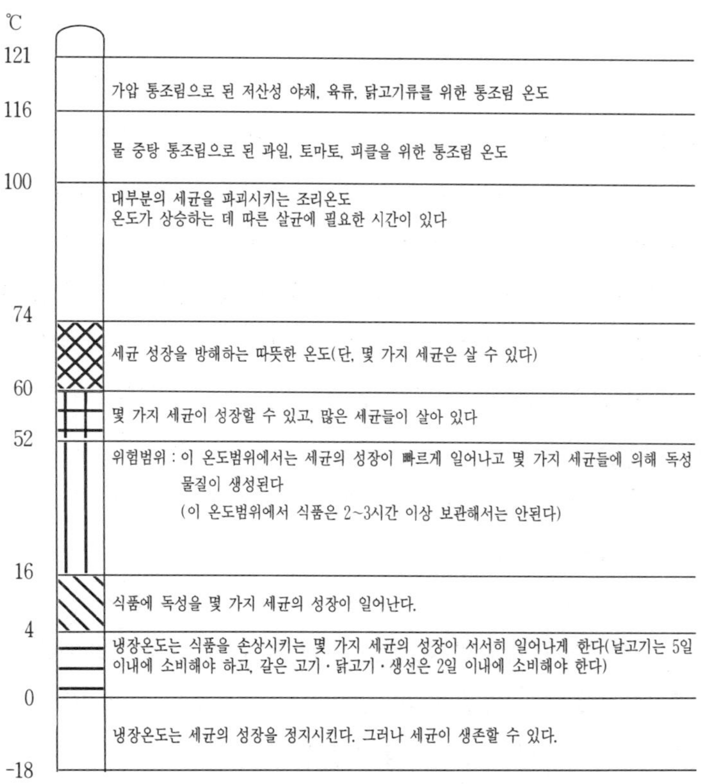

그림 15-2 세균 조절을 위한 식품의 온도

(3) 식품을 취급하는 사람은 위생규칙을 지켜야 한다.

식품을 다루는 사람이 호흡기 질환, 소화기 계통 질환 혹은 다른 전염병·피부질환·염증 등의 질병에 걸려 있을 때는 식품을 다루지 못하도록 해야 한다. 질병 중에 있는 사람의 손이나 재채기, 기침 등을 통하여 식품·그릇·기구 등에 의해 오염되는 것을 예방해야 하기 때문이다. 그리고 화장실을 다녀온 후나 다른 일로 손이 더러워졌을 때는 깨끗이 씻어야 하고 애완동물로부터 오염될 수 있으므로 동물을 만진 다음에는 반드시 손을 씻어야 한다.

(4) 식품의 오염이 발생되지 않도록 위생적으로 조리하여야 하고 식품 성분간에 새로운 화합물의 생성에 주의하여 조리한다.

식품감염을 많이 일으키는 살모넬라균은 대부분 가금류, 육류, 유제품, 난류, 훈제된 생선 등의 식품에 많이 들어 있으므로 조리할 때 준비과정에서 사용되는 도마·칼 등은 가능한 한 다른 음식의 오염을 막기 위해 비누로 깨끗이 닦아내고 즉시 잘 씻어 건조한다. 난류는 흰자위가 완전히 응고될 때까지 조리되어야 하고, 칠면조나 닭 등의 속을 채워 로우스트할 때 중앙의 온도가 균을 죽이는 온도까지 미치지 못하기 때문에 식중독의 원인이 될 수도 있다. 그러므로 속을 채우는 식품은 각각 가열한 후 채워야 한다.

숯불로 구운 스테이크, 바베큐 한 고기, 구운 고등어, 볶은 커피 등을 300℃이상의 온도로 가열할 때 다환상 방향족 탄화수소(polycyclic aromatic hydrocarbons : PAH)가 검출되고, 구운 생선이나 햄버거 등의 단백질 식품을 250℃이상의 온도로 조리할 때 헤테로고리아민류인 돌연변이성 및 발암물질이 생성된다. 그리고 유지식품의 산화적 열분해에 의해 생성된 과산화지질이나 산화분해물을 섭취할 가능성은 크며, 고지방성 식품의 섭취는 생체내에서 과산화물을 생성할 가능성이 높으므로 변이성을 억제하도록 유의한다.

(5) 기생충 감염을 예방한다.

기생충은 채소와 육류의 생식이나 어패류의 불완전한 열처리를 통해서 감염될 수 있다. 기생충에 감염되어도 자각증세가 없는 경우가 많고, 심하면 소화기 장애, 빈혈 증세가 나타나기도 한다. 특히 기생충은 어린이의 성장 발달을 저해하는 요인이 되므로 예방과 구충에 힘써야 한다. 기생충에는 상추나 배추와 같은 채소에 의해서 매개되는 회충, 요충, 십이지장충, 편충과 돼지고기에는 선모충, 갈고리촌충이라는 기생충에 감염되므로 돼지고기는 잘 익을 때까지 조리하여 감염을 막고 쇠고기도 생으로 먹으면 민촌충, 그리고 민물고기나 참게, 가재 등과 같은 어패류도 생식하면 감염되므로 반드시 가열하여 먹어야 한다.

🄖 식품의 낭비를 줄이자.

식품의 낭비를 줄이기 위해서는 계획성 있는 식생활 습관을 가져야 한다. 먼저 식품을 구입할 때에는 필요한 식품의 종류와 양을 정하여 목록을 만든 후, 계획적으로 구입한다. 식품을 구입할 때는 신선도, 위생, 가격 등에 유의해서 선택하고, 가공품은 품질 내용 표시와 보증마크를 잘 살핀 후 선택하여야 하며 식품을 구입하여 보관 할 때는 식품의 폐기량이 최소화하도록 보관한다.

그리고 먹을 만큼 이상의 음식을 담아 식탁에 내면 남은 음식은 쓰레기로 버리거나 다시 냉장고에 넣어야 한다. 그러므로 가족들이 먹을 수 있을 만큼만 음식을 만들어 개인접시를 사용하여 각자 자기 분량만큼만 덜어먹는 식습관을 갖는다면 식품의 낭비를 줄일 수 있고 필요량을 알 수 있게 된다.

우리 나라에서는 세계 어느 나라보다 음식물이 너무 많이 낭비되고 있어 음식물 쓰레기가 11,434톤으로 전체 쓰레기의 24.6%(2000년)가 되고 이것을 돈으로 환산하면 15조원을 넘어설 것으로 추산되고 있다. 잔반의 쓰레기화는 결국 식량 낭비와 함께 우리의 영구적 생존권이라고 할 수 있는 생활환경에 대한 심각한 문제를 제기한다는 점에서 고쳐나가야 함은 마땅한 일이 아닐 수 없다. 음식업소에서도 위생적이고 음식쓰레기를 줄이기 위해서는 한번 제공된 음식을 재사용하지 않아야 하고, 반찬도 개별제공되어야 하며, 음식유형에 맞는 적절한 반찬 가지수로 제공하여 먹고 남기지 않을 만큼의 적정량의 음식을 개인별로 가급적 소형찬기에 담아 제공하여 모자라면 추가로 제공하는 것이 자원의 낭비를 줄이고 환경보존에 기여하는 길이라 하겠다.

7 식사는 규칙적으로 즐겁게 하자.

우리의 일상생활 중에 많은 부분은 반복적인 것이고 규칙적인 것이다. 하루에 세 번 먹는 식사도 규칙적이어야 하며, 배설, 수면을 취하는 것도 규칙적으로 일정해야 한다. 이렇게 규칙적인 일상생활이 반복적으로 이루어지면 그 개개인의 건강상태는 유지되는 것이다. 우리의 몸에는 무한한 양을 축적할 수가 없으므로, 뇨와 변으로 그리고 활동으로 섭취된 열량을 체외로 배설한다. 그러므로 규칙적인 식생활을 해야만이 신체의 모든 대사가 항상성을 유지하여 건강할 수 있다.

복잡한 현대사회 속에서 식사시간은 가족들이 거의 고정적으로 함께 모일 수 있는 유일한 시간이기 때문에, 가족들을 만족시키기 위하여 정성껏 마련된 식사는 가족의 즐거움을 더 한층 증가시켜 줄 수 있을 것이다. 한 가정의 평소 식탁의 분위기는 매우 중요해서 가족이 서로 대화를 주고받을 수 있고, 식사 예절을 익히며, 음식물의 소중함을 일깨워 줌으로써 정성스럽고 맛있게 만들어진 음식을 음미할 때에 음식이 갖는 영양적, 심리적인 기능이 더 한층 발휘되어 즐거운 식생활을 할 수 있다. 즐겁고 바람직한 식생활을 위해서는 영양소가 골고루 섭취될 수 있도록 여러가지 식품을 선택하고, 적합한 조리방법으로 영양소의 손실을 막도록 한다. 그리고 식품의 특성과 조리시의 변화를 잘 이해하여 식품의 소화율을 증가시키고 가족들의 기호를 만족시킬 수 있는 방법으로 조리를 하며, 시간, 노력 및 경비도 합리적으로 사용하는 것이다. 이와 더불어 가정내에 공경과 사랑이 존재할 때 식사시간은 하루 생활을 즐겁게 만들 수 있는 원동력이 될 수 있고 더 나아가 밝은 사회의 기초가 될 것이다.

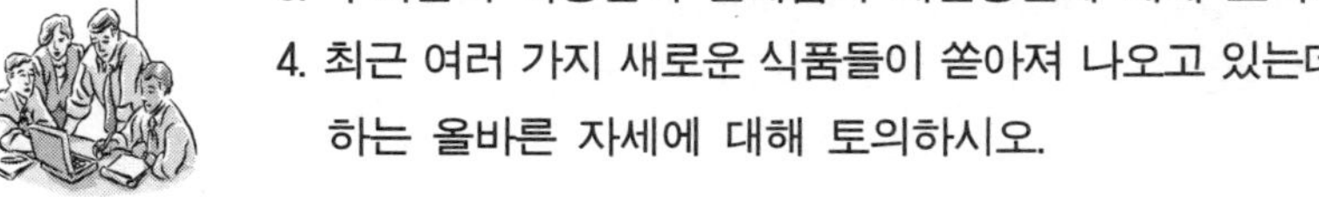

1. 현재 수입식품의 문제점과 이를 해결할 수 있는 방안을 토의해 보시오.
2. 가공식품을 선택했을 때 식품의 안전성은 매우 중요하다. 몇가지 식품을 예로 들고 그 식품을 구입할 때 특별히 주의해야 할 점을 토의하시오.
3. 우리들의 식생활의 문제점과 개선방안에 대해 토의하시오.
4. 최근 여러 가지 새로운 식품들이 쏟아져 나오고 있는데 새로운 식품을 대하는 올바른 자세에 대해 토의하시오.

참고문헌

· 공해추방운동연합 연구위원회, 수입식품 무엇이 문제인가, 1991.

· 김경애 · 신말식 · 전덕영 · 홍윤호, 식품과학, 전남대학교 출판부, 1987.

· 김경진, 조리원리 및 이론, 보성문화사, 1994.

· 김광옥 · 이영춘, 식품의 관능검사, 학연사, 1997.

· 김동훈, 식품화학, 탐구당, 1988.

· 김상순, 식품가공저장학, 수학사, 1985.

· 권중호, 식품조사의 국제적 허가 현황 및 실용화 전망, 식품공업, 133(3), 18-49, 1996.

· 남상호 · 전상호 · 차인택 · 허정, 약이 되는 물, 독이 되는 물, 중앙일보사, 1993.

· 노완섭 · 하석현, 건강보조식품과 기능성식품, 효일, 1999.

· 대한영양사회, 바람직한 한국인의 식생활과 성인병 예방, 1991.

· 모수미 · 최혜미 · 구재옥 · 이정원, 생활주기영양학, 효일, 1995.

· 문수재, 영양과 건강, 신광출판사, 1993.

· 문수재 · 손경희, 식품학 및 조리원리, 수학사, 1994.

· 민광호, 각종 암발생 현황과 예방대책, 1990.

· 백덕우, 수입식품 관리동향과 개선방향, 한국 식량영양경제학술협의회 세미나자료, 1990.

· 보건복지부, 바른 건강생활 11집, 1992.

· 보건복지부, '98 국민영양조사결과보고서, 2000.

· 보건전문대학 교재편찬 위원회, 표준교재 조리원리 및 실험조리, 수학사, 1992.

· 사단법인 환경교육회편찬위, 환경과학, 동화기술, 1991.

· 식품의약품 안전청, 식품공전, 2002.

· 신광순 · 황우익, 최신영양학, 신광출판사, 1986.

· 안승요 · 구난숙 · 김향숙 · 신말식 · 이경애 · 최은옥 · 황인경, 식품화학, 교문사, 2002.

· 양일선, 식품구매, 수학사, 1995.

· 양희천, 식품가공학, 영지문화사, 1990.

· 엄영람 · 이송미 · 김은미 · 박미선, 임상영양관리 지침서, 대한영양사회, 1994.

· 오명숙 · 이미숙 · 천종희 · 황인경, 바른 식생활을 위한 영양과 식품, 효일문화사, 1994.

· 우세홍 · 정동욱 · 황상용 · 이강윤 · 이효순, 최식 식품첨가물, 신광문화사, 2001.

· 유영상, 조리과학, 수학사, 1990.

· 유태종, 차와 건강, 둥지, 1988.

· 윤서석, 한국의 역사와 조리, 수학사, 1993.

· 이기열, 영양 · 식이요법, 신광출판사, 1995.

· 이기열 · 문수재, 기초영양학, 수학사, 1990.

· 이성우, 식생활과 문화, 수학사, 1992.

· 이성우, 한국 식품 사회사, 교문사, 1984.

· 이성우, 한국식생활사 연구, 향문사, 1992.

· 이영숙 · 유춘희 공역, 영양, 체중조절, 그리고 운동, 도서출판 금광, 1985.

· 이재옥, 농산물 수입개방의 전망과 효율적인 수입관리제도, 한국 식량영양경제학술 협의회 세미나 자료, 1990.

· 이혜수, 조리과학, 교문사, 1995.

· 전무식, 신비한 물의 세계, 사이언스, 79(12), 40-47, 1988.

· 정희곤 외 3인, 최신식품위생학, 광문각, 1993.

· 조재선, 식품재료학, 운문당, 1993.

· 주현규 · 장현기 · 허태련, 식품가공학, 유림문화사, 1991.

· 주현규 · 김덕웅 · 성하진 · 조원대, 최신 식품저장학, 수학사, 1995.

· 중앙 일간신문(중앙, 조선, 한국, 동아일보, 한겨레, 새건강 신문), 1997~2002년.
· 최혜미, 식생활관리, 한국방송통신대학, 1992.
· 최혜미외 18인 공저, 21세기 영양학, 교문사, 2001
· 하장보, 당신은 매일 같이 농약을 먹고 있다., 아리랑, 1991.
· 한국식품과학회, 농산물 및 가공식품의 수입현황과 식품산업의 발전방향, 식품과학
  과 산업, 1993.
· 한국식품과학회, 한국 냉동식품의 현황과 발전방향, 식품과학과 산업, 1991.
· 한국식품과학회, 한국 냉동식품의 현황과 발전방향, 식품과학과 산업 26(1), 1995.
· 한국식품공업협회, 식품위생정보, 39, 42, 53, 1994~2002.
· 한국식품과학회, 건강 및 기능성 식품, 국제심포지움 논문집, 1995..
· 한국영양학회, 한국인 영양권장량, 제 7차 개정, 중앙문화사, 2000.
· 현기순, 식생활관리, 교문사, 1990.
· 홍윤호, 최신 식품화학, 효일문화사, 2000.
· 홍윤호, 기능성식품학, 전남대학교출판부, 2003.
· 우에다이라 히사시, 물이란 무엇인가, 전파과학사, 1984.
· 이시쿠라 순지, 기능성 식품의 경이, 전파과학사, 1994.
· 후지마키 마사오(최동성, 고하영 공역), 기능성 식품과 건강, 아카데미서적, 2002.

· Baltes, W., Lebensmittelchemie, Springer-Verlag, 1995.
· Banwart, G. J., Basic Food Microbiology, 2nd ed., AVI, New York, 1989.
· Bennion, M., Introductory Foods, 10th ed., Prentice-Hall Inc., 1995.
· Bowers, J., Food Theory and Applications, 2nd ed., Macmillan Pub. Co., 1992.
· Carper, J., Food-Your Miracle Medicine, Harper Perennial, 1994.
· deMan, J. M., Principles of Food Chemistry, 3rd ed., AVI Publisher, 1999.
· Wong, D. W., Mechanism and Theory in Food Chemistry, AVI Book, 1989.
· Encyclopedia of Food Science, Food Technology and Nutrition, Academic Press,
  London, 1993.
· Eskin, N. A., M. Henderson, H. M., and Townsend, R. J., Biochemistry of Foods,
  Academic Press., 1990.
· Fennema, O. R., Food Chemistry, 3rd ed., Dekker, New York, 1996.

· Food Research Institute, Food Safety, Marcel Dekker, Inc., New York, 1994.

· Gaman, P. M. and Sherrington, K. B., The Science of Food, Pergamon Press, 1990.

· Getty, V. M., Understanding Food Allergy, International Food Information Council Foundation, 1993.

· Han, M. -S., Jeon, J. -K., and Kim, Y. -O., Occurrence of dinoflagellate Alexandrim tamarense, a causative organism of paralytic shellfish poisoning in Chinhae Bay, Korean J. Plankton Res., 14 : 1581-1592, 1992.

· Kobayashi, T., Shiomi, K., Nagashima, Y. Effect of culture conditions in bacterial production of tetrodotoxins. Nippon Suisan Gakkaishi 58., 1365-1372, 1992.

· Kyzlink, V. Principles of Food Preservation, Elsevier, Amsterdan, 1990.

· Mondy, N. I. and Munshi, C. B., Effect of soil and foliar application of molybdenum on the glycoalkaloids and nitrate concentration of potatoes., J. Agric, Food Chem., 41, 256-258, 1993.

· Pemberton, C. M., Moxness, K. E., German., M. J., Nelson, J. K., and Gastineau, C. F., Mayo Clinic Diet Manual 6th ed., Decker, Toronto, 1994.

· Wildman, R. E. C. Handbook of Nutraceuticals and Functional Foods, CRC press, Boca Raton, 2001.

· Willams, S. R., and Worthin-Roberts, B. S., Nutrition Throughout the Life Cycle, 2nd ed., Mosby-Year Book Inc., St. Louis, 1992.

· Worthing-Roberts, B. and Willams, S. R., Nutrition in Pregnancy and Lactation, 4th ed., Mosby-Year Book Inc., St. Louis, 1989.

· Zapsalis, C., and Beck, R. A., Food Chemistry and Nutritional Biochemistry, John Wiley & Sons., 1986.

· Zeman, F. C., Clinical Nutrition and Dietetics, 2nd ed., Macmillan Publishing Co, New York, 1994.

식품과영양

찾아보기

(ㄱ)

(ㄴ)

(ㄷ)

다당류 25
다량 무기질 40
다소 163
단당류 25, 75
단맛 106
단백질 23, 32
단백질의 보족효과 35
단순당질 28
단순성 비만 241
단순지질 70
당뇨병 27, 231
당장법 130
당질 23
대두 52
대류 100
대비효과 108
대장균 153
대합조개 195
더린 197
덱스트란 156
독버섯 193
독소형 식중독 189
동결건조의 원리 81
동결식품 128
동결저장법 128
동맥경화 30
동맥경화증 225, 229
동질이형 72
동화작용 16
두드러기 202
두류 52

두부 67
두유류 166

(ㄹ)

라아드 74
락토글로불린 68
락트알부민 68
레시틴 65
레올로지 109
레토르트 파우치 302
렉틴 197
렌넷 157
렌닌 157
리나마린 197
리놀레산 67
리놀렌산 67
리폭시게나아제 67

(ㅁ)

마비성 패독 195
마이야르 반응 61, 69, 97
만족중추 243
맥아당 25, 53
맥주 155
머스카린 194
먹는샘물 91
메주 150
멥쌀 50
면역글로불린 200, 266
모유 분비량 268
모유수유 201

(ㅈ)

최신개정판

식품과 영양

1996년 2월 22일 초 판 발행
2000년 7월 18일 개정판 발행
2003년 5월 28일 제2개정판 발행

지 은 이 • 고무석 · 김강화 · 김경애 · 신말식
　　　　　오승호 · 임현숙 · 전덕영 · 홍윤호

발 행 인 • 김 홍 용

펴 낸 곳 • **도서출판 효 일**

주　　소 • 130-072 서울특별시 동대문구 용두2동 102-201

전　　화 • 02) 928-6644~5

팩　　스 • 02) 927-7703

홈페이지 • www.hyoilbooks.com

등　　록 • 1987년 11월 18일 제6-0045호

무단복사 및 전재를 금합니다.

값 **14,000** 원

ISBN 89-85768-25-5